JN280034

朝倉数学講座 5

微分方程式

小堀 憲 著

朝倉書店

小松 勇作
能代 清
矢野 健太郎
編 集

まえがき

　微分方程式は，純粋数学においても，また応用数学においても，これの知識を欠いては，手も足も出ないほどに，重要なものとなっている．それに，ただ役に立つという点だけではなく，これの理論を発展させるために，いろいろの数学——函数論，微分幾何学，連続群論など——が発展したので，一層に，その重要性を増し，ゾフス・リーがいっているように，「現代の数学における最も重要な分科である」．

　このために，微分方程式に関する書物も，数多く出版され，良書も沢山出ている．それで，理論を理解するとともに，これを活用するための演習による訓練に重点をおいた本講座の主旨に従って，「解く」ことを中心として，その解法を紹介することにした．

　自然科学系大学の教養課程から専門課程の初期の学生を対象としているので，ここで期待している予備知識は，微分積分学の基本知識だけである．そして，上述のように，解くことがねらいであるとはいえ，解く技術に終始するだけではなく，それの背景となっている理論への反省を，忘れないようにしておいた．

　常微分方程式に関するものは，もれなく述べておいたが，さらに，偏微分方程式においても，重要なものを書いておいた．しかし，この方面の理論は初等的でないので，むしろ解法に重点をおいた．そして，第2階偏微分方程式の解法にまで，かなり深く，立ち入った．

　本書が，若い学徒の水先案内になることを秘かに期待して，読者の理解を容易にするために，易から難に向かうように筆を進めたが，これができあがるまでに，先学知友からいろいろの助言を頂いた．氏名を略すけれども，これらの方々に，心からお礼を申し上げたい．

　最後に，私事にわたって申しわけないが，これの原稿は著者の初孫菊池誠の誕生日に完成したので，はからずも，その記念になった．これを喜んでいるこ

とを書き添えるのを，許して頂きたい．

1961年 1月

著者しるす

目　　次

第1章　序　　説

歴　史 …………………………………………………… 1
§1. 定　　義 …………………………………………… 2
　　　問 題 1 …………………………………………… 6

第2章　第1階微分方程式

§2. 変数分離型 ………………………………………… 7
§3. 同次微分方程式 …………………………………… 9
§4. 線型微分方程式 ……………………………………11
§5. 完全微分型方程式 …………………………………15
§6. 直 截 線 ……………………………………………19
§7. 高次方程式 …………………………………………21
§8. 存 在 定 理 …………………………………………26
　　　問 題 2 ……………………………………………32

第3章　高階微分方程式

§9. y が現われていない場合 ……………………………34
§10. x が現われていない場合 ……………………………35
§11. 同次方程式 …………………………………………36
　　　問 題 3 ……………………………………………38

第4章　高階線型微分方程式

§12. 基 本 定 理 …………………………………………39
§13. 定数係数の線型微分方程式 ………………………47
§14. 微分演算子の代数学 ………………………………54
§15. 微分演算子による特別解の求め方 ………………60

§16. 定数係数の場合へ導くことができる線型微分方程式 67
問 題 4 71

第5章 連立線型微分方程式

§17. 基 本 定 理 73
§18. 定数係数の連立線型方程式 85
§19. 一般な連立線型方程式 99
問 題 5 107

第6章 ラプラス変換

§20. ラプラス変換の定義 109
§21. ラプラス変換の性質 110
§22. 微分方程式への応用 114
問 題 6 117

第7章 級数による解法

§23. 基 本 定 理 119
§24. 特 異 点 128
§25. 決定方程式の吟味 134
§26. 重要な微分方程式 147
§27. 係数が定数でない連立微分方程式 162
問 題 7 169

第8章 第1階偏微分方程式

§28. 多変数の連立常微分方程式 171
§29. 全微分方程式 173
§30. 線型方程式 178
§31. 一般な第1階方程式 184
§32. 特 異 解 194
問 題 8 198

第9章　第2階偏微分方程式

§33. 定数係数の同次線型方程式 ……………………………… 200
§34. 一般な同次線型方程式 …………………………………… 205
§35. 非同次線型方程式 ………………………………………… 210
§36. モンジュの解法 …………………………………………… 214
§37. 物理学に現われた偏微分方程式 ………………………… 217
　　　問題 9 ……………………………………………………… 227
問題の答 …………………………………………………………… 229
索　　引 …………………………………………………………… 239

第1章 序　　説

歴　史

　ニュートンやライプニッツが，微分法や積分法を樹立してから間もなく，微分方程式が現われている．初期のものは，きわめて簡単なものであったが，これがヤコブ・ベルヌイ(1690)やその弟のジャン・ベルヌイによって受けつがれ，リッカチ(1734)，ダニエル・ベルヌイ(1725)，クレーロー(1734)，ラグランジュ(1774)，オイレル(1768)，ルジャンドル(1790)，ケーリ(1873)，クリスタル(1896)などの手を経て，いろいろの方面へ発展した．

　また，18世紀に，絃の振動に関連して，偏微分方程式が登場したが，これについては，上記のオイレルの他に，ダランベール(1747)，ラグランジュ(1772,1785)などの研究が，大きく貢献している．これらが，さらにシャルピ(1784)，ヤコビ(1836)によって追求されたが，この他に，ラプラス(1773)，モンジュ(1784)，アンペール(1814)，ダルブー(1870)などの，重要な研究がある．

　しかし，これらのものは，いずれも，解法の研究であって，解の存在について反省を加えたものはなく，「解は存在する」ことを前提としたものであった．それで19世紀になってから，コーシーは，与えられた方程式を解く前に，果して解が存在するのであるかどうかを，判定することの必要性を強調し，いわゆる「存在定理」を提唱した(1820—1830)．コーシー自身の証明は完全なものではなかったが，この研究は，解法を技術的に考えていた連中に，大きなショックを与え，この方面への関心が急激に増して，この微分方程式が数学の一つの輝かしい分野となる第一歩を踏み出したのである．この定理における条件を使いやすい形にすることを企てたのがリプシッツ(1876)である．さらに，フランスのピカールは「逐次近似法」というすばらしい金字塔を建てて，存在定理の証明に，画期的な方法を与えた(1893)．わが国の数学者——吉江琢児，南雲道夫，福原満洲雄，岡村博，吉沢太郎など——も，これに貴重な寄与をしている．

偏微分方程式においても，存在定理が問題となっていたが，これに対しては，コワレフスカヤ夫人の論文(1874)の右に出るものは，現代にいたるまで，まだ出ていない．フランスのシュワルツの超函数の出現(1945)によって，偏微分方程式の研究は飛躍的に発展し，現代の数学界の花形となっている．わが国では，松本敏三が偏微分方程式の特異解に関する研究をやった(1922−1926)のをきっかけとして，わが国の数学者の活躍はめざましい．溝畑茂，山口昌哉などの研究は，高く評価されている．

この他に，リー(1884)によって導入された「連続群」にもとづいた研究が一つの分野をつくって，若い研究者に，活躍の場を提供しているが，ここでは触れないことにする．

§1. 定　義

x とそれの函数 y およびそれの導函数 $y', y'', \cdots, y^{(n)}$ でつくられた方程式

(1.1) $$f(x, y, y', y'', \cdots, y^{(n)}) = 0$$

を常微分方程式という．方程式(1.1)のように，$y^{(n)}$ が最高階の導函数であるとき，これは**第 n 階微分方程式**であるという．

このような方程式がどうしてつくられるのかが，問題であるので，微分方程式を形成する例として，x, y に関する一般の2次方程式

(1.2) $$ax^2 + 2hxy + by^2 + 2gx + 2fy + c = 0$$

を考えることにしよう．$b \neq 0$ としてこれを書きかえると，

$$by^2 + 2(hx+f)y + ax^2 + 2gx + c = 0$$

となるので，y について解けば，

$$y = \frac{-(hx+f) \pm \sqrt{(h^2-ab)x^2 + 2(hf-bg)x + f^2 - bc}}{b}$$

となる．$h^2 - ab \neq 0$ と考えると，これは

(1.3) $$y = Hx + F \pm \sqrt{Ax^2 + 2Bx + C}$$

と書くことができる．これを x について微分すると，

$$y' = H \pm \frac{Ax+B}{\sqrt{Ax^2+2Bx+C}},$$

§1. 定　　　義

$$y'' = \pm \frac{AC-B^2}{(Ax^2+2Bx+C)^{3/2}}$$

となる．したがって，

$$(y'')^{-\frac{2}{3}} = \frac{Ax^2+2Bx+C}{(AC-B^2)^{2/3}} = \alpha x^2 + 2\beta x + \gamma$$

となる．これより

(1.4) $$\frac{d^3}{dx^3}[(y'')^{-\frac{2}{3}}] = 0$$

となる．これを書きかえると，

(1.4*) $\qquad 40 y'''^3 - 45 y'' y''' y^{\mathrm{IV}} + 9 y''^2 y^{\mathrm{V}} = 0$

が出てくる．これは第5階微分方程式であり，(1.2)はこの方程式の解である．(1.2)は互いに独立な任意定数を5個含んでいる（見かけ上は，a, b, c, f, g, h の6個であるが，例えば a で割った

$$x^2 + 2\frac{h}{a}xy + \frac{b}{a}y^2 + 2\frac{g}{a}x + 2\frac{f}{a}y + \frac{c}{a} = 0$$

を考えると，$\frac{h}{a} \equiv h'$, $\frac{b}{a} \equiv b'$, $\frac{g}{a} \equiv g'$, $\frac{f}{a} \equiv f'$, $\frac{c}{a} \equiv c'$ の5個であることがわかるであろう）．このように，方程式の階数と同じ数の任意定数を含む解を **完全解** という．常微分方程式の場合には，これを **一般解** といっているが，偏微分方程式の場合には，完全解と一般解とを区別しなければならない．この完全解において，任意定数に特別の値を与えたものを，**特別解** または **特殊解** という．まだ他に **特異解** というものがあるが，それについては，後で述べる．これから先に，**微分方程式を解く** といえば，一般解を求めることである．また，方程式

$$40 y'''^3 - 45 y'' y''' + 9 y''^2 = 0$$

は第3階微分方程式であるが，y''' については3次である．それで，これを第3階3次微分方程式という．一般に，一つの微分方程式が最高階の微分係数について m 次であるときには，これを m **次の微分方程式** という．

微分方程式 (1.1) の特別なものに

(1.5) $\qquad p_0(x) y^{(n)} + p_1(x) y^{(n-1)} + \cdots + p_{n-1}(x) y' + p_n(x) y = q(x)$

で示されたものがある．これを **線型常微分方程式** という．

なお，上で述べた**偏微分方程式**というのは，例えば

$$\frac{\partial^2 V}{\partial x^2}+\frac{\partial^2 V}{\partial y^2}+\frac{\partial^2 V}{\partial z^2}=a^2\frac{\partial^2 V}{\partial t^2}$$

のように，偏導函数でつくられた微分方程式のことである．

　それで，これから先は，常微分方程式をば，単に微分方程式といい，**偏微分方程式**の場合には，必ず「偏」を添えることにする．

　例． 微分方程式

$$y'''=y''$$

を，y が x の冪級数に展開することができるという条件の下で解け．

　解． この微分方程式の解を

$$y=a_0+a_1x+a_2x^2+\cdots+a_nx^n+\cdots$$

とする．[*)] これは収束域の内部で項別に微分することができるから，

$$y'=a_1+2a_2x+3a_3x^2+\cdots+na_nx^{n-1}+\cdots,$$
$$y''=2a_2+3\cdot2a_3x+\cdots+n(n-1)a_nx^{n-2}+\cdots,$$
$$y'''=3\cdot2a_3+4\cdot3\cdot2a_4x+\cdots+n(n-1)(n-2)a_nx^{n-3}+\cdots$$

となる．これより，恒等式

$$3\cdot2a_3+4\cdot3\cdot2a_4x+\cdots+n(n-1)(n-2)a_nx^{n-3}+\cdots$$
$$=2a_2+3\cdot2a_3x+\cdots+(n-1)(n-2)a_{n-1}x^{n-3}+\cdots$$

が成り立つ．したがって，

$$n(n-1)(n-2)a_n=(n-1)(n-2)a_{n-1}$$

が成り立つから，

$$a_n=\frac{a_{n-1}}{n}$$

となる．これは $n\geqq 3$ に対して成り立つので，

$$a_3=\frac{a_2}{3},\ a_4=\frac{a_3}{4},\ \cdots,\ a_n=\frac{a_{n-1}}{n}$$

となる．辺々掛け合わせて

[*)] 後で説明するが，どの微分方程式でも，この方法で解けるとは限らない．

§1. 定　義

$$a_n = \frac{a_2}{3 \cdot 4 \cdots n} = \frac{2a_2}{n!}$$

となる．したがって，解は

$$y = a_0 + a_1 x + a_2 \left(x^2 + \frac{2}{3!} x^3 + \cdots + \frac{2}{n!} x^n + \cdots \right)$$

$$= a_0 + a_1 x + 2a_2 \left(\frac{x^2}{2!} + \frac{x^3}{3!} + \cdots + \frac{n^n}{n!} + \cdots \right)$$

$$= a_0 + a_1 x + 2a_2 (e^x - x - 1)$$

となり，3個の任意定数 a_0, a_1, a_2 を含んでいる．

したがって

$$y = a_0 + a_1 x + 2a_2 (e^x - x - 1)$$

は，与えられた方程式の一般解である．

なお，コーシーは，微分方程式

(1.6) $\qquad y^n = F(x, y, y', \cdots, y^{(n-1)})$

において，条件として

(1.7) $\qquad y(x_0) = y_0, \quad y'(x_0) = y_1, \cdots, y^{(n-1)}(x_0) = y_{n-1}$

を与えて解くことを考えた．この場合に，$y_0, y_1, \cdots, y_{n-1}$ は与えられた値である．このような条件を**初期条件**という．この条件を満足する解は，ただ一つであるか，それとも，沢山あるかが問題であるが，これに対する解答が，次の定理である．

定理 1・1. 函数 $F(x, y, y', \cdots, y^{(n-1)})$ は，区間 $|x - x_0| < r$, $|y - y_0| < r$, $|y_1 - y_1| < r, \cdots, |y - y_{n-1}| < r$ で定義され，かつ $x, y, y', \cdots, y^{(n-1)}$ について連続であって，$y, y', \cdots, y^{(n-1)}$ に関して連続な第1階偏導函数をもつと，微分方程式 (1.6) は，$|x - x_0| < \rho$ で定義されかつ初期条件 (1.7) を満足する解 $y = f(x)$ をもち，しかも，この解はただ一つであるように，$\rho > 0$ が定められる．

この定理の証明は後 (§17) で与えるが，この定理は正しいものである，という前提のもとで，話を進めることにする．

問 1. つぎの式から任意定数 C_1, C_2, C_3 を消去して，微分方程式をつくれ：
(i) $\quad y = C_1 e^x + C_2 e^{2x} + C_3 e^{3x}$,　(ii) $\quad y = C_1 \cos(mx + C_2)$.

問 2. 主軸が縦軸に平行な放物線群の微分方程式を求めよ．

問 3. 原点を通る円群の微分方程式をつくれ．

問 4. 微分方程式 $y'=1+xy'^2+x^2y''$ で定義された曲線が y 軸と交わる点で，y 軸となす角を求めよ．

問 5. つぎの微分方程式の解は x の冪級数で表わされると仮定して解け：

（ⅰ）$y'+x=x^2$,   （ⅱ）$y'+3x^2y-1=0$,   （ⅲ）$y''-xy=0$.

問 題 1

1. 微分方程式 $y''=12x^2-2$ において，（ⅰ）一般解；（ⅱ）$x=0$ のときに，$y=1$, $y'=1$ となる解；（ⅲ）2点 $(1,2)$, $(3,4)$ を通る解をそれぞれ求めよ．

2. $y=C_1\cos mx+C_2\sin mx$ は，どのような微分方程式を満足するか．

3. $y=C_1x+C_2e^x$ は，どのような微分方程式の解であるか．

4. 次の微分方程式の解は x の冪級数で表わされるものとして解け：

（ⅰ）$y''-xy'-y=0$,   （ⅱ）$y''+(x+1)y'-x^2y=0$,

（ⅲ）$y''+x^2y=0$,   （ⅳ）$(x-x^2)y''+(1-5x)y'-4y=0$.

5. 存在定理にもとづいて，微分方程式

$$y'=\frac{x+y-1}{x+3y}$$

の (x_0, y_0) を通る解がただ一つであるように，(x_0, y_0) を定めよ．

第2章 第1階微分方程式

§2. 変数分離型

最も一般な第1階1次微分方程式の形は

(2.1) $$N(x,y)\frac{dy}{dx}+M(x,y)=0$$

で与えられる. $N(x,y) \not\equiv 0$ であると, この方程式は

$$\frac{dy}{dx}=-\frac{M(x,y)}{N(x,y)}$$

と書ける. ところが, 微分の定義によって

$$dy=y'dx$$

であるから,

$$dy=-\frac{M(x,y)}{N(x,y)}dx$$

と書ける. したがって,

(2.2) $$M(x,y)dx+N(x,y)dy=0$$

となる. これは (2.1) と同じものであるが, この場合に, $M(x,y)=0$, $N(x,y)=0$ を同時に成り立たせる (x,y) に対しては, 意味をもたない. それで, このような (x,y) を, 微分方程式 (2.1) または (2.2) の**特異点**という.

$M(x,y)$, $N(x,y)$ の形によっては, この方程式は, 有限個の既知函数で解けることもあれば, また, 解けないこともある. それで, 解ける型を, 通例は

(ⅰ) 変数分離型の微分方程式,

(ⅱ) 同次微分方程式,

(ⅲ) 線型微分方程式,

(ⅳ) 完全微分型微分方程式

の4種に分類している.

この章では, これらの型の微分方程式の解法を, 順をおって述べるが, これらは, ジャン・ベルヌイとオイレルによって取り扱われていた.

この節では，まず変数分離型の微分方程式を解く方法を考えることにする．
(2.2) において，

$$M(x,y)=X(x), \quad N(x,y)=Y(y)$$

であると，この方程式は

(2.3) $$X(x)dx+Y(y)dy=0$$

となる．この方程式を変数分離型であるという．この方程式は，上で述べたように，

$$X(x)+Y(y)y'=0$$

と同じことである．$X(x)=F'(x)$, $Y(y)=G'(y)$ とおくと，この方程式は

$$F'(x)+G'(y)y'=0$$

と書くことができる．これを書きかえると，

$$\frac{d}{dx}[F(x)+G(y)]=0$$

となるので，C を積分定数とすると，

$$F(x)+G(y)=C$$

となる．ところが，

$$F(x)=\int X(x)dx, \quad G(y)=\int Y(y)dy$$

であるから，(2.3) の解は

(2.4) $$\int X(x)dx+\int Y(y)dy=C$$

で与えられることを知る．

例． $(1+y^2)ydx+(1+x^2)xdy=0.$

解． この方程式の両辺を $xy(1+x^2)(1+y^2)$ で割ると，

$$\frac{dx}{x(1+x^2)}+\frac{dy}{y(1+y^2)}=0$$

となる．したがって，

$$\int\frac{dx}{x(1+x^2)}+\int\frac{dy}{y(1+y^2)}=C$$

となり，これより

$$\log \frac{|x|}{\sqrt{1+x^2}} + \log \frac{|y|}{\sqrt{1+y^2}} = C,$$

すなわち

$$\log \frac{|xy|}{\sqrt{(1+x^2)(1+y^2)}} = C$$

となる．これを

$$\frac{xy}{\sqrt{(1+x^2)(1+y^2)}} = K, \quad K = e^C$$

と表わす．

問 1. 次の微分方程式を解け．
(i) $(\sin x - \cos x) dx + (\sin x + \cos x) dy = 0$.
(ii) $y\,dx - x\,dy = xy\,dx$.
(iii) $\tan x\,dy = \cot y\,dx$.
(iv) $2xy(1+x)y' = 1 + y^2$.
(v) $x(1-x^2)dy = (x^2 - x + 1)y\,dx$.
(vi) $y' = (y^2 - 1)\tan x$.

問 2. $y^2 dx + (1+x) dy = 0$ の解のうちで，$x=0$ のときに $y=1$ となるものを求めよ．

§3. 同次微分方程式

形が

$$(3.1) \qquad y' = f\left(\frac{y}{x}\right)$$

で与えられる方程式を同次微分方程式という．この場合に，$y = ux$ とおくと，$y' = u'x + u$ となるので，方程式は

$$u'x + u = f(u), \quad \text{すなわち} \quad xu' + u - f(u) = 0$$

となる．したがって，

$$\frac{du}{u - f(u)} + \frac{dx}{x} = 0$$

となり，

$$\int \frac{du}{u - f(u)} + \log|x| = C$$

が出てくる.

方程式

(3.2) $$\frac{dy}{dx}=f\left(\frac{ax+by+c}{a'x+b'y+c'}\right)$$

において, $a, b, c; a', b', c'$ が定数であると, 同次微分方程式ではないが, 2直線 $ax+by+c=0$, $a'x+b'y+c'=0$ が平行でないとき, すなわち, $ab'-a'b \neq 0$ のときには, その交点を (x_0, y_0) とすると,

$$x=X+x_0, \quad y=Y+y_0$$

とおけば, $ax+by+c=a(X+x_0)+b(Y+y_0)+c=aX+bY$ および $a'x+b'y+c'=a'(X+x_0)+b'(Y+y_0)+c'=a'X+b'Y$ となって, 与えられた方程式は

$$\frac{dY}{dX}=f\left(\frac{aX+bY}{a'X+b'Y}\right)$$

となり, 同次型であることがわかる. ここで $Y=uX$ とおけば $\frac{dY}{dX}=\frac{du}{dX}X+u$ となるので, 方程式は

$$\frac{du}{dX}X+u=f\left(\frac{a+bu}{a'+b'u}\right)$$

となる. したがって,

$$X\frac{du}{dX}=f\left(\frac{a+bu}{a'+b'u}\right)-u$$

が出てきて, 変数分離型となるので, §2 の方法で解くことができる.

例. $$\frac{dy}{dx}=\frac{x+y-1}{x+y-2}$$

解. この場合には, 2直線 $x+y-1=0$, $x+y-2=0$ は互いに平行であるから, 上で述べた方法を用いることはできない. それで $x+y=u$ とおくと, $1+y'=u'$ となるので,

$$u'-1=\frac{u-1}{u-2}, \quad \text{すなわち} \quad u'=\frac{2u-3}{u-2}$$

が出てくる. したがって,

$$\frac{u-2}{2u-3}du=dx$$

となって，変数分離型へ変った．ゆえに

$$\int \frac{u-2}{2u-3} du = x + C$$

となる．

$$\int \frac{u-2}{2u-3} du = \frac{1}{2} u - \frac{1}{4} \log|2u-3|$$

であるから，

$$\frac{1}{2}(x+y) - \frac{1}{4} \log|2x+2y-3| = x + C$$

すなわち

$$y - x - \frac{1}{2} \log|2x+2y-3| = C'$$

が出てくる．C' は $2C$ の代りに書いたものであって，任意定数である．

問 1. 次の微分方程式を解け：
(i) $xy' = y + \sqrt{x^2+y^2}$, （ii） $(x+2y)(dx-dy) = dx + dy$.

問 2. 次の微分方程式を解け：
(i) $\dfrac{dy}{dx} = \dfrac{3x-4y-2}{4x+3y-3}$, （ii） $\dfrac{dy}{dx} = \dfrac{3x-4y-2}{3x-4y+3}$.

§4. 線型微分方程式

(1.5) の特別の場合として，微分方程式

$$p_0(x) y' + p_1(x) y = q(x)$$

を考える．この場合には，$p_0(x) \not\equiv 0$ でないと意味がないので，$p_0(x) \not\equiv 0$ として両辺を割って得られる方程式

(4.1) $$y' + p(x) y = q(x)$$

を考えても，一般性を失わない．

$\dfrac{dy}{dx}$ または y' と書く代りに Dy と書くと，

$$(D + p(x)) y = q(x)$$

と書ける．今の場合には，D を用いることはさほどに効果はないが，高階方程式の場合には，これの重要性が高度に発揮される．この D を微分演算子と

名づけている．

微分方程式 (4.1) を解く場合には，まず，右辺の函数が 0 である方程式
$$y' + p(x)y = 0$$
を考える．これは変数分離型であって
$$\frac{dy}{y} + p(x)dx = 0$$
と書けるから，
$$\log|y| + \int p(x)dx = C$$
となる．それで，これの特別解として $C=0$ の場合を y_1 とすると，
$$\log|y_1| = -\int p(x)dx$$
したがって
$$y_1 = \exp\left(-\int p(x)dx\right)$$
となる．[*] これを用いて，$y = uy_1$ とおくと，$y' = u'y_1 + uy_1'$ となるので，(4.1) は
$$u'y_1 + uy_1' + p(x)uy_1 = q(x)$$
となる．$y_1' + p(x)y_1 = 0$ であるから，
$$u'y_1 = q(x), \quad \text{すなわち} \quad u' = q(x)/y_1$$
となる．したがって，
$$u = \int \frac{q(x)}{y_1} dx + C$$
が出てくる．これより
$$y = \left(\int \frac{q(x)}{y_1} dx + C\right) y_1,$$
すなわち

(4.2) $$y = \left(\int \frac{q(x)}{\exp\left(-\int p(x)dx\right)} dx + C\right) \exp\left(-\int p(x)dx\right)$$

---

[*] e^u と書く代りに $\exp(x)$ とも書く．

が出てくる.

例 1. $y'+p(x)y+q(x)y^n=0$, n は 1 よりも大きい整数.

解. これは**ベルヌイの微分方程式**と呼ばれているもので,ヤコブ・ベルヌイ(1695) が研究したものである.

この方程式の両辺を y^n で割ると,
$$y^{-n}y'+p(x)y^{-n+1}+q(x)=0$$
となる.$y^{-n+1}=u$ とおけば $-(n-1)y^{-n}y'=u'$ であるから,方程式は
$$-\frac{1}{n-1}\frac{du}{dx}+p(x)u+q(x)=0$$
となるので,上で述べた方法で解ける.

例 2. $\qquad y'+r(x)+p(x)y+q(x)y^2=0.$

解. これはリッカチが取り扱ったので,一般に,**リッカチの方程式**といっている.

この方程式の特別解の一つを y_1 とし,$y=y_1+u$ とおくと,$y'=y_1'+u'$ であるから,これを方程式へ入れると,
$$u'+\{y_1'+r(x)+p(x)y_1+q(x)y_1^2\}+p(x)u+2q(x)y_1u+q(x)u^2=0$$
となる.仮定によって
$$y_1'+r(x)+p(x)y_1+q(x)y_1^2=0$$
であるから,
$$u'+\{p(x)+2q(x)y_1\}u+q(x)u^2=0$$
となる.これはベルヌイの方程式 ($n=2$ の場合)であるから,$u=1/z$ とおけば

(4.3) $\qquad z'-\{p(x)+2q(x)y_1\}z=q(x)$

となるが,これは線型方程式であるから,上の方法で解くことができる.

(4.3) において $p(x)+2q(x)y_1=s(x)$ とおくと,
$$z'-s(x)z=q(x)$$
となる.これの解は (4.2) によって
$$z=A(x)+B(x)\cdot C, \qquad C \text{ は任意定数,}$$
という形で与えられる.y を与えられたリッカチの方程式の解とすると,

$$y = y_1 + \frac{1}{z} = y_1 + \frac{1}{A(x) + B(x) \cdot C}$$

$$= \frac{y_1 A(x) + 1 + y_1 B(x) \cdot C}{A(x) + B(x) \cdot C} = \frac{\alpha(x) + \beta(x) \cdot C}{A(x) + B(x) \cdot C}$$

と書くことができる．したがって，リッカチの方程式の特別解を y_1, y_2, y_3 とすると，

(4.4) $$\frac{y_3 - y}{y_1 - y} : \frac{y_3 - y_2}{y_1 - y_2} = C$$

で与えられることがわかる．このことから，"リッカチの方程式においては，特別解を3個見つけることができたら，(4.4) によって，一般解を求めることができる" ことがわかる．

例 3. $\quad y' - y - y^2 \log|x| = 0.$

解． これはベルヌイの方程式であるから，

$$y^{-2} y' - y^{-1} - \log|x| = 0$$

と書きかえておいて，$y^{-1} = u$ とおけば $y^{-2} y' = -u'$ となって，

$$u' + u = -\log|x|$$

となる．それで，右辺のない $u' + u = 0$ を考えると，

$$\frac{du}{u} + dx = 0$$

となって，

$$\log|u| + x = C$$

が得られる．これにおいて $C=0$ とした特別解を u_0 とすると，$\log|u_0| = -x$ となるので，$u_0 = e^{-x}$ が得られる．ここで $u = zu_0$ とおくと，$u' = z' u_0 + z u_0'$ であるから，

$$u_0 z' + (u_0' + u_0) z = -\log|x|$$

となる．これより，$u_0' + u_0 = 0$ であるから，

$$u_0 z' = -\log|x|, \quad \text{すなわち} \quad z' = -e^x \log|x|$$

となるので，

$$z = -\int e^x \log|x| dx + C$$

となり，

$$u = -e^{-x}\int e^x \log|x|\,dx + Ce^{-x}$$

すなわち

$$y = e^x \Big/ \left(-\int e^x \log|x|\,dx + C\right)$$

が出てくる．

問 1. 次の微分方程式を解け:
(i) $xy' + 2y = \sin x$, (ii) $y'\sin x - y\cos x = \sin x$,
(iii) $x(x+1)y' - (x^2+x-1)y = (x+1)^2(x-1)$, (iv) $(\sin^2 x - y)dx - \tan x\,dy = 0$,
(v) $xy' = y + 2xy^2$, (vi) $x^2 y' + xy + \sqrt{y} = 0$,
(vii) $x^2 y - x^3 y' - y^4 \cos x = 0$.

問 2. $(3xy+2)dx + x^2 dy = 0$ の解のうちで，$x=1$ のときに $y=1$ となるものを求めよ．

§5. 完全微分型方程式

微分方程式 (2.2) において

$$M(x,y) = \frac{\partial \varPhi}{\partial x}, \qquad N(x,y) = \frac{\partial \varPhi}{\partial x}$$

となるような $\varPhi(x,y)$ が存在すると，(2.2) は

$$\frac{\partial \varPhi}{\partial x}dx + \frac{\partial \varPhi}{\partial y}dy = 0, \quad \text{すなわち} \quad d\varPhi(x,y) = 0$$

となるので，$\varPhi(x,y) = C$ が一般解となる．上で述べたような函数 $\varPhi(x,y)$ が存在しないときには，まず，$\mu(x,y)\{M(x,y)dx + N(x,y)dy\}$ がいま述べたような完全微分型となるように $\mu(x,y)$ が見つかるかどうかを調べる．しかし，これに対しては，次の定理が重要である:

定理 5.1. $M(x,y)dx + N(x,y)dy$ が完全微分であるために，必要でかつ十分な条件は

(5.1) $$\frac{\partial M}{\partial y} = \frac{\partial N}{\partial x}$$

が成り立つことである．

証明. $M(x,y)dx+N(x,y)dy$ が完全微分であると，
$$M(x,y)dx+N(x,y)dy=d\psi(x,y)$$
となる $\psi(x,y)$ が存在する．ところが，
$$d\psi(x,y)=\frac{\partial\psi}{\partial x}dx+\frac{\partial\psi}{\partial y}dy$$
であり，この表現はただひととおりしかないから，
$$M(x,y)=\frac{\partial\psi}{\partial x}, \qquad N(x,y)=\frac{\partial\psi}{\partial y}$$
と書ける．したがって，
$$\frac{\partial M}{\partial y}=\frac{\partial^2\psi}{\partial y\partial x}, \qquad \frac{\partial N}{\partial x}=\frac{\partial^2\psi}{\partial x\partial y}$$
となって，(5.1) の成り立つことがわかる．逆に (5.1) が成り立つと，y を定数と考えて
$$F=\int_a^x M(x,y)dx$$
を計算すると，
$$\frac{\partial F}{\partial x}=M(x,y), \qquad \frac{\partial^2 F}{\partial x\partial y}=\frac{\partial M}{\partial y}=\frac{\partial N}{\partial x}$$
が出てきて
$$\frac{\partial N}{\partial x}-\frac{\partial^2 F}{\partial x\partial y}=0, \qquad \text{すなわち}\ \frac{\partial}{\partial x}\left(N-\frac{\partial F}{\partial y}\right)=0$$
となる．このことから，$N-\frac{\partial F}{\partial y}$ は x に無関係であることを知る．それで
$$N-\frac{\partial F}{\partial y}=\varPhi(y)$$
とおくと，
$$N=\frac{\partial F}{\partial y}+\varPhi(y)$$
となるので，
$$G(x,y)=\int^y N(x,y)dy$$

§5. 完全微分型方程式

とおくと，

$$G(x, y) = F(x, y) + \int^y \varphi(y) dy$$

となる．そして

$$\frac{\partial G}{\partial y} = \frac{\partial F}{\partial y} + \varphi(y) = N(x, y)$$

となる．ところが，他方で

$$M = \frac{\partial F}{\partial x} = \frac{\partial G}{\partial x}$$

となるから，

$$Mdx + Ndy = \frac{\partial G}{\partial x} dx + \frac{\partial G}{\partial y} dy = dG$$

となって，完全微分であることを知る．

つぎに，(5.1) が成り立たない場合を考える．この場合には，函数 $\mu(x, y)$ が $\mu(x, y)\{Mdx + Ndy\}$ が完全微分であるように定められたとすると，問題は簡単になる．ところが，上の定理によって

$$\frac{\partial}{\partial y}(\mu M) = \frac{\partial}{\partial x}(\mu N)$$

が成り立つ．したがって，

$$\frac{\partial \mu}{\partial y} M + \mu \frac{\partial M}{\partial y} = \frac{\partial \mu}{\partial x} N + \mu \frac{\partial N}{\partial x},$$

すなわち

(5.2) $$M \frac{\partial \mu}{\partial y} - N \frac{\partial \mu}{\partial x} + \mu \left(\frac{\partial M}{\partial y} - \frac{\partial N}{\partial x} \right) = 0$$

となる．この $\mu(x, y)$ が定まれば，これを方程式に掛けると，完全微分型となるが，(5.2) は偏微分方程式であるから，これを解くことの方が，元の方程式を解くことよりも困難であるかもしれない．この $\mu(x, y)$ を **積分因子** と呼んでいる．

例． $(x^3 + xy^4)dx + 2y^3 dy = 0$ を解け．

解． $\qquad M(x, y) = x^3 + xy^4, \quad N(x, y) = 2y^3$

であるから
$$\frac{\partial M}{\partial y}=4xy^3, \quad \frac{\partial N}{\partial x}=0$$
となって，完全微分型でないことがわかる．

　$\mu(x,y)$ を積分因子とすると，(5.2) によって
$$(x^3+xy^4)\frac{\partial \mu}{\partial y}-2y^3\frac{\partial \mu}{\partial x}+4xy^3\mu=0$$
となる．これから μ を求めることは困難であるが，かりに，μ は x だけの函数であると考えると，この方程式は
$$-2y^3\mu'(x)+\mu(x)\cdot 4xy^3=0$$
となる．これより
$$\frac{\mu'(x)}{\mu(x)}=2x, \quad \text{すなわち} \quad \log|\mu|=x^2+C$$
となるので，$C=0$ としたときの特別解を用いると $\mu=e^{x^2}$ が出てくる．これが積分因子であるはずであるから，
$$e^{x^2}(x^3+xy^4)dx+2y^3e^{x^2}dy=0$$
は完全微分型である．したがって，
$$\frac{\partial F}{\partial x}=e^{x^2}(x^3+xy^4), \quad \frac{\partial F}{\partial y}=2y^3e^{x^2}$$
となる $F(x,y)$ が見つかるはずである．後の方程式から
$$F(x,y)=\frac{1}{2}y^4e^{x^2}+\varphi(x)$$
となるが，
$$\frac{\partial F}{\partial x}=xe^{x^2}y^4+\varphi'(x)$$
であるから，
$$e^{x^2}(x^3+xy^4)=xe^{x^2}y^4+\varphi'(x)$$
となり，
$$\varphi'(x)=x^3e^{x^2}, \quad \text{すなわち} \quad \varphi(x)=\frac{1}{2}x^2e^{x^2}-\frac{1}{2}e^{x^2}$$

が出てくるので,
$$F(x, y) = \frac{1}{2}y^4 e^{x^2} + \frac{1}{2}x^2 e^{x^2} - \frac{1}{2}e^{x^2}$$
$$= \frac{1}{2}e^{x^2}(y^4 + x^2 - 1)$$

となる. ゆえに, 求める解は
$$\frac{1}{2}e^{x^2}(y^4 + x^2 - 1) = C, \quad \text{すなわち} \quad e^{x^2}(x^2 + y^4 - 1) = C_1$$
となる.

注意. 第8章を終ってからこの問題を取り扱うと,さらに容易に積分因子を見つけることができる.

問 1. 次の微分方程式を解け:
(i) $xy + y^2 y' = 6x$,　　　　(ii) $(3x^2 y + y^3)dx + (x^3 + 3xy^2)dy = 0$.

問 2. 次の微分方程式を解け:
(i) $(xy + y^2)dx + (xy - x^2)dy = 0$,　　(ii) $(3x - y^2)dx - 4xy dy = 0$,
(iii) $(xy^3 + 2x^2 y^2 - y^2)dx + (x^2 y^2 + 2x^3 y - 2x^2)dy = 0$.

§6. 直 截 線

いままでの話で,4種の型の微分方程式の解法がわかったので,応用の例として,直截線の問題を考える.

領域 D で曲線群が与えられているとする. この場合に, どの曲線も, 各点で接線をもっているとする. この曲線群は C をパラメータとして

(6.1) 　　　　　　$F(x, y, C) = 0$

で与えられているとしよう. この曲線のおのおのと直交する曲線群を求めることが問題となるが, この曲線群を (6.1) の**直截線**という. (6.1) の直截線の1曲線が (6.1) の1曲線と交わる点をPとし, その座標を (x, y) とする. ここにおける (6.1) の法線の勾配は $-1/y'$ である. ところが, (6.1) により

図 1

$$\frac{\partial F}{\partial x} + \frac{\partial F}{\partial y} y' = 0$$

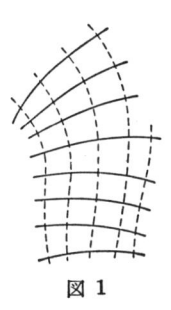

であるから，
$$-\frac{1}{y'} = -\frac{\partial F/\partial y}{\partial F/\partial x}$$

となる．ところが，(6.1) の P における法線は，この点を通る直截線への接線であるから，この接線の勾配を y' とすると
$$y' = -\frac{\partial F/\partial y}{\partial F/\partial x}$$

となる．これは (6.1) の各点における直截線のすべてに対して成り立つので，

(6.2) $$\frac{\partial F}{\partial x}y' - \frac{\partial F}{\partial y} = 0$$

が出てくる．(6.1) と (6.2) とから C を消去すると，方程式

(6.3) $$f(x, y, y') = 0$$

が得られるが，これが直截線の方程式である．

例． 曲線群 $(x-1)^2 + y^2 + 2cx = 0$ の直截線の方程式を求めよ．

解．
$$F(x, y, c) = (x-1)^2 + y^2 + 2cx$$

とおくと，
$$\frac{\partial F}{\partial x} = 2(x-1) + 2c, \quad \frac{\partial F}{\partial y} = 2y$$

であるから，直截線に対しては
$$\{2(x-1) + 2c\}y' - 2y = 0$$

となる．これから
$$c = \frac{y}{y'} - x + 1$$

が出てくる．これをもとの方程式へ代入すると，
$$(x^2 - y^2 - 1)y' = 2xy$$

が得られるが，これが直截線の方程式である．これを書きかえると
$$2xy\,dx + (y^2 - x^2 + 1)dy = 0$$

となるが，これは完全微分型ではない．しかし，これを y^2 で割って得られる
$$\frac{2x}{y}dx + \left(1 - \frac{x^2}{y^2} + \frac{1}{y^2}\right)dy = 0$$

は完全微分型である．したがって，
$$\frac{\partial \varphi}{\partial x}=\frac{2x}{y}, \quad \frac{\partial \varphi}{\partial y}=1-\frac{x^2}{y^2}+\frac{1}{y^2}$$
を満足する $\varphi(x, y)$ が存在する．上の方程式より
$$\varphi(x, y)=y+\frac{x^2}{y}-\frac{1}{y}$$
が得られるので，
$$y+\frac{x^2}{y}-\frac{1}{y}=c,$$
すなわち，直截線の方程式は
$$x^2+\left(y-\frac{c}{2}\right)^2=\frac{c^2+4}{4}$$
となる．

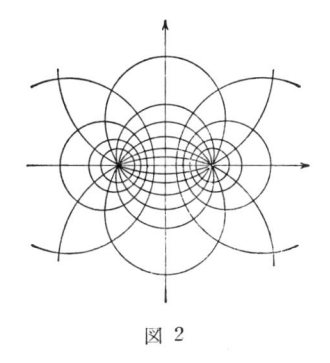

図 2

問 1． 次の曲線群の直截線を求めよ：
(i) $y^2=4cx$,　　　　(ii) $x^2+y^2+cx=0$,　　　　(iii) $ye^{2x}=c$.

問 2． 円錐曲線群 $\dfrac{x^2}{a^2+c}+\dfrac{y^2}{b^2+c}=1$ の直截線の微分方程式を求めよ．

問 3． 放物線群 $y^2=4cx$ と，$\dfrac{\pi}{4}$ の角で交わる曲線群を求めよ．

§7. 高次方程式

こんどは y' について1次でないものを考える．方程式を
(7.1) $$f(x, y, y')=0$$
とし，これが y' について高次であるとする．ここで $y'=p$ とおくと，(7.1) は $f(x, y, p)=0$ となる．ところが，陰函数の存在定理によって，(x_0, y_0, p_0) が $f(x_0, y_0, p_0)=0$ となる一組の値であると，函数 $f(x, y, p)$ が点 (x_0, y_0, p_0) の近傍で，(x, y, p) について連続であり，$\dfrac{\partial f}{\partial x}$, $\dfrac{\partial f}{\partial y}$, $\dfrac{\partial f}{\partial p}$ もまた3変数 x, y, p について連続であって $\dfrac{\partial}{\partial p}f(x_0, y_0, p_0) \neq 0$ であると，点 (x_0, y_0, p_0) の近傍で方程式 $f(x, y, p)=0$ は p について解くことができる．それで，た

だ一つの解を

(7.2) $$p = \varphi(x, y)$$

とすると，これに対して $f\{x, y, \varphi(x, y)\} \equiv 0$ が成り立つ．そして，(7.2) の解は方程式 (7.1) の解となっている．

ところが，$\dfrac{\partial f}{\partial p} = 0$ となるところでは，上の論議は成り立たない．それで，$f(x, y, p) = 0$ と $\dfrac{\partial f}{\partial p} = 0$ とを同時に満足する (x, y, p) があるとき，この 2 方程式から p を消去すると，方程式

(7.3) $$g(x, y) = 0$$

が得られる．この中には与えられた方程式の解を含んでいることがある．それを $y = y(x)$ とするとき，これを与えられた方程式の**特異解**という．

なお，方程式 (7.1) は，一般には，解くことは困難であるが，つぎの特別の場合には解くことができる：

 i) y' について解ける場合，

 ii) y について解ける場合，

 iii) x について解ける場合．

ここでは，例について，解法を述べることにする．

例 1. $\qquad y'^2 + 2xy' - 3x^2 = 0.$

解． この方程式は，i) の場合であって，

$$(y' + 3x)(y' - x) = 0$$

と因数に分解することができる．これより

$$y' + 3x = 0 \quad \text{または} \quad y' - x = 0$$

が出てくる．したがって

$$y = -\frac{3}{2}x^2 + C_1 \quad \text{または} \quad y = \frac{1}{2}x^2 + C_2$$

が出てくるが，これは

$$\left(y + \frac{3}{2}x^2 - C_1\right)\left(y - \frac{1}{2}x^2 - C_2\right) = 0$$

と同じことである．ところが，これは 2 個の任意定数を含んでいるので，見か

けでは不都合のように思われる．しかし，現実には，どちらかの因数しか採用しないので，少しも不都合はない．それで，この見かけ上の不都合を取り除くために，

$$\left(y+\frac{3}{2}x^2-c\right)\left(y-\frac{1}{2}x^2-c\right)=0$$

と表わすことにする．

なお，
$$f(x, y, p) \equiv p^2+2xp-3x^2$$
とおくと，
$$f_p(x, y, p) = 2p+2x$$
となるから，
$$p^2+2xp-3x^2=0, \quad 2p+2x=0$$

より p を消去すると，$x=0$ が得られる．しかし，これは与えられた方程式を満足しないので，特異解ではない．これは一般解を表わしている二つの曲線群の接点の軌跡を表わしている．

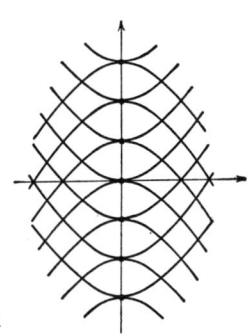

図 3

例 2. $\quad 2p^2-2x^2p+3xy=0.$

解． これは ii) の場合であって，y について解くことができる．そして

$$y=\frac{2px}{3}-\frac{2}{3}\frac{p^2}{x}$$

であるから，これを x について微分すると，

$$p=\frac{2p}{3}+\frac{2x}{3}\frac{dp}{dx}+\frac{2}{3}\frac{p^2}{x^2}-\frac{4}{3}\frac{p}{x}\frac{dp}{dx}$$

であるから，

$$\frac{1}{3}\left(p-2x\frac{dp}{dx}\right)\left(1-\frac{2p}{x^2}\right)=0$$

が出てきて

$$p-2x\frac{dp}{dx}=0 \quad \text{または，} \quad 1-\frac{2p}{x^2}=0$$

となる．

$1-\dfrac{2p}{x^2}=0$ より $p=\dfrac{x^2}{2}$ となるので,これをもとの方程式へ代入すると,二つの方程式 $x=0$ と $y=\dfrac{x^3}{6}$ とが出てくる.

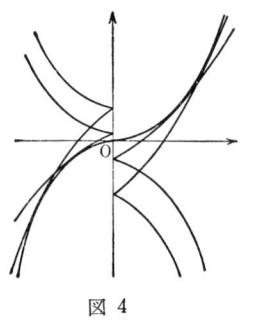

$p-2x\dfrac{dp}{dx}=0$ を解くと,$p=c\sqrt{x}$ となるので,これを,もとの方程式へ代入して,$2c^2x-2c\sqrt{x}\,x^2+3xy=0$ を得る.$x=0$ は上に表われているので,これを除外すると $2c^2-2c\sqrt{x}\,x+3y=0$ となる.これから $(3y+2c^2)^2=4c^2x^3$ が出てくるが,これが一般解であることは,いうまでもない.そして,
$$f(x, y, p) \equiv 2p^2-2px^2+3xy,$$
$$f_p(x, y, p) = 4p-2x^2$$

図 4

から p を消去すると,$x=0$ と $y=\dfrac{x^3}{6}$ とが出てくる.ところが,$x=0$ はもとの方程式を満足しない.したがって,これは解ではない.しかし,$y=\dfrac{x^3}{6}$ は解となるので,これは特異解である.

なお,$x=0$ は,図のように,一般解の尖点の軌跡である.

例 3. $\qquad y=px+\varphi(p).$

解. これを **クレーロー型** の方程式というが,これも ii) に属している.これを x について微分すると

$$\dfrac{dp}{dx}\{x+\varphi'(p)\}=0$$

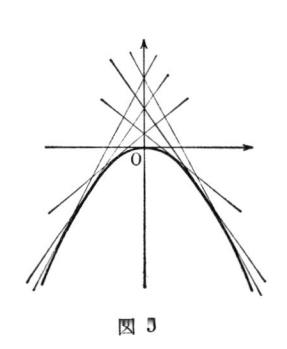

となるから,$\dfrac{dp}{dx}=0$ または $x+\varphi'(p)=0$ が出てくる.

$\dfrac{dp}{dx}=0$ より $p=c$ となるので,もとの方程式へ代入すると,

$$y=cx+\varphi(c)$$

図 5

となる.これは一般解であって,直線群を表わす.

§7. 高次方程式

$$f(x, y, p) \equiv y - px - \varphi(p) = 0,$$
$$f_p(x, y, p) = -x - \varphi'(p) = 0$$

から p を消去すると特異解が出てくるが，今の場合には

$$x = -\varphi'(p), \quad y = px + \varphi(p)$$

と，パラメータ方程式となる．$\varphi(p) \equiv p^2$ とすると $y = -\dfrac{1}{2}x^2$ となるが，図5はこの場合を示したものである．

例 4. $\qquad p^3 + xp - y = 0.$

解． 与えられた方程式を x について解くと，

$$x = \frac{y}{p} - p^2$$

となるので，この場合には y について微分すれば，

$$\frac{dx}{dy} = \frac{1}{p} - \frac{y}{p^2}\frac{dp}{dy} - 2p\frac{dp}{dy} = \frac{1}{p} - \left(\frac{y}{p^2} + 2p\right)\frac{1}{p}\frac{dp}{dx}$$

となる．$\dfrac{dx}{dy} = \dfrac{1}{p}$ であるから，

$$\left(\frac{y}{p^3} + 2\right)\frac{dp}{dx} = 0$$

となり，$\dfrac{dp}{dx} = 0$ または $\dfrac{y}{p^3} + 2 = 0$ が出てくる．したがって，$p = c$ と $y = -2p^3$ が得られる．

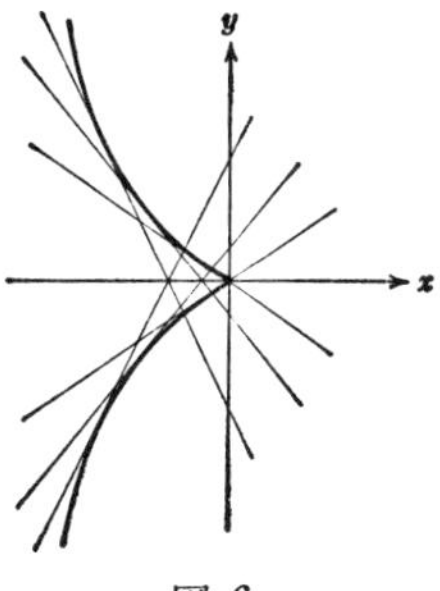

$p = c$ のときには $y = c^3 + cx$ となるが，これは一般解である．

$y = -2p^3$ のときには $4x^3 = -27y^2$ となるが，これが特異解であることは，

$$f(x, y, p) \equiv p^3 + xp - y = 0,$$
$$f_p(x, y, p) = 3p^2 + x = 0$$

図 6

より p を消去すると，$4x^3 = -27y^2$ が出てくることからわかるであろう．

問 1. 次の方程式を解け:
　　　　（i） $x + yp^2 - p(1 + xy) = 0$,　　（ii） $p^2 - 2xp + 1 = 0$.

問 2. 次の方程式を解け:

(ⅰ)　$y = p\sin p + \cos p$,　　(ⅱ)　$4yp^2 + 2xp - y = 0$.

§8. 存在定理

今までは，微分方程式を解く工夫だけを考えてきたが，ここでは，一体，"第1階微分方程式は，いつでも解けるのであろうか？"という問題を考えようと思う．これの解答が**存在定理**であって，第1章でも触れておいたようにコーシーが樹立したものである．

定理 8.1. 函数 $f(x, y)$ は領域 D で連続であって，$f_y(x, y)$ も D で連続であり，(x_0, y_0) は D の点であるとすると，$|x - x_0| < h$ で微分方程式
$$(8.1) \qquad y' = f(x, y)$$
は $g(x_0) = y_0$ となる解 $y = g(x)$ を持ち，しかも，ただ一つしか持たないように $h\ (<0)$ を定めることができる．

証明． 長方形 $R: |x - x_0| \leq \delta_1, |y - y_0| \leq \delta_2$ が領域 D に属するように，δ_1, δ_2 をえらぶことができる．$(x, y_1) \in R, (x, y_2) \in R$ を考えると，

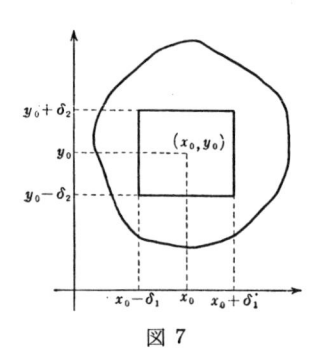

$f(x, y_2) - f(x, y_1) = (y_2 - y_1) f_y(x, \eta)$ と書ける．この場合に η は y_1 と y_2 の間の値である．仮定によって $f_y(x, y)$ は R で連続であるから，すべての $(x, y) \in R$ に対して $|f_y(x, y)| \leq K$ となる $K > 0$ が定まる．したがって，

図 7　　　(8.2)　$|f(x, y_2) - f(x, y_1)| \leq K|y_2 - y_1|$

である．ところが，$f(x, y)$ は R で連続であるから，すべての $(x, y) \in R$ に対して $|f(x, y)| \leq M$ となる正数 M が存在する．ここで $h\ (>0)$ を
$$h \leq \min(\delta_1, \delta_1/M)$$
となるように定める．そうすると，(x, y) は長方形
$$Q: |x - x_0| \leq h, \quad |y - y_0| \leq \delta_2$$
に属するとすれば $Q \subset R$ である．

ここで，$|x - x_0| \leq h$ において定義された連続函数 $f_k(x)$ の列を，次のよう

§8. 存 在 定 理

につくる:

$$f_0(x) \equiv y_0,$$

$$f_1(x) = \int_{x_0}^{x} f[u, f_0(u)]du + y_0 = \int_{x_0}^{x} f(u, y_0)du + y_0,$$

$$f_2(x) = \int_{x_0}^{x} f[u, f_1(u)]du + y_0,$$

$$\cdots\cdots\cdots\cdots\cdots\cdots\cdots\cdots\cdots\cdots\cdots\cdots,$$

$$f_n(x) = \int_{x_0}^{x} f[u, f_{n-1}(u)]du + y_0,$$

$$\cdots\cdots\cdots\cdots\cdots\cdots\cdots\cdots\cdots\cdots\cdots\cdots.$$

この $f_k(x)$ は R で, はっきりと, 定義されたことになる. そして

$$|f_k(x) - y_0| = \left|\int_{x_0}^{x} f[u, f_{k-1}(u)]du\right| \leq M|x - x_0| \leq Mh \leq \delta_1$$

となる. このことから, 帰納法によって, $f_k(x)$, $k = 1, 2, 3, \cdots$, はみな R に属すことがわかるであろう.

$$|f_1(x) - y_0| = \left|\int_{x_0}^{x} f(u, y_0)du\right| \leq M|x - x_0|$$

$$|f_2(x) - f_1(x)| = \left|\int_{x_0}^{x} f[u, f_1(u)]du - \int_{x_0}^{x} f(u, y_0)du\right|$$

$$= \left|\int_{x_0}^{x} \{f[u, f_1(u)] - f[u, f_0(u)]\} du\right|$$

$$\leq K \left|\int_{x_0}^{x} |f_1(u) - f_0(u)|du\right|$$

$$\leq KM \left|\int_{x_0}^{x} |x - x_0|dx\right|$$

$$\leq KM \cdot \frac{|x - x_0|^2}{2}$$

となる. 同じようにして,

$$|f_3(x) - f_2(x)| \leq MK^2 \frac{|x - x_0|^3}{3 \cdot 2}$$

となるから，帰納法によって

$$|f_{n+1}(x)-f_n(x)|\leq MK^n\cdot\frac{|x-x_0|^{n+1}}{(n+1)!}$$

となる．したがって，$|x-x_0|\leq h$ を満足するように，定めておくと

$$|f_{n+1}(x)-f_n(x)|\leq MK^n\frac{h^{n+1}}{(x+1)!}\equiv M_n$$

が成り立つ．ところが，級数

$$\sum_{k=0}^{\infty}M_k$$

は収束するから，ワイエルシュトラスの定理によって，級数

$$f_0(x)+[f_1(x)-f_0(x)]+\cdots+[f_n(x)-f_{n-1}(x)]+\cdots$$

が，区間 $|x-x_0|\leq h$ のすべての x に対して一様収束することがわかる．この級数の和を $g(x)$ としておいて，はじめの n 項の和をつくると，

$$f_0(x)+[f_1(x)-f_0(x)]+\cdots+[f_n(x)-f_{n-1}(x)]\equiv f_n(x)$$

となるので，われわれの函数 $f_n(x)$ は $|x-x_0|\leq h$ で $g(x)$ へ一様収束し，$g(x)$ は $|x-x_0|\leq h$ で連続である．ところが，

$$g_n(x)\equiv f[x,f_n(x)]$$

は $|x-x_0|\leq h$ で $f[x,g(x)]$ へ一様に収束する．何となれば，

$$|f[x,g(x)]-f[x,f_n(x)]|\leq K|g(x)-f_n(x)|$$

であり，$\varepsilon>0$ に対して，自然数 N を，$n\geq N$ なら，$|g(x)-f_n(x)|<\varepsilon/K$ となるように定めることができる．そうすると，$n\geq N$ なら

$$|f[x,g(x)]-f[x,f_n(x)]|<\varepsilon$$

となる．そうすると，一様収束であることから，

$$g(x)=\lim_{n\to\infty}f_{n+1}(x)=\lim_{n\to\infty}\left[\int_{x_0}^{x}f[u,f_n(u)]du+y_0\right]$$
$$=\int_{x_0}^{x}f[u,g(u)]du+y_0,$$

したがって

$$g'(x)=\frac{d}{dx}\int_{x_0}^{x}f[u,g(u)]du=f[x,g(x)]$$

となり，$y=g(x)$ が与えられた微分方程式 (8.1) の解であることがわかる．そして

$$g(x_0) = \int_{x_0}^{x_0} f[u, g(u)]du + y_0 = y_0$$

となって，初期条件を満足することもわかる．

次の問題は，この初期条件を満足する解は単独であるか，という点にある．それで，このような解が二つあるとし，それを $\varphi(x), \psi(x), \varphi(x_0)=\psi(x_0)=y_0$ としよう．

h_1, k_1 を十分に小さくとって，長方形

$$R_1: \quad |x-x_0| \leq h_1, \ |y-y_0| \leq k_1$$

が D にあり，$|x-x_0| \leq h_1$ に対する $y=\varphi(x), y=\psi(x)$ のグラフが R に属するようにする．上で示しておいたように，$(x, y_1) \in R_1, (x, y_2) \in R_1$ なら

$$|f(x, y_1) - f(x, y_2)| < K|y_1 - y_2|$$

となる正数 K が定まる．$x \geq x_0$ とすると，

$$\varphi(x) = \int_{x_0}^{x} f\{u, \varphi(u)\}du + y_0, \quad \psi(x) = \int_{x_0}^{x} f\{u, \psi(u)\}du + y_0$$

であるから，

$$\varphi(x) - \psi(x) = \int_{x_0}^{x} [f\{u, \varphi(u)\} - f\{u, \psi(u)\}]du$$

となる．したがって，

$$|\varphi(x) - \psi(x)| \leq \int_{x_0}^{x} |f\{u, \varphi(u)\} - f\{u, \psi(u)\}|du$$

$$\leq K \int_{x_0}^{x} |\varphi(u) - \psi(u)|du$$

となる．ここで

$$v(x) = \int_{x_0}^{x} |\varphi(u) - \psi(u)|du$$

とおくと，$v(x_0)=0$ であって，$v(x)$ は $x_0 \leq x \leq x_0+h_1$ で連続でかつ連続な導函数

$$v'(x) = |\varphi(x) - \psi(x)|$$

をもつ．したがって，$v'(x) \leqq Kv(x)$，すなわち
$$v'(x) - Kv(x) \leqq 0$$
となる．ところが，微分方程式
$$v'(x) - Kv(x) = \chi(x)$$
において，$\chi(x)$ は区間 $x_0 \leqq x \leqq x_0 + h_1$ において連続でかつ $\chi(x) \leqq 0$ を満足するとすれば，これが線型微分方程式であることから，(4.2) によって
$$v(x) = e^{Kx} \int_{x_0}^{x} e^{-Ku} \chi(u) du$$
となる．$\chi(u) \leqq 0$ であることから，$v(x) \leqq 0$ が出てくる．ところが，$v(x)$ の定義より，$x \geqq x_0$ なら $v(x) \geqq 0$ である．したがって，$v(x) \equiv 0$ でなければならぬ．ゆえに，$v'(x) \equiv 0$ である．したがって，$x_0 \leqq x \leqq x_0 + h_1$ において $\varphi(x) \equiv \psi(x)$．全く同じようにして，$x_0 - h_1 \leqq x \leqq x_0$ においても $\varphi(x) \equiv \psi(x)$ であることが示せる．

つぎに，問題の区間 $x_0 \leqq x < x_0 + h$ において $\varphi(x) \not\equiv \psi(x)$ とすると，x_1, x_2 $(x_1 < x_2)$ を
$$x_0 \leqq x < x_1 \text{ では } \varphi(x) \equiv \psi(x),$$
$$x_0 \leqq x < x_2 \text{ では } \varphi(x) \not\equiv \psi(x)$$
となるようにえらぶことができる．$\varphi(x), \psi(x)$ はこの区間で連続であるから，$\varphi(x_1) = \psi(x_1)$ である．そうすると，上で述べた議論がそのまま成り立って，部分区間 $|x - x_1| \leqq h_2$ を，ここで $\varphi(x) \equiv \psi(x)$ となるように定めることができる．これは x_1 のえらび方と矛盾する．ゆえに，区間 $x_0 \leqq x < x_0 + h$ において $\varphi(x) \equiv \psi(x)$ が成り立つ．$x_0 - h < x \leqq x_0$ で $\varphi(x) \equiv \psi(x)$ であることも，同じようにしていえる． (証明終)

この証明において，$f_y(x, y)$ が連続であるということを (8.2) の形で用いたが，長方形 $R \subset D$ を考えたら，それに対して正数 K が存在し，$(x, y_1) \in R$, $(x, y_2) \in R$ をどのようにとっても
$$|f(x, y_2) - f(x, y_1)| < K|y_2 - y_1|$$
が成り立つときに，函数 $f(x, y)$ は D で局所的に**リプシッツの条件**を満足するというので，上の定理において，"$f_y(x, y)$ は連続である" という代りに，

"$f(x, y)$ は D において局所的にリプシッツの条件を満足する" といってもよい. しかも, この方が, 条件としては拡張されたものである. なんとなれば, $f_y(x, y)$ が連続であると, リプシッツの条件を局所的に満足するが, 例えば $f(x, y)=x|y|$ を考えると, これは D のすべての (x, y) に対して局所的にリプシッツの条件を満足するけれども, $y=0$ に対しては $f_y(x, y)$ は存在しない.

また, この証明で用いられた $f_n(x)$ を $g(x)$ の第 n 近似函数といい, この証明方法を**ピカールの逐次近似法**という. これはピカール(1890)が樹立したものであって, 微分方程式の研究に, 一つのエポックを画したものである.

例. $y'=xy+2x-x^3$ の $x=0$ のときに $y=0$ となる解.

解. $f(x, y)\equiv xy+2x-x^3$ とおくと, これは y について微分可能であって $f_y(x, y)=x$ は領域 $|x|<\infty, |y|<\infty$ で連続であるから, 原点 $(0, 0)$ の近傍で連続な解をもつ. そして, この解は, 上の定理によって, ただ一つである.

この解をピカールの逐次近似法で求めてみよう:

今の場合には $f_0(x)\equiv 0$ であるから,

$$f_1(x)=\int_0^x (2u-u^3)du = x^2-\frac{x^4}{4},$$

$$f_2(x)=\int_0^x \left\{u\left(u^2-\frac{u^4}{4}\right)+2u-u^3\right\}du = x^2-\frac{x^6}{4\cdot 6},$$

$$f_3(x)=\int_0^x \left\{u\left(u^2-\frac{u^6}{4\cdot 6}\right)+2u-u^3\right\}du = x^2-\frac{x^8}{4\cdot 6\cdot 8},$$

$$\cdots\cdots\cdots\cdots\cdots\cdots\cdots\cdots\cdots\cdots,$$

$$f_n(x)=x^2-\frac{x^{2n+2}}{4\cdot 6\cdot 8\cdots(2n+2)},$$

$$\cdots\cdots\cdots\cdots\cdots\cdots\cdots\cdots.$$

ところが, 級数

$$\sum_{k=1}^{\infty}\frac{x^{2k+2}}{4\cdot 6\cdot 8\cdots(2k+2)}$$

において

$$\left|\frac{u_{n+1}}{u_n}\right|=\frac{x^2}{2n+4}$$

であるから，これは $|x|<\infty$ で収束する．したがって，$|x|<\infty$ なら

$$\lim_{n\to\infty}\frac{x^{2n+2}}{4\cdot 6\cdot 8\cdots(2n+2)}=0$$

である．これより

$$\lim_{n\to\infty}f_n(x)=x^2$$

が出てきて，$y=x^2$ が求むる解であることを知る．

問 1． 微分方程式 $y'=x|y|$ が (x_0, y_0)，$|x_0|<\infty$，$|y_0|<\infty$，を通る解を，ただ一つしか持たないことを示せ．

問 2． $y'=y^{1/3}$ の $(x_0, 0)$，$|x_0|<\infty$，を通る解を求めよ．

問 3． 函数 $f(x, y)$，$f_y(x, y)$ がともに $a<x<b$，$-\infty<y<+\infty$ で連続であって $|f_y(x, y)|\leqq K$ が成り立つと，$y'=f(x, y)$ の完備解を $y=\varphi(x)$ とすれば，これは $a<x<b$ で定義されている．

注意． 微分方程式 $y'=f(x, y)$ の解 $y=\varphi(x)$ が $a<x<b$ で定義されているとき，区間 (a, b) を部分とする区間で定義されていて，(a, b) で $\psi(x)\equiv\varphi(x)$ が成り立つような $\psi(x)$ を解とすることがない場合に，$y=\varphi(x)$ は**完備解**であるという．

問　題　2

1． 次の微分方程式を解け：
　（ⅰ）　$y'y=x+1$,
　（ⅱ）　$(y^3+3x^2y)dx-(x^3+3xy^2)dy=0$,
　（ⅲ）　$(2x+y+1)dx+(x+3y+2)dy=0$,
　（ⅳ）　$dx+\{1+(x+y)\tan y\}dy=0$.

2． 次の方程式を解け；特異解の吟味を添えよ：
　（ⅰ）　$(y')^2-y^2+2e^xy-e^{2x}=0$,
　（ⅱ）　$(y')^3-3x^2y'+4xy=0$,
　（ⅲ）　$x^2(y')^2+2x(x-y)y'+2y^2-2xy=0$.

3． 曲線上の任意の点 (x, y) における接線が x 軸と交わる点を T とするとき，原点 O と T との有向距離 OT が y に比例するという．この曲線を求めよ．

4． 微分方程式

$$y'+2y\tan x-\sin x=0$$

の解のうちで，$x=\dfrac{\pi}{3}$ のときに $y=0$ となるものは極大値 $\dfrac{1}{8}$ をもつことを示せ．

5． $\dfrac{m+1}{p}=\dfrac{n+1}{q}$, 　$\dfrac{m+k+1}{r}=\dfrac{n+l+1}{s}$

が成り立つとき，x^my^n は

$$py\,dx+qx\,dy+x^k y^l(ry\,dx+sx\,dx)=0$$

の積分因子であることを示し，この事実を用いて
$$3y\,dx-2x\,dy+x^2y^{-1}(10y\,dx-6x\,dy)=0$$
を解け．

6. つぎの微分方程式を解け：

(i) $y'=a\cos(bn+c)+ky$,   (ii) $y'=2x-(1+x^2)y+y^2$,

(iii) $y'=x(2+x^3)-(2x^2-y)y$,   (iv) $y'+\tan x\cdot(1-y^2)=0$,

(v) $y'+y^3\sec x\tan x=0$,   (vi) $xy'=4(y-\sqrt{y})$,

(vii) $(1-x^2)y'=1-(2x-y)y$,   (viii) $(x+4y)y'+4x-y=0$.

7. 微分方程式 $y'=y^{1/3}$ は，各点 (x,y) を通る解を，ただ一つしかもたないことを証明せよ．

8. つぎの方程式の初期条件：$x=0$ のとき $y=0$ を満足する解を求めよ：
$$y'=\sqrt{|y|}.$$

第3章 高階微分方程式

§9. y が現われていない場合

一般の高階微分方程式 $f(x, y, y', y'', \cdots, y^{(n)})=0$ は，一般には，解くことは困難であるので，この中で，解けるものを取り扱っておこうと思う．その手はじめとして，方程式に y が現われていないものを考える．

この場合には $y'=p$ とおくと，$y''=\dfrac{dp}{dx}$ となるので，方程式は $x, p, \dfrac{dp}{dx}$ に関するものとなって，階数は1だけ低下する．

例． $\qquad\qquad xy''+x(y')^2-y'=0.$

解． $y'=p$ とおくと，方程式は
$$x\frac{dp}{dx}+xp^2-p=0$$
となるので，
$$\frac{x}{p^2}\frac{dp}{dx}-\frac{1}{p}+x=0$$
と書きかえておいて $\dfrac{1}{p}=u$ とおくと，$\dfrac{1}{p^2}\dfrac{dp}{dx}=-\dfrac{du}{dx}$ であるから，
$$x\frac{du}{dx}+u=x$$
となるが，これは
$$\frac{d}{dx}(xu)=x$$
となるので，
$$xu=\frac{1}{2}x^2+C_1$$
すなわち
$$u=\frac{1}{2}x+C_1x^{-1}$$
となる．したがって，

$$p = \frac{2x}{x^2 + 2C_1},$$

すなわち

$$y = \log|x^2 + 2C_1| + C_2$$

が出てくる.

問. 次の微分方程式を解け:
(ⅰ) $y'' + (x-1)(y')^3 = 0,$ (ⅱ) $xy''' + y'' - 12x = 0,$
(ⅲ) $y^{\text{IV}} - 2y''' = e^x,$ (ⅳ) $y'' = 2x + (x^2 - y')^2,$
(ⅴ) $y'' = e^x(y')y'' = e^x y'^2,$ (ⅵ) $y''' = y'(1 + y').$

§10. x が現われていない場合

上と同じように $y' = p$ とおくと,

$$y'' = \frac{dp}{dx} = \frac{dp}{dy} p$$

となるから, この方法で階数は1だけ低下する.

例. $yy'' + 1 = (y')^2.$

解. $y' = p$ とおくと, 上で述べたように

$$y \frac{dp}{dy} p + 1 = p^2$$

となる. これを書きかえると

$$\frac{p}{p^2 - 1} dp = \frac{dy}{y}$$

となるので,

$$\log \sqrt{p^2 - 1} = \log|y| + C$$

となる. これは

$$\sqrt{p^2 - 1} = C_1|y|$$

となる. これを書きかえると

$$p = \pm C_1 \sqrt{y^2 + C_1^{-2}}$$

となるので, これより

$$\frac{dy}{\sqrt{y^2+C_1{}^{-2}}}=\pm C_1 dx$$

となり，

$$\log|y+\sqrt{y^2+C_1{}^{-2}}|=\pm C_1 x+C_2$$

となる．したがって，$\pm C_1=k_1$ とおくと

$$y+\sqrt{y^2+k_1{}^{-2}}=k_2 e^{k_1 x}, \quad k_2=e^{C_2}$$

となるので，これより

$$y=\frac{1}{2k_1}\left(k_1 k_2 e^{k_1 x}-\frac{1}{k_1 k_2 e^{k_1 x}}\right)$$

が出てくる．

問． 次の微分方程式を解け:
- (i) $yy''-(y')^2+(y')^3=0,$
- (ii) $3yy''=2(y')^2+36y^2,$
- (iii) $\{1+(y')^2\}^{3/2}=ky'',$
- (iv) $yy'''-y'y''+y^3 y'=0,$
- (v) $(a+y)y'''+3y'y''=0.$

§11. 同次方程式

x と y とは 1 次で，y' は 0 次，y'' は -1 次，y''' は -2 次，… であると考えたとき，微分方程式の各項が同次であるときに，この方程式は**同次**であるという．この場合には $x=e^t$，すなわち $t=\log x$ とおくと，$\dfrac{dt}{dx}=\dfrac{1}{x}$ であるから，

$$y'=\frac{dy}{dt}\cdot\frac{dt}{dx}=\frac{dy}{dt}\cdot\frac{1}{x},$$

$$y''=\frac{d^2 y}{dt^2}\frac{1}{x^2}-\frac{dy}{dt}\frac{1}{x^2}=\frac{1}{x^2}\left(\frac{d^2 y}{dt^2}-\frac{dy}{dt}\right)$$

となる．

微分方程式 (1.5) において $p_k(x)\equiv a_k x^{n-k}$，a_k は定数，の場合には，

$$(11.1) \quad a_0 x^n y^{(n)}+a_1 x^{n-1} y^{(n-1)}+\cdots+a_{n-1} x y'+a_n y=0$$

となるが，上の変換によって

$$A_0\frac{d^n y}{dt^n}+A_1\frac{d^{n-1} y}{dt^{n-1}}+\cdots+A_{n-1}\frac{dy}{dt}+A_n y=0$$

となる．これは定数を係数とする線型方程式であるので，これについては，章

§11. 同次方程式

を改めて取り扱うことにする．それで，ここでは，これとは形のちがう方程式を考える．

例． $xyy''+x(y')^2-3yy'=0.$

解． $x=e^t$ とおくと，上で述べたことによって，

$$y\frac{d^2y}{dt^2}+\left(\frac{dy}{dt}\right)^2-4y\frac{dy}{dt}=0$$

となる．この方程式には t が現われていないので，§10 で述べたことによって，

$$\frac{dy}{dt}=p$$

とおくと，

$$\frac{d^2y}{dt^2}=\frac{dp}{dt}=\frac{dp}{dy}p$$

となるので，方程式は，

$$y\frac{dp}{dy}+p-4y=0$$

となる．したがって，この方程式は

$$\frac{d}{dy}(yp-2y^2)=0$$

となる．したがって，

$$yp-2y^2=2C$$

となる．したがって，

$$\frac{2y}{y^2+C}dy=4\,dt$$

となって，

$$\log|y^2+C_1|=4t+C_2$$

となる．したがって，

$$|y^2+C_1|=e^{4t+C_2}=e^{C_2}e^{4t}=k_2x^4$$

となり，これから，a,b を任意定数とすると

$$y^2+a=bx^4$$

となる.

問. 次の微分方程式を解け:
(i) $2x^2yy'' - x^2(y')^2 + y^2 = 0$,   (ii) $2x^2yy'' + 4y^2 = x^2(y')^2 + 2xyy'$,
(iii) $yy'' + y'^2 = y'$.

問 題 3

1. 次の微分方程式を解け:
(i) $xy'' - (y')^2 + y' = 0$,   (ii) $y(y-1)y'' + (y')^2 = 0$,
(iii) $(y^{(n)})^2 = 4y^{(n-1)}$,   (iv) $xyy'' - x(y')^2 + yy' = 0$,
(v) $yy'' = -(1+y'^2)$,   (vi) $(y')^3 y''' = 1$.

2. $1-x^2$ が方程式
$$x(1-x^2)^2 y'' + (1-x^2)(1+3x^2) y' + 4x(1+x^2) y = 0$$
の特別解であることを知って,
$$x(1-x^2)^2 y'' + (1-x^2)(1+3x^2) y' + 4x(1+x^2) y = (1-x^2)^3$$
の一般解を求めよ.

3. 法線の長さが,曲率半径の n 倍であるような曲線は何であるか.

4. u と su ($\not\equiv 0$) とが方程式
$$y'' + Iy = 0$$
の任意の解であるとき,
(i) $\dfrac{s''}{s'} = -2\dfrac{u'}{u}$,   (ii) $\dfrac{s'''}{s'} - \dfrac{3}{2}\left(\dfrac{s''}{s'}\right)^2 = 2I$

が成り立つことを示せ.

第4章　高階線型微分方程式

§12. 基本定理

この章では，(1.5)で与えられた方程式，すなわち

(12.1) $\quad p_0(x)y^{(n)}+p_1(x)y^{(n-1)}+\cdots+p_{n-1}(x)y'+p_n(x)y=q(x)$

を対象として研究する．(12.1)は**第 n 階線型方程式**の標準形であるが，この場合に $p_k(x)$ $(k=0,1,\cdots,n)$ と $q(x)$ とは，x のある区間 $I(x)$ で連続であって，$p_0(x)\not\equiv 0$ としておく．$q(x)\equiv 0$ のときは，方程式は

(12.2) $\quad p_0(x)y^{(n)}+p_1(x)y^{(n-1)}+\cdots+p_{n-1}(x)y'+p_n(x)y=0$

となる．これを**同次線型方程式**という．また，特に係数 $p_k(x)$ $(k=0,1,\cdots,n)$ が定数であるときには，**定数係数の線型微分方程式**というが，それを，ここでは，標準形として

(12.3) $\quad a_0y^{(n)}+a_1y^{(n-1)}+\cdots+a_{n-1}y'+a_ny=q(x)$

と表わすことにする．

第2章で示した微分演算子 D を用いると，(12.1) は

(12.4) $\quad [p_0(x)D^n+p_1(x)D^{n-1}+\cdots+p_{n-1}(x)D+p_n(x)]y=q(x)$

と書ける．それで，左辺の多項式

(12.5) $\quad L\equiv p_0(x)D^n+p_1(x)D^{n-1}+\cdots+p_{n-1}(x)D+p_n(x)$

を **n 次の微分演算**ということにする．そして，(12.4) は

(12.6) $\quad Ly=q(x)$

と書くことができる．そうすると，**微分演算は線型である**．すなわち，函数 $y_1(x), y_2(x)$ が区間 $I(x)$ で定義されていると，

(12.7) $\quad L[C_1y_1(x)+C_2y_2(x)]=C_1Ly_1(x)+C_2Ly_2(x)$

が成り立つ．なんとなれば，

$$L(C_1y_1+C_2y_2)=\left(\sum_{k=0}^{n}p_k(x)D^{n-k}\right)(C_1y_1+C_2y_2)$$

$$= \sum_{k=0}^{n} p_k(x)\{D^{n-k}(C_1 y_1 + C_2 y_2)\}$$

$$= \sum_{k=0}^{n} p_k(x)(C_1 D^{n-k} y_1 + C_2 D^{n-k} y_2)$$

$$= C_1 \sum_{k=0}^{n} [p_k(x) D^{n-k}] y_1 + C_2 \sum_{k=0}^{n} [p_k(x) D^{n-k}] y_2$$

$$= C_1 L y_1 + C_2 L y_2.$$

なお，数学的帰納法によって

(12.8) $$L\left(\sum_{k=1}^{m} C_k y_k(x)\right) = \sum_{k=1}^{m} C_k L y_k(x)$$

であることは，すぐに示せる．

n 個の函数 $y_1(x), y_2(x), \cdots, y_n(x)$ は区間 $I(x)$, 例えば $a \leq x \leq b$ で定義されていて，定数 $k_1, k_2, \cdots, k_n$ が全部 0 になるということがなくて

(12.9) $$k_1 y_1(x) + k_2 y_2(x) + \cdots + k_n y_n(x) = 0$$

が成り立つことがないときに，この n 個の函数 $y_1(x), y_2(x), \cdots, y_n(x)$ は区間 $I(x)$ で**1次独立**であるという．そうすると，この函数が $I(x)$ で1次独立であると，(12.9) が成り立つなら，$k_1 = k_2 = \cdots = k_n = 0$ が成り立つ．ここで (12.2)，すなわち，方程式

$$Ly = 0$$

の1次独立な特別解を $y_1(x), y_2(x), \cdots, y_n(x)$ とすると，

$$Ly_k(x) = 0, \qquad k = 1, 2, \cdots, n,$$

が成り立つ．そうすると (12.8) によって，定数 $C_1, C_2, \cdots, C_n$ が何であろうとも，

$$L\left(\sum_{k=1}^{n} C_k y_k(x)\right) = \sum_{k=1}^{n} C_k L y_k(x) = 0$$

が成り立つ．したがって，

$$C_1 y_1(x) + C_2 y_2(x) + \cdots + C_n y_n(x)$$

は (12.2) の一般解である．また，$\eta(x)$ が方程式 (12.1) の特別解であると，

$$L\eta(x) = q(x)$$

となる．これより

$$L\left[\eta(x)+\sum_{k=1}^{n}C_k y_k(x)\right]=L\eta(x)+\sum_{k=1}^{n}C_k Ly_k(x)=L\eta(x)=q(x)$$

となり，方程式 (12.1) の一つの解として

$$\eta(x)+\sum_{k=1}^{n}C_k y_k(x)$$

を得る．(12.1) の任意の解を y とすると，

$$L(y-\eta)=Ly-L\eta=q(x)-q(x)=0$$

であるから，$y-\eta$ は (12.2) の解である．このことから，"線型微分方程式 (12.1) の一般解は，(12.1) の特別解 $\eta(x)$ に，(12.2) の一般解を加えたものに等しい"；すなわち，一般解は

$$y=C_1 y_1(x)+C_2 y_2(x)\cdots+C_n y_n(x)+\eta(x)$$

で与えられることがわかる．そうすると，(12.2) の一般解を求めることが問題となるので，まず，(12.2) の解に対する基本定理の証明からはじめよう．

定理 12.1. 同次線型微分方程式 (12.2) の特別解 $y_1(x), y_2(x), \cdots, y_n(x)$ が区間 $I(x)$ で

(12.10) $$W(x)\equiv\begin{vmatrix} y_1(x) & y_2(x) & \cdots & y_n(x) \\ y_1{}'(x) & y_2{}'(x) & \cdots & y_n{}'(x) \\ \cdots\cdots\cdots\cdots\cdots\cdots\cdots\cdots\cdots\cdots\cdots\cdots\cdots \\ y_1{}^{(n-1)}(x) & y_2{}^{(n-1)}(x) & \cdots & y_n{}^{(n-1)}(x) \end{vmatrix}\not\equiv 0$$

を満足すると，(12.2) の一般解は

(12.11) $$y=C_1 y_1(x)+C_2 y_2(x)+\cdots+C_n y_n(x)$$

で与えられる．$C_1, C_2, \cdots, C_n$ は任意定数である．

証明． (12.11) が (12.2) の解であることは，すぐにわかるであろう．

逆に，y を (12.2) の任意の解とし，これが $y_k(x)$ ($k=1, 2, \cdots, n$) を用いて

(12.12) $$y=C_1 y_1(x)+C_2 y_2(x)+\cdots+C_n y_n(x)$$

と表わすことができたとする．この C_k ($k=1, 2, \cdots, n$) は (12.12) と

(12.13) $$\begin{cases} y'=C_1 y_1{}'(x)+C_2 y_2{}'(x)+\cdots+C_n y_n{}'(x), \\ y''=C_1 y_1{}''(x)+C_2 y_2{}''(x)+\cdots+C_n y_n{}''(x), \\ \cdots\cdots\cdots\cdots\cdots\cdots\cdots\cdots\cdots\cdots\cdots\cdots\cdots, \\ y^{(n-1)}=C_1 y_1{}^{(n-1)}(x)+C_2 y_2{}^{(n-1)}(x)+\cdots+C_n y_n{}^{(n-1)}(x) \end{cases}$$

とを満足するように定める。これはクラーメルの定理によって可能であって，

$$C_k = \begin{vmatrix} y_1 & y_2 & \cdots & y_{k-1} & y & y_{k+1} & \cdots & y_n \\ y'_1 & y_2' & \cdots & y_{k-1}' & y' & y_{k+1}' & \cdots & y_n' \\ \multicolumn{8}{c}{\dotfill} \\ y_1^{(n-1)} & y_2^{(n-1)} & \cdots & y_{k-1}^{(n-1)} & y^{(n-1)} & y_{k+1}^{(n-1)} & \cdots & y_n^{(n-1)} \end{vmatrix} : W(x)$$

となるが，この C_k $(k=1, 2, \cdots, n)$ は x の函数である。それで (12.12) を x について微分すると，

$$y' = C_1 y_1' + C_2 y_2' + \cdots + C_n y_n' + C_1' y_1 + C_2' y_2 + \cdots + C_n' y_n$$

となる。したがって，(12.13) によって

$$C_1' y_1 + C_2' y_2 + \cdots + C_n' y_n = 0$$

となる。(12.13) の $y', y'', \cdots, y^{(n-2)}$ を，順々に，x について微分すると

$$C_1' y_1' + C_2' y_2' + \cdots + C_n' y_n' = 0,$$
$$C_1' y_1'' + C_2' y_2'' + \cdots + C_n' y_n'' = 0,$$
$$\dotfill ,$$
$$C_1' y_1^{(n-2)} + C_2' y_2^{(n-2)} + \cdots + C_n' y_n^{(n-2)} = 0$$

が出てくる。(12.13) の最後の式 $y^{(n-1)}$ を x について微分すると，

$$y^{(n)} = C_1 y_1^{(n)} + C_2 y_2^{(n)} + \cdots + C_n y_n^{(n)} + C_1' y_1^{(n-1)} + C_2' y_2^{(n-1)} + \cdots + C_n' y_n^{(n-1)}$$

となるが，y が (12.2) の解であるので，

$$\begin{aligned}
0 &= p_0(x) y^{(n)} + p_1(x) y^{(n-1)} + \cdots + p_{n-1}(x) y' + p_n(x) y \\
&= p_0(x) \{ C_1 y_1^{(n)} + C_2 y_2^{(n)} + \cdots + C_n y_n^{(n)} + C_1' y_1^{(n-1)} + C_2' y_2^{(n-1)} + \cdots \\
&\quad + C_n' y_n^{(n-1)} \} \\
&\quad + p_1(x) \{ C_1 y_1^{(n-1)} + C_2 y_2^{(n-1)} + \cdots + C_n y_n^{(n-1)} \} \\
&\quad + \cdots\cdots\cdots\cdots\cdots\cdots \\
&\quad + p_{n-1}(x) \{ C_1 y_1' + C_2 y_2' + \cdots + C_n y_n' \} \\
&\quad + p_n(x) \{ C_1 y_1 + C_2 y_2 + \cdots + C_n y_n \} \\
&= C_1 \{ p_0(x) y_1^{(n)} + p_1(x) y_1^{(n-1)} + \cdots + p_{n-1}(x) y_1' + p_n(x) y_1 \} \\
&\quad + C_2 \{ p_0(x) y_2^{(n)} + p_1(x) y_2^{(n-1)} + \cdots + p_{n-1}(x) y_2' + p_n(x) y_2 \} \\
&\quad + \cdots\cdots\cdots\cdots\cdots\cdots \\
&\quad + C_n \{ p_0(x) y_n^{(n)} + p_1(x) y_n^{(n-1)} + \cdots + p_{n-1}(x) y_n' + p_n(x) y_n \}
\end{aligned}$$

§12. 基本定理

$$+p_0(x)\{C_1'y_1^{(n-1)}+C_2'y_2^{(n-1)}+\cdots+C_n'y_n^{(n-1)}\}.$$

$y_1(x), y_2(x), \cdots, y_n(x)$ が (12.2) の特別解であり，$p_0(x)\not\equiv 0$ であることを考慮に入れると，

$$C_1'y_1^{(n-1)}+C_2'y_2^{(n-1)}+\cdots+C_n'y_n^{(n-1)}=0$$

が出てくる．ゆえに，上のものと合わせて

$$C_1'y_1+C_2'y_2+\cdots+C_n'y_n=0,$$
$$C_1'y_1'+C_2'y_2'+\cdots+C_n'y_n'=0,$$
$$\cdots\cdots\cdots\cdots\cdots\cdots\cdots\cdots\cdots\cdots,$$
$$C_1'y_1^{(n-1)}+C_2'y_2^{(n-1)}+\cdots+C_n'y_n^{(n-1)}=0$$

が出てくる．$W(x)\not\equiv 0$ であるから，ふたたびクラーメルの公式によって

$$C_1'=C_2'=\cdots=C_n'=0$$

が出てくる．これが区間 $I(x)$ のすべての x に対して成り立つので，$C_1, C_2, \cdots, C_n$ は区間 $I(x)$ で定数であることが出てきて，われわれの定理の正しいことがわかる．

この定理にでてきた $W(x)$ を**ロンスキの行列式**という．また，この証明に用いた方法はラグランジュ(1774)が考案したもので，**定数変化法**と名づけられている．

定理 12.2. $y_1(x), y_2(x), \cdots, y_n(x)$ が (12.2) の解であるとき，これが区間 $I(x)$ で1次独立であるために，必要でかつ十分な条件は，$I(x)$ で $W(x)\not\equiv 0$ が成り立つことである．

証明． $y_1(x), y_2(x), \cdots, y_n(x)$ が (12.2) の1次独立な特別解であると，定理 12·1 によって，

$$y=C_1y_1(x)+C_2y_2(x)+\cdots+C_ny_n(x)$$

は一般解である．したがって，

$$y'=C_1y_1'(x)+C_2y_2'(x)+\cdots+C_ny_n'(x),$$
$$y''=C_1y_1''(x)+C_2y_2''(x)+\cdots+C_ny_n''(x),$$
$$\cdots\cdots\cdots\cdots\cdots\cdots\cdots\cdots\cdots\cdots\cdots\cdots,$$
$$y^{(n-1)}=C_1y_1^{(n-1)}(x)+C_2y_2^{(n-1)}+\cdots+C_ny_n^{(n-1)}(x)$$

となる．これらの n 個の方程式を連立させるように $C_1, C_2, \cdots, C_n$ が解けるためには $W(x) \not\equiv 0$ でなければならない．

逆に $W(x) \not\equiv 0$ であって，$y_1(x), y_2(x), \cdots, y_n(x)$ が1次独立でないと，$k_1, k_2, \cdots, k_n$ を適当にえらんで，これらの全部が0となることがなくて

$$k_1 y_1(x) + k_2 y_2(x) + \cdots + k_n y_n(x) \equiv 0$$

となるようにすることができる．これを順々に第 $(n-1)$ 階まで微分すると，

$$k_1 y_1'(x) + k_2 y_2'(x) + \cdots + k_n y_n'(x) = 0,$$
$$k_1 y_1''(x) + k_2 y_2''(x) + \cdots + k_n y_n''(x) = 0,$$
$$\cdots\cdots\cdots\cdots\cdots\cdots\cdots\cdots\cdots\cdots\cdots\cdots,$$
$$k_1 y_1^{(n-1)}(x) + k_2 y_2^{(n-1)}(x) + \cdots + k_n y_n^{(n-1)}(x) = 0$$

となる．$k_1, k_2, \cdots, k_n$ のえらび方からわかるように，この中には0でないものが必ずある．したがって，連立方程式の定理によって，これらの方程式の係数でつくられた行列式，すなわちロンスキの行列式 $W(x)$ は0でなければならない．これは不都合である．したがって，$y_1(x), y_2(x), \cdots, y_n(x)$ が1次独立でないという仮定は誤っている．

ここで，(12.1) の特別解を求めることが問題となるが，これに対しては，上述のラグランジュの定数変化法が一つの有力な武器であるので，これを紹介しておく．

方程式 (12.2) の一般解

$$y = C_1 y_1(x) + C_2 y_2(x) + \cdots + C_n y_n(x)$$

において，$C_1, C_2, \cdots, C_n$ は x の函数であると考えて微分するが，この場合に，上でやったのと同じようにして，条件

$$y' = C_1 y_1' + C_2 y_2' + \cdots + C_n y_n',$$
$$y'' = C_1 y_1'' + C_2 y_2'' + \cdots + C_n y_n'',$$
$$\cdots\cdots\cdots\cdots\cdots\cdots\cdots\cdots\cdots\cdots\cdots\cdots,$$
$$y^{(n-1)} = C_1 y_1^{(n-1)} + C_2 y_2^{(n-1)} + \cdots + C_n y_n^{(n-1)}$$

を添えると，

§12. 基 本 定 理

(12.14)
$$\begin{cases} C_1'y_1+C_2'y_2+\cdots+C_n'y_n=0, \\ C_1'y_1'+C_2'y_2'+\cdots+C_n'y_n'=0, \\ \cdots\cdots\cdots\cdots\cdots\cdots\cdots\cdots\cdots, \\ C_1'y_1^{(n-2)}+C_2'y_2^{(n-2)}+\cdots+C_n'y_n^{(n-2)}=0 \end{cases}$$

が出てくる. ところが,

$$y^{(n)}=C_1y_1^{(n)}+C_2y_2^{(n)}+\cdots+C_ny_n^{(n)} \\ +C_1'y_1^{(n-1)}+C_2'y_2^{(n-1)}+\cdots+C_n'y_n^{(n-1)}$$

であるから, (12.14) によって

$$\begin{aligned} q(x)&=p_0y^{(n)}+p_1y^{(n-1)}+\cdots+p_{n-1}y'+p_ny \\ &=p_0(C_1y_1^{(n)}+C_2y_2^{(n)}+\cdots+C_ny_n^{(n)} \\ &\quad +C_1'y_1^{(n-1)}+C_2'y_2^{(n-1)}+\cdots+C_n'y_n^{(n-1)}) \\ &\quad +p_1(C_1y_1^{(n-1)}+C_2y_2^{(n-1)}+\cdots+C_ny_n^{(n-1)}) \\ &\quad +\cdots\cdots\cdots\cdots\cdots\cdots\cdots\cdots\cdots\cdots \\ &\quad +p_n(C_1y_1+C_2y_2+\cdots+C_ny_n) \\ &=C_1(p_0y_1^{(n)}+p_1y_1^{(n-1)}+\cdots+p_ny_1) \\ &\quad +C_2(p_0y_2^{(n)}+p_1y_2^{(n-1)}+\cdots+p_ny_2) \\ &\quad +\cdots\cdots\cdots\cdots\cdots\cdots\cdots\cdots \\ &\quad +C_n(p_0y_n^{(n)}+p_1y_n^{(n-1)}+\cdots+p_ny_n) \\ &\quad +C_1'y_1^{(n-1)}+C_2'y_2^{(n-1)}+\cdots+C_n'y_n^{(n-1)}, \end{aligned}$$

したがって

$$C_1'y_1^{(n-1)}+C_2'y_2^{(n-1)}+\cdots+C_n'y_n^{(n-1)}=q(x)$$

が出てくる. これを (12.14) へ追加すると,

(12.15)
$$\begin{cases} C_1'y_1+C_2'y_2+\cdots+C_n'y_n=0, \\ C_1'y_1'+C_2'y_2'+\cdots+C_n'y_n'=0, \\ \cdots\cdots\cdots\cdots\cdots\cdots\cdots\cdots\cdots, \\ C_1'y_1^{(n-2)}+C_2'y_2^{(n-2)}+\cdots+C_n'y_n^{(n-2)}=0, \\ C_1'y_1^{(n-1)}+C_2'y_2^{(n-1)}+\cdots+C_n'y_n^{(n-1)}=q(x) \end{cases}$$

が得られる. $W(x)\not\equiv 0$ を考慮に入れると, (12.15) を $C_1', C_2', \cdots, C_n'$ について解くことができるので, これより $C_1, C_2, \cdots, C_n$ を定めると

$$\eta = C_1 y_1 + C_2 y_2 + \cdots + C_n y_n$$

は (12.1) の特別解を与えている.

例. $\qquad y'' + y = 2e^x.$

解. $y'' + y = 0$ を考えると，特別解が，$y_1(x) = \sin x, y_2(x) = \cos x$ であることは，視察によってわかる．そして

$$W(x) = \begin{vmatrix} \sin x & \cos x \\ \cos x & -\sin x \end{vmatrix} = -\sin^2 x - \cos^2 x = -1$$

となって，$\sin x, \cos x$ は1次独立である．したがって，$y'' + y = 0$ の一般解は

$$y = C_1 \sin x + C_2 \cos x$$

となる．つぎに，定数変化法によって

$$C_1' \sin x + C_2' \cos x = 0,$$
$$C_1' \cos x - C_2' \sin x = 2e^x$$

であるから，

$$C_1' = 2e^x \cos x, \quad C_2' = -2e^x \sin x$$

が出てきて

$$C_1 = 2\int e^x \cos x\, dx = e^x(\sin x + \cos x),$$

$$C_2 = -2\int e^x \sin x\, dx = e^x(\cos x - \sin x)$$

となる．ゆえに，特別解を $\eta(x)$ とすると，

$$\eta(x) = e^x(\sin x + \cos x)\sin x + e^x(\cos x - \sin x)\cos x$$
$$= e^x$$

であるから，与えられた方程式の一般解は

$$y = C_1 \sin x + C_2 \cos x + e^x$$

となる．

いままでの話は一般論であったが，特殊化して $p_k(x)$ $(k=0, 1, \cdots, n)$ が定数の場合を考えようと思うが，その前に，若干の問題を与えておく.

問 1. $y = u(x), y = v(x), y = w(x)$ が線型微分方程式 $p(x)y'' + q(x)y' + r(x)y = 0$ の任意の解であると，

$$p(x)\frac{d}{dx}(wv'-vw')+q(x)(wv'-vw')=0,$$
$$p(x)\frac{d}{dx}(uv'-vu')+q(x)(uv'-vu')=0$$

が成り立つことを示し，かつ $w=au+bv$ が成り立つことを示せ．

問 2. $y''+5y'+6y=0$ の特別解が e^{-2x}, e^{-3x} であることを知って，定数変化法によって

$$y''+5y'+6y=12$$

の特別解を求めよ．

問 3. $y''+3y'+2y=0$ の特別解が e^{-x}, e^{-2x} であることを知って，定数変化法によって

$$y''+3y'+2y=\cos 2x$$

の特別解を求めよ．

問 4. $y'''-6y''+11y'-6y=0$ の特別解を e^{-x}, e^x, e^{2x} とするとき，定数変化法によって

$$y''-6y''+11y'-6y=e^{4x}$$

の特別解を求めよ．

§13. 定数係数の線型微分方程式

$p_k(x) \equiv a_k$ $(k=0, 1, \cdots, n)$ の場合，すなわち方程式

(13.1) $\qquad a_0 y^{(n)}+a_1 y^{(n-1)}+\cdots+a_{n-1}y'+a_n y=q(x)$

を考える．これを微分演算子を用いて書くと，

(13.2) $\qquad (a_0 D^n+a_1 D^{n-1}+\cdots+a_{n-1}D+a_n)y=q(x)$

となる．上で述べたように，これの特別解を $\eta(x)$ とすると，一般解は

(13.3) $\qquad (a_0 D^n+a_1 D^{n-1}+\cdots+a_{n-1}D+a_n)y=0$

の一般解 $C_1 y_1+C_2 y_2+\cdots+C_n y_n$ を用いて

$$y=\eta(x)+\sum_{k=1}^{n} C_k y_k(x)$$

で与えられる．したがって，(13.3) の 1 次独立な特別解を求めることが，まず，問題となる．それで，$y=e^{rx}$ が (3.13) の解であると，$Dy=re^{rx}$, $D^2 y=r^2 e^{rx}, \cdots, D^n y=r^n e^{rx}$ であるから，

$$(a_0 r^n+a_1 r^{n-1}+\cdots+a_{n-1}r+a_n)e^{rx}=0$$

となる．$e^{rx} \not\equiv 0$ であるので，

(13.4) $$a_0 r^n + a_1 r^{n-1} + \cdots + a_{n-1} r + a_n = 0$$

が出てくる．これを微分方程式 (13.3) の**特有方程式**という．ここでは，簡単に $f(r)=0$ と表わすことにするが，これの根の性質を検討することが，これから先の，われわれの仕事である．

1°. $f(r)=0$ が n 個の異なる根をもつ場合には，その根を $r_1, r_2, \cdots, r_n$ とすると，

$$y_1 = e^{r_1 x},\ y = e^{r_2 x},\ \cdots,\ y = e^{r_n x}$$

は，与えられた方程式の解であることは，すぐにわかる．また，

$$W(x) = \begin{vmatrix} e^{r_1 x} & e^{r_2 x} & \cdots & e^{r_n x} \\ r_1 e^{r_1 x} & r_2 e^{r_2 x} & \cdots & r_n e^{r_n x} \\ \cdots\cdots\cdots\cdots\cdots\cdots\cdots\cdots\cdots\cdots \\ r_1^{n-1} e^{r_1 x} & r_2^{n-1} e^{rx} & \cdots & r_n^{n-1} e^{r_{n-1} x} \end{vmatrix}$$

$$= \exp\left\{\left(\sum_{k=1}^{n} r_k\right) x\right\} \begin{vmatrix} 1 & 1 & \cdots & 1 \\ r_1 & r_2 & \cdots & r_n \\ \cdots\cdots\cdots\cdots\cdots\cdots\cdots \\ r_1^{n-1} & r_2^{n-1} & \cdots & r_n^{n-1} \end{vmatrix}$$

となる．それで，n が何であろうとも，$W(x) \not\equiv 0$ であることを示しておこう．$n=2$ のときは，

$$\Delta_2 = \begin{vmatrix} 1 & 1 \\ r_1 & r_2 \end{vmatrix} = r_2 - r_1 \not\equiv 0$$

であるから，数学的帰納法を用いるために，$\Delta_k \not\equiv 0$ と仮定したとき，すなわち

$$\Delta_k = \begin{vmatrix} 1 & 1 & \cdots & 1 \\ r_1 & r_2 & \cdots & r_k \\ \cdots\cdots\cdots\cdots\cdots\cdots \\ r_1^{k-1} & r_2^{k-1} & \cdots & r_k^{k-1} \end{vmatrix} \not\equiv 0$$

とすると，

$$\Delta_{k+1} = \begin{vmatrix} 1 & 1 & \cdots & 1 & 1 \\ r_1 & r_2 & \cdots & r_k & r_{k+1} \\ \cdots\cdots\cdots\cdots\cdots\cdots\cdots\cdots \\ r_1^k & r_2^k & \cdots & r_k^k & r_{k+1}^k \end{vmatrix}$$

において $r_{k+1}=r$ とおくと，これは r に関する k 次の多項式である．それを

$\Delta(r)$ と表わすことにしよう. そうすると,

$$\Delta(r) = \begin{vmatrix} 1 & 1 & \cdots & 1 & 1 \\ r_1 & r_2 & \cdots & r_k & r \\ \cdots\cdots\cdots\cdots\cdots\cdots\cdots \\ r_1^k & r_2^k & \cdots & r_k^k & r^k \end{vmatrix} = \Delta_k r^k + \cdots$$

となって, 多項式の次数が, 明らかに, k 次であることを示す. したがって, $\Delta(r)=0$ の根の個数は k である. 明らかに $\Delta(r_1)=\Delta(r_2)=\cdots=\Delta(r_k)=0$ であって, たがいに相異なるから, $r_1, r_2, \cdots, r_k$ の他には, $\Delta(r)=0$ となる r の値は存在しない. したがって, $\Delta(r_{k+1})=\Delta_{k+1}\not\equiv 0$ である. ゆえに, 数学的帰納法によって, n がどのような自然数であっても, $\Delta_n \not\equiv 0$ である. ところが, $\exp\left\{\left(\sum_{k=1}^{n} r_k\right)x\right\} \not\equiv 0$ であるから, x が有限の値であると, $W(x) \not\equiv 0$ であることがわかる. したがって, 定理 12.2 によって, $e^{r_1 x}, e^{r_2 x}, \cdots, e^{r_n x}$ は (13.3) の 1 次独立な特別解であることがわかる. ゆえに定理 12.1 によって, 方程式 (13.3) の特有方程式が n 個の異なる単根 $r_1, r_2, \cdots, r_n$ をもつときは, (13.3) の一般解は

$$y = C_1 e^{r_1 x} + C_2 e^{r_2 x} + \cdots + C_n e^{r_n x}$$

で与えられることがわかる.

例 1. $\qquad y'' + 5y' + 6y = 12.$

解. 右辺が 0 のときの方程式

$$y'' + 5y' + 6y = 0$$

の特有方程式は

$$r^2 + 5r + 6 = 0$$

である. $(r+2)(r+3)=0$ と書けるから, $r=-2, -3$ である. したがって, 上の定理によって, 右辺が 0 のときの方程式の一般解は

$$y = C_1 e^{-2x} + C_2 e^{-3x}$$

で与えられる. 上で述べた方法によって

$$C_1' e^{-2x} + C_2' e^{-3x} = 0, \quad -2C_1' e^{-2x} - 3C_2' e^{-3x} = 12$$

を満足する C_1', C_2' を求めたらよい. $C_1' e^{-2x} = 12, C_2' e^{-3x} = -12$ となるから, $C_1' = 12e^{2x}, C_2' = -12e^{3x}$ となり, これより $C_1 = 6e^{2x}, C_2 = -4e^{3x}$ が得られるので, 与えられた方程式の特別解を $\eta(x)$ とすると

第4章 高階線型微分方程式

$$\eta(x)=6-4=2$$

となり，求める一般解が

$$y=C_1e^{-2x}+C_2e^{-3x}+2$$

であることを知る．

例 2. $\qquad y''-6y'+10y=e^{3x}.$

解． 右辺が 0 のときの方程式

$$y''-6y'+10y=0$$

の特有方程式は

$$r^2-6r+10=0$$

であって，これを解くと，$r=3\pm i$ となって複素数である．したがって，特別解は $e^{(3+i)x}$ と $e^{(3-i)x}$ である．ゆえに，右辺が 0 のときの方程式の一般解は

$$y=C_1e^{(3+i)x}+C_2e^{(3-i)x}$$
$$=e^{3x}(C_1e^{ix}+C_2e^{-ix})$$

となる．ところが，オイレルの関係によって

$$e^{ix}=\cos x+i\sin x,\ \ e^{-ix}=\cos x-i\sin x$$

であるから，

$$y=e^{3x}[(C_1+C_2)\cos x+i(C_1-C_2)\sin x]$$

となるが，ここで，$C_1+C_2=k_1$, $i(C_1-C_2)=k_2$ とおくと，$C_1=\dfrac{1}{2}(k_1-ik_2)$, $C_2=\dfrac{1}{2}(k_1+ik_2)$ となることから，C_1, C_2 は共役複素数でなければならない．したがって，一般解は

$$y=e^{3x}(Ce^{ix}+\bar{C}e^{-ix})$$

と書いてもよいし，また

$$y=e^{3x}(k_1\cos x+k_2\sin x)$$

と書いてもよい．これを用いて，与えられた方程式の特別解を求める．

$$k_1'e^{3x}\cos x+k_2'e^{3x}\sin x=0,$$
$$k_1'e^{3x}(3\cos x-\sin x)+k_2'e^{3x}(3\sin x+\cos x)=e^{3x}$$

より

§13. 定数係数の線型微分方程式

$$k_1' \cos x + k_2' \sin x = 0,$$
$$k_1'(3\cos x - \sin x) + k_2'(3\sin x + \cos x) = 1$$

が出てくる.

$$\Delta = \begin{vmatrix} \cos x & \sin x \\ 3\cos x - \sin x & 3\sin x + \cos x \end{vmatrix} = 1$$

であるから,

$$k_1' = \begin{vmatrix} 0 & \sin x \\ 1 & 3\sin x + \cos x \end{vmatrix} = -\sin x$$

$$k_2' = \begin{vmatrix} \cos x & 0 \\ 3\cos x - \sin x & 1 \end{vmatrix} = \cos x$$

となるので, $k_1 = \cos x$, $k_2 = \sin x$ となり, 特別解を $\eta(x)$ とおくと,

$$\eta(x) = e^{3x}(\cos^2 x + \sin^2 x) = e^{3x}$$

となる. したがって, 求める一般解は

$$y = e^{3x}(k_1 \cos x + k_2 \sin x + 1)$$

である.

$2°$. $f(r) = 0$ が重根をもつ場合には, r_m が m 重根であるときは, $e^{r_m x}$ だけではなく, $xe^{r_m x}, x^2 e^{r_m x}, \cdots, x^{m-1} e^{r_m x}$ を考える. これらが方程式 (13.3) の解であることは, 容易にわかるであろう.

$f(r) = 0$ の根を $r_{m_1}, r_{m_2}, \cdots, r_{m_p}$ とし, それぞれ m_1 重根, m_2 重根, $\cdots$, m_p 重根であるとすると, $m_1 + m_2 + \cdots + m_p = r$ である. そうすると, これらが 1 次独立であれば,

$$(13.5) \quad \begin{cases} y = e^{r_{m_1} x}(C_{11} + C_{12} x + \cdots + C_{1m_1} x^{m_1 - 1}) \\ \quad + e^{r_{m_2} x}(C_{21} + C_{22} x + + \cdots + C_{2m_2} x^{m_2 - 1}) \\ \quad + \cdots\cdots\cdots\cdots\cdots\cdots\cdots\cdots\cdots\cdots\cdots \\ \quad + e^{r_{m_p} x}(C_{p1} + C_{p2} x + \cdots + C_{pm_p} x^{m_p - 1}) \end{cases}$$

が一般解となるわけである.

$$P_{m_k}(x) \equiv C_{k1} + C_{k2} x + \cdots + C_{km_k} x^{m_1 - 1}$$

とおくと, (13.5) は

$$y = P_{m_1}(x) e^{r_{m_1} x} + P_{m_2}(x) e^{r_{m_2} x} + \cdots + P_{m_p}(x) e^{r_{m_p} x}$$

と書くことができる.

$$e^{r_{m_k}x}, xe^{r_{m_k}x}, \cdots, x^{m_k-1}e^{r_{m_k}x} \qquad (k=1, 2, \cdots, p)$$

が1次独立でないと, C_{ij} の中に 0 でないものがあって, しかも

$$P_{m_1}(x)e^{r_{m_1}x}+P_{m_2}(x)e^{r_{m_2}x}+\cdots+P_{m_p}(x)e^{r_{m_p}x}\equiv 0$$

が成り立つはずである. $p=1$ の場合には

$$P_{m_1}(x)e^{r_{m_1}x}\equiv 0$$

となる. $e^{r_{m_1}x}\not\equiv 0$ であるから, $P_{m_1}(x)\equiv 0$ となる. ところが, これは m_1-1 次の代数方程式であるから, $C_{11}=C_{12}=\cdots=C_{1m_1}=0$ のとき以外には起り得ない. これは不都合である. $p\leqq k-1$ のときには,

$$P_{m_1}(x)e^{r_{m_1}x}+P_{m_2}(x)e^{r_{m_2}x}+\cdots+P_{m_p}(x)e^{r_{m_p}x}\not\equiv 0$$

であるが,

$$P_{m_1}(x)e^{r_{m_1}x}+P_{m_2}(x)e^{r_{m_2}x}+\cdots+P_{m_k}(x)e^{r_{m_k}x}\equiv 0$$

が成り立つとする. 両辺に $e^{-r_{m_k}x}$ を掛けると,

$$P_{m_1}(x)e^{(r_{m_1}-r_{m_k})x}+P_{m_2}(x)e^{(r_{m_2}-r_{m_k})x}+\cdots+P_{m_k}(x)\equiv 0$$

となる. これを x について微分すると $r_{m_i}-r_{m_k}\equiv r_{ik}$ とおけば, 簡単な計算によって

$$\{P_{m_1}{}'(x)+r_{1k}P_{m_1}(x)\}e^{r_{1k}x}+\{P_{m_2}{}'(x)+r_{2k}P_{m_2}(x)\}e^{r_{2k}x}+\cdots$$
$$+\{P_{m_{k-1}}{}'(x)+r_{k-1,k}P_{m_{k-1}}(x)\}e^{r_{k-1,k}x}+P_{m_k}{}'(x)\equiv 0$$

となる.

$$P_{m_i}{}'(x)+r_{ik}P_{m_i}(x)\equiv Q_{m_i}(x) \qquad (i=1, 2, \cdots, k-1)$$

とおくと,

$$Q_{m_1}(x)e^{r_{1k}x}+Q_{m_2}(x)e^{r_{2k}x}+\cdots+Q_{m_{k-1}}(x)e^{r_{k-1,k}x}+P_{m_k}{}'(x)\equiv 0$$

となる. $Q_{m_i}(x)$ は $P_{m_i}(x)$ と同じ次数の多項式であるが $P_{m_k}{}'(x)$ は m_k-1 次の多項式である. これを何回くりかえしても $e^{r_{ik}x}$ の係数の次数は低下しないが, $P_{m_k}(x)$ の次数は, 1回微分するごとに, 1ずつ低下する. したがって, $P_{m_k}^{(m_k)}(x)\equiv 0$ となる. そのときには, 上の関係式は,

$$R_{m_1}(x)e^{r_{1k}x}+R_{m_2}(x)e^{r_{2k}x}+\cdots+R_{m_{k-1}}(x)e^{r_{k-1,k}x}\equiv 0$$

となる. この $R_{m_i}(x)$ は $P_{m_i}(x)$ と同じ次数の多項式である. $r_{ik}=r_{m_i}-r_{m_k}$ で

あるから，$e^{m_k x}$ を両辺に掛けると，

$$R_{m_1}(x)e^{m_1 x}+R_{m_2}(x)e^{m_2 x}+\cdots+R_{m_{k-1}}(x)e^{r_{m_{k-1}}x}\equiv 0$$

となる．これは，われわれの仮定に反する．したがって，

$$e^{r_{m_i}x}, xe^{r_{m_i}x}, x^2 e^{r_{m_i}x}, \cdots, x^{m_i-1}e^{r_{m_i}x}, \qquad (i=1,2,\cdots,p)$$

は1次独立である．したがって，(13.5) は一般解である．

例 3. $\qquad y''+2y'+y=x+e^{4x}.$

解． 右辺が 0 のときの方程式

$$y''+2y'+y=0$$

の特有方程式は $r^2+2r+1=(r+1)^2=0$ であるから，$r=-1$ は2重根である．したがって，上で述べたことによって e^{-x}, xe^{-x} は1次独立な特別解である．したがって，一般解は

$$y=C_1 e^{-x}+C_2 xe^{-x}$$

である．

与えられた方程式の特別解は，定数変化法を用いると，つぎのようにして求められる：

$$C_1' e^{-x}+C_2' xe^{-x}=0,$$
$$-C_1' e^{-x}+C_2'(e^{-x}-xe^{-x})=x+e^{4x}$$

より

$$C_1'+C_2' x=0,$$
$$-C_1'+C_2'(1-x)=xe^x+e^{5x}$$

となり，

$$C_1'=-x^2 e^x-xe^{5x}, \quad C_2'=xe^x+e^{5x}$$

が出てくるので，

$$C_1=-(x^2-2x+2)e^x-\frac{1}{5}\left(x-\frac{1}{5}\right)e^{5x},$$
$$C_2=(x-1)e^x+\frac{1}{5}e^{5x}$$

となるので，特別解を $\eta(x)$ とすると，

$$\eta(x) = x - 2 + \frac{1}{25} e^{4x}$$

となる．したがって，求める一般解は

$$y = C_1 e^{-x} + C_2 x e^{-x} + (x-2) + \frac{1}{25} e^{4x}$$

である．

問 1. 次の微分方程式の一般解を求めよ：
(i) $y'' + 3y' + 2y = \cos 2x$,　　(ii) $y''' - 6y'' + 11y' - 6y = 4 - 12x$,
(iii) $y''' + y'' + 4y' + 4y = \sin 2x$,　　(iv) $y''' - 3y'' - y' + 3y = x^2$.

問 2. 次の微分方程式の一般解を求めよ：
(i) $y'' + 2y' + y = x^2 e^{-x}$,　　(ii) $y''' + 3y'' + 3y' + y = e^{-x} \sin x$,
(iii) $y^{IV} + 6y''' + 11y'' + 6y' = 20 e^{-2x} \sin x$,
(iv) $y''' + y' = x^3 + \cos x$.

§14. 微分演算子の代数

微分演算子を用いて微分方程式を解く方法を述べる．それで，3個の微分演算を，それぞれ，

$$L_1 = a_0 D^n + a_1 D^{n-1} + \cdots + a_{n-1} D + a_n,$$
$$L_2 = b_0 D^m + b_1 D^{m-1} + \cdots + b_{m-1} D + b_m,$$
$$L_3 = c_0 D^l + c_1 D^{l-1} + \cdots + c_{l-1} D + c_l$$

とおくと，

(i) $f(x)$ を x の函数とすれば

$$[f(x) L_1] y = f(x) L_1 y,$$

(ii) $\quad (L_1 + L_2) y = L_1 y + L_2 y,$

(iii) $\quad [L_1 + (L_2 + L_3)] y = [(L_1 + L_2) + L_3] y,$

(iv) $\quad [f(x)(L_1 + L_2)] y = f(x) L_1 y + f(x) L_2 y$

であることは，すぐにわかるであろう．

つぎに，$L_1(L_2 y)$ を $(L_1 L_2) y$ と書くことにし，L_1 と L_2 との**積**と定義する．この積に対しては，付随する特有多項式を，それぞれ

$$f(r) = a_0 r^n + a_1 r^{n-1} + \cdots + a_{n-1} r + a_n,$$

§14. 微分演算子の代数

$$g(r) = b_0 r^m + b_1 r^{m-1} + \cdots + b_{m-1} r + b_m,$$
$$h(r) = c_0 r^l + c_1 r^{l-1} + \cdots + c_{l-1} r + c_l$$

とすると,

$$\begin{aligned}
L_1(e^{rx}) &= [a_0 D^n + a_1 D^{n-1} + \cdots + a_{n-1} D + a_n] e^{rx} \\
&= a_0 D^n(e^{rx}) + a_1 D^{n-1}(e^{rx}) + \cdots + a_{n-1} D(e^{rx}) + a_n e^{rx} \\
&= a_0 r^n e^{rx} + a_1 r^{n-1} e^{rx} + \cdots + a_{n-1} r e^{rx} + a_n e^{rx} \\
&= f(r) e^{rx}
\end{aligned}$$

となる. すなわち,

(14.1) $$L_1(e^{rx}) = f(r) e^{rx}.$$

さらに,

$$\begin{aligned}
(L_1 L_2) e^{rx} &= L_1(L_2 e^{rx}) \\
&= L_1[g(x) e^{rx}] \\
&= g(r) L_1(e^{rx}) \\
&= g(r) f(r) e^{rx},
\end{aligned}$$

すなわち

(14.2) $$(L_1 L_2) e^{rx} = f(r) g(r) e^{rx}$$

が出てくるので, $L_1 L_2$ は特有多項式 $f(r) g(r)$ をもつ. このことから, L_1, L_2 から $L_1 L_2$ を得るには, L_1, L_2 がそれぞれ微分演算子 D の多項式であると考えて, 掛け算を行なったら得られることがわかる. われわれは容易に

$$L_1 L_2 = L_2 L_1, \quad L_1(L_2 L_3) = (L_1 L_2) L_3, \quad L_1(L_2 + L_3) = L_1 L_2 + L_1 L_3$$

であることが示せる.

微分演算 $a_0 D^n + a_1 D^{n-1} + \cdots + a_{n-1} D + a_n$ の特有多項式を上記のように, $f(r) = a_0 r^n + a_1 r^{n-1} + \cdots + a_{n-1} r + a_n$ としていたので, この微分演算も $f(D)$ と書くと便利である. すなわち,

(14.3) $$f(D) = a_0 D^n + a_1 D^{n-1} + \cdots + a_{n-1} D + a_n$$

となるが, これは, $f(D)$ は D の函数であるという意味ではなく, ただ, 微分演算の形を与えているだけのことである.

特有方程式 $f(r) = 0$ の根を $r_1, r_2, \cdots, r_p$ とし, これらが, それぞれ m_1 重

根,m_2 重根,$\cdots$,m_p 重根であるとすると,

$$f(r)=a_0(r-r_1)^{m_1}(r-r_2)^{m_2}\cdots(r-r_p)^{m_p},\quad (m_1+m_2+\cdots+m_p=n)$$

と書ける．したがって，

$$f(D)=a_0(D-r_1)^{m_1}(D-r_2)^{m_2}\cdots(D-r_p)^{m_p}$$

と書くことができる．しかし，このままでは演算子の効用がわからないので，演算するのに都合のよい公式を導き出しておく．

(14.1) を微分演算子を用いて示すと，

(14.4) $$f(D)e^{ax}=e^{ax}f(a)$$

と書ける．また，y を x の函数とすると，

(14.5) $$f(D)[e^{ax}y]=e^{ax}f(D+a)y$$

である．なんとなれば，ライプニッツの公式によって

$$D^k(a^{ax}y)=(D^k e^{ax})y+\binom{k}{1}(D^{k-1}e^{ax})(Dy)+\cdots$$

$$+\binom{k}{i}(D^{k-i}e^{ax})(D^i y)+\cdots+e^{ax}(D^k y)$$

$$=a^k e^{ax}y+\binom{k}{1}a^{k-1}e^{ax}Dy+\cdots$$

$$+\binom{k}{i}a^{k-i}e^{ax}D^i y+\cdots+e^{ax}D^k y$$

$$=e^{ax}\left[a^k+\binom{k}{1}a^{k-1}D+\cdots+\binom{k}{i}a^{k-i}D^i+\cdots+D^k\right]y$$

$$=e^{ax}(D+a)^k y$$

であるから，

$$f(D)[e^{ax}y]=[a_0 D^n+a_1 D^{n-1}+\cdots+a_{n-1}D+a_n](e^{ax}y)$$

$$=a_0 D^n(e^{ax}y)+a_1 D^{n-1}(e^{ax}y)+\cdots+a_{k-1}D(e^{ax}y)+a_n e^{ax}y$$

$$=a_0 e^{ax}(D+a)^n y+a_1 e^{ax}(D+a)^{n-1}y+\cdots+a_{n-1}e^{ax}(D+a)y+a_n e^{ax}y$$

$$=e^{ax}[a_0(D+a)^n+a_1(D+a)^{n-1}+\cdots+a_{n-1}(D+a)+a_n]y$$

$$=e^{ax}f(D+a)y$$

となる．

(14.6) $$f(D^2)\cos ax=f(-a^2)\cos ax.$$

なんとなれば，
$$D^2\cos ax = -a^2\cos ax, \quad D^4\cos ax = (-a^2)^2\cos ax, \cdots,$$
$$D^{2n}\cos ax = (-a^2)^n\cos ax$$
であるから，
$$f(D^2)\cos ax = [a_0 D^{2n} + a_1 D^{2(n-1)} + \cdots + a_{n-1}D^2 + a_n]\cos ax$$
$$= a_0 D^{2n}\cos ax + a_1 D^{2(n-1)}\cos ax + \cdots + a_{n-1}D^2\cos ax + a_n\cos ax$$
$$= a_0(-a^2)^n\cos ax + a_1(-a^2)^{n-1}\cos ax + \cdots$$
$$\qquad\qquad + a_{n-1}(-a^2)\cos ax + a_n\cos ax$$
$$= f(-a^2)\cos ax$$
となって，われわれの公式の正しいことがわかる．同じようにして

(14.7) $$f(D^2)\sin ax = f(-a^2)\sin ax$$

であることが示せる．

例 1. $$(D-r)^m y = 0.$$

(14.4) によって $(D-r)^m e^{rx} = e^{rx}(r-r)^m = 0$ であるから，$y = e^{rx}$ はこの方程式の解の一つである．それで，$y = e^{rx}u$ とおくと，(14.5) によって
$$(D-r)^m(e^{rx}u) = e^{rx}(D+r-r)^m u = e^{rx}D^m u$$
となるので，与えられた方程式は
$$e^{rx}D^m u = 0, \quad すなわち\quad D^m u = 0$$
となる．したがって，
$$u = C_0 + C_1 x + C_2 x^2 + \cdots + C_{m-1}x^{m-1}$$
となる．これより
$$y = (C_0 + C_1 x + C_2 x^2 + \cdots + C_{m-1}x^{m-1})e^{rx}$$
が一般解となる．

例 2. $$(D^4 + 2D^3 + D^2)y = 0.$$

この場合には $D^4 + 2D^3 + D^2 = D^2(D^2 + 2D + 1) = D^2(D+1)^2$ であるから，方程式は
$$D^2(D+1)^2 y = 0$$
となる．したがって，定義によって，これは

のことである．それで，この方程式を
$$D^2y=u, \quad (D+1)^2u=0$$
と書くことができる．$(D+1)^2e^{-x}=e^{-x}(-1+1)^2=0$ であるから e^{-x} は特別解である．それで，$u=e^{-x}v$ とおくと
$$0=(D+1)^2u=(D+1)^2e^{-x}v=e^{-x}(D-1+1)^2v=e^{-x}D^2v$$
となって，$D^2v=0$ となる．したがって，
$$v=C_0+C_1x$$
となる．ゆえに，$u=e^{-x}(C_0+C_1x)$ となるので，
$$D^2y=e^{-x}(C_0+C_1x)$$
を得る．したがって，
$$Dy=\int e^{-x}(C_0+C_1x)dx$$
$$=-e^{-x}(C_0+C_1+C_1x)+C_2.$$
これより
$$y=-\int e^{-x}(C_0+C_1+C_1x)dx+C_2x+C_3$$
$$=-e^{-x}(C_0+2C_1+C_1x)+C_2x+C_3.$$

このように右辺が 0 であるときには便利であるが，右辺に函数があると，このままの形で利用することは，必ずしも利益があるとはいえない．その点については，次の例が示している．

例 3. $\quad (D^2+4D+3)y=8\cos x-6\sin x.$

$D^2+4D+3=(D+1)(D+3)$ であるから方程式は
$$(D+1)(D+3)y=8\cos x-6\sin x$$
となる．定義によって
$$(D+1)[(D+3)y]=8\cos x-6\sin x$$
と書けるので，補助の函数 u を用いると，
$$(D+3)y=u, \quad (D+1)u=8\cos x-6\sin x.$$
このうち後の方程式は第1階線型方程式であるから，第2章§4で述べたこと

§14. 微分演算子の代数

によって解くと
$$u = \sin x + 7\cos x + Ce^{-x}$$
となり，
$$(D+3)y = \sin x + 7\cos x + Ce^{-x}$$
が出てくる．これも線型方程式であるから，
$$y = \sin x + 2\cos x - \frac{C}{2}e^{-x} + C_1 e^{-3x}$$
と解くことができる．

この例を見てもわかるように，これでは，わざわざ演算子を用いた価値がない．しかし，右辺が 0 である同次方程式の場合には，方程式は
$$(D+1)(D+3)y = 0$$
となる．e^{-x} がこれの解の一つであることは明らかである．$y = e^{-x}u$ とおくと，
$$(D+1)(D+3)y = (D+1)(D+3)e^{-x}u$$
$$= e^{-x}D(D+2)u = 0$$
となり，方程式は
$$D(D+2)u = 0 \quad \text{すなわち} \quad (D+2)[Du] = 0$$
となる．ここで補助の函数 v を
$$Du = v, \quad (D+2)v = 0$$
となるように導入すると，e^{-2x} が解であることは明白であるから，ここで $v = e^{-2x}w$ とおくと，
$$0 = (D+2)v = (D+2)e^{-2x}w = e^{-2x}Dw$$
であるから $Dw = 0$ となる．したがって，$w = C_1$ となる．したがって，$v = C_1 e^{-2x}$ となるので，これをはじめの方程式に代入すると，
$$Du = C_1 e^{-2x}$$
となる．ゆえに
$$u = -\frac{C_1}{2}e^{-2x} + C_2$$
となって
$$y = e^{-x}\left(-\frac{C_1}{2}e^{-2x} + C_2\right) = C_2 e^{-x} - \frac{C_1}{2}e^{-3x}$$
が出てくる．これが一般解である．

このように，右辺が 0 であるばあいには，演算子の効果はよく現われているが，右辺に 0 でない函数があるときには，この演算子を用いて特別解を求めることができたら，これの効用はいっそう高まるであろう．それで，次節で

はこの点について調べてみよう．

問． 次の方程式を解け：
 (ⅰ) $(D-1)^2 y = e^x$, (ⅱ) $(D^4+5D^2+4)y = \sin 3x$,
 (ⅲ) $(D^2-3D+2)y = \log|x|$, (ⅳ) $(D+1)^5 y = xe^{-x}$,
 (ⅴ) $(D^2+3D+2)y = \dfrac{2}{x^3} - \dfrac{3}{x^2} + \dfrac{2}{x}$.

§15. 微分演算子による特別解の求め方

線型微分方程式が右辺に 0 でない函数をもつとき，すなわち，

(15.1) $$f(D)y = q(x)$$

のときに，特別解を求める方法の一つとして，演算子を用いる方法を示しておこう．(15.1) から形式的に

(15.2) $$y = \frac{1}{f(D)} q(x)$$

と書けるが，今後は，これを方程式 (15.1) の特別解とするのである．

例えば
$$y = \frac{1}{D+2} e^x$$

というのは，
$$(D+2)y = e^x$$

のことである．それで $y = e^{-2x} u$ とおくと，(14.5) によって
$$(D+2)e^{-2x} u = e^{-2x} Du$$

であるから，方程式は
$$e^{-2x} Du = e^x, \quad \text{すなわち} \quad Du = e^{3x}$$

となる．したがって，
$$u = \frac{1}{3} e^{3x}$$

となるので，特別解は
$$y = \frac{1}{3} e^x$$

となることがわかるであろう．

このことを機械的にやれるように工夫するために，今までにやったことを整理すると，

(15.3) $$\frac{1}{f(D)}[C_1 q_1(x) + C_2 q_2(x)] = C_1 \frac{1}{f(D)} q_1(x) + C_2 \frac{1}{f(D)} q_2(x),$$

§15. 微分演算子による特別解の求め方

$$(15.4) \quad \frac{1}{f(D)g(D)}q(x) = \frac{1}{f(D)}\left[\frac{1}{g(D)}q(x)\right] = \frac{1}{g(D)}\left[\frac{1}{f(D)}q(x)\right].$$

さらに，特別の場合について調べておこう．

Ⅰ． $q(x)=e^{ax}$ の場合，すなわち $\dfrac{1}{f(D)}e^{ax}$ の計算．

$f(a) \neq 0$ の場合には ke^{ax} が $f(D)y=e^{ax}$ の解となるように定数 k を定める．(14.4) によって，

$$f(D)ke^{ax} = kf(D)e^{ax} = ke^{ax}f(a)$$

であるから，$ke^{ax}f(a)=e^{ax}$ となり，$k=\dfrac{1}{f(a)}$ が出てくる．したがって，

$$(15.5) \quad \frac{1}{f(D)}e^{ax} = \frac{e^{ax}}{f(a)}$$

となる．

$f(a)=0$ の場合には $f(D)=(D-a)^m\varphi(D)$, $\varphi(a) \neq 0$, と書くことができる．そして，

$$\frac{1}{(D-a)^m\varphi(D)}e^{ax} = \frac{1}{(D-a)^m}\left[\frac{1}{\varphi(D)}e^{ax}\right]$$
$$= \frac{1}{(D-a)^m}\left[\frac{e^{ax}}{\varphi(a)}\right]$$
$$= \frac{1}{\varphi(a)}\cdot\frac{1}{(D-a)^m}[e^{ax}]$$

となる．ところが，$\dfrac{1}{(D-a)^m}[e^{ax}]$ は $(D-a)^m y=e^{ax}$ の解 y と同じものである．それで $y=e^{ax}u$ とおくと，

$$(D-a)^m e^{ax}u = e^{ax}D^m u$$

であるから，

$$e^{ax}D^m u = e^{ax} \quad \text{すなわち} \quad D^m u = 1$$

が出てくる．これより $u=x^m/m!$ となるので，$y=x^m e^{ax}/m!$ となって

$$(15.6) \quad \frac{1}{(D-a)^m\varphi(D)}e^{ax} = \frac{x^m e^{ax}}{m!\varphi(a)}$$

となる．

Ⅱ． $q(x)$ が一般の函数の場合．

(ⅰ) $$\frac{1}{D-a}q(x).$$

これは $(D-a)y=q(x)$ と同じである.これは第1階線型方程式であるので,これの特別解は (4.2) によって $e^{ax}\int e^{-ax}q(x)dx$ であるから,

(15.7) $$\frac{1}{D-a}q(x)=e^{ax}\int e^{-ax}q(x)dx$$

であることがわかるであろう.そうすると,

$$\frac{1}{D-a}e^{bx}q(x)=e^{ax}\int e^{(b-a)x}q(x)dx=e^{bx}\cdot e^{(a-b)x}\int e^{-(a-b)x}q(x)dx$$

(15.7) によって,

$$e^{bx}e^{(a-b)x}\int e^{-(a-b)x}q(x)dx=e^{bx}\frac{1}{D-a+b}q(x)$$

であるから,

(15.8) $$\frac{1}{D-a}[e^{bx}q(x)]=e^{bx}\frac{1}{D-a+b}q(x)$$

となる.

(ⅱ) $f(D)=a_0(D-r_1)(D-r_2)\cdots(D-r_n)$ とすると,

$$\frac{1}{a_0(D-r_1)(D-r_2)\cdots(D-r_n)}[e^{ax}q(x)]$$
$$=\frac{1}{a_0(D-r_1)\cdots(D-r_{n-1})}\left(\frac{1}{D-r_n}[e^{ax}q(x)]\right)$$
$$=\frac{1}{a_0(D-r_1)\cdots(D-r_{n-1})}e^{ax}\left(\frac{1}{D-r_n+a}q(x)\right)$$
$$=\frac{1}{a_0(D-r_1)\cdots(D-r_{n-2})}e^{ax}\left(\frac{1}{(D-r_{n-1}+a)(D-r_n+a)}q(x)\right)$$
$$=\cdots\cdots\cdots\cdots\cdots\cdots\cdots\cdots\cdots\cdots\cdots\cdots\cdots\cdots\cdots$$
$$=e^{ax}\frac{1}{a_0(D-r_1+a)(D-r_2+a)\cdots(D-r_n+a)}q(x)$$
$$=e^{ax}\frac{1}{f(D+a)}q(x)$$

となるので,

§15. 微分演算子による特別解の求め方

(15.9) $$\frac{1}{f(D)}[e^{ax}q(x)] = e^{ax}\frac{1}{f(D+a)}[q(x)]$$

が出てくる．

III. $\varphi(-a^2) \neq 0$ のときには，(14.6), (14.7) によって

(15.10) $$\frac{1}{\varphi(D^2)}\cos ax = \frac{\cos ax}{\varphi(-a^2)},$$

(15.11) $$\frac{1}{\varphi(D^2)}\sin ax = \frac{\sin ax}{\varphi(-a^2)}$$

となることは，すぐにわかる．

$\varphi(-a^2)=0$ のときには，この方法は役立たない．それで，特別の場合を考える．

$$\frac{1}{D^2+a^2}e^{iax} = \frac{1}{(D+ia)(D-ia)}e^{iax}$$

$$= \frac{1}{D-ia}\left[\frac{1}{D+ia}e^{iax}\right]$$

$$= \frac{1}{D-ia}\left[e^{iax}\frac{1}{2ia}\right]$$

$$= \frac{1}{2ia}\cdot\frac{1}{D-ia}e^{iax}$$

$$= \frac{e^{iax}}{2ia}\cdot\frac{1}{D}\cdot 1$$

$$= \frac{e^{iax}}{2ia}x$$

$$= -\frac{ix}{2a}(\cos ax + i\sin ax)$$

$$= \frac{x}{2a}\sin ax - i\frac{x}{2a}\cos ax.$$

同様に

$$\frac{1}{D^2+a^2}e^{-iax} = \frac{x}{2a}\sin ax + i\frac{x}{2a}\cos ax.$$

ゆえに，

(15.12) $$\frac{1}{D^2+a^2}\cos ax = \frac{x}{2a}\sin ax,$$

(15.13) $$\frac{1}{D^2+a^2}\sin ax = -\frac{x}{2a}\cos ax$$

となる.

Ⅳ. $\dfrac{1}{(D-a)^2+b^2}q(x) = \dfrac{e^{ax}}{b}\int_c^x q(u)e^{-au}\sin b(x-u)du.$

この c は任意の定数であって,この公式の正しいことは,容易に示せる.

例 1. $(D^2-3D+2)y = \cos 4x.$

解. 方程式
$$(D^2-3D+2)y = 0$$
の特有方程式 $r^2-3r+2=0$ を解くと $r=1, r=2$ であるから,この右辺が 0 である方程式の一般解は $C_1 e^x + C_2 e^{2x}$ である.

与えられた方程式の特別解は,これを $\eta(x)$ とすると,

$$\eta(x) = \frac{1}{D^2-3D+2}\cos 4x$$

$$= \frac{D^2+2+3D}{(D^2+2)^2-9D^2}\cos 4x$$

$$= \frac{D^2+2}{(D^2+2)^2-9D^2}\cos 4x + \frac{3D}{(D^2+2)^2-9D^2}\cos 4x$$

$$= \frac{-16+2}{(-16+2)^2-9(-16)}\cos 4x + 3D\left[\frac{\cos 4x}{(-16+2)^2-9(-16)}\right]$$

$$= \frac{-14}{340}\cos 4x + \frac{3}{340}D\cos 4x$$

$$= -\frac{7}{170}\cos 4x - \frac{6}{170}\sin 4x$$

であるから,求める一般解は

$$y = C_1 e^x + C_2 e^{2x} - \frac{1}{170}(7\cos 4x + 6\sin 4x)$$

で与えられる.

例 2. $(D^2-6D+13)y = 8e^{3x}\sin 2x.$

解. 右辺が 0 である方程式
$$(D^2-6D+13)y = 0$$

の特有方程式は $r^2-6r+13=0$ であるから，$r=3\pm 2i$ となる．したがって，この方程式の一般解は
$$e^{3x}(C_1\cos 2x+C_2\sin 2x)$$
である．与えられた方程式の特別解を $\eta(x)$ とすると，

$$\eta(x)=\frac{1}{D^2-6D+13}[8e^{3x}\sin 2x]$$

$$=8\frac{1}{D^2-6D+13}[e^{3x}\sin 2x]$$

$$=8e^{3x}\frac{1}{(D+3)^2-6(D+3)+13}[\sin 2x]$$

$$=8e^{3x}\frac{1}{D^2+4}[\sin 2x]$$

$$=8e^{3x}\left(-\frac{x}{4}\cos 2x\right)$$

$$=-2xe^{3x}\cos 2x$$

となるので，一般解は
$$y=e^{3x}[C_1\cos 2x+C_2\sin 2x-2x\cos 2x]$$
となる．

V. $q(x)\equiv x^p$ の場合，p は正の整数．

この場合には，$f(r)=a_0r^n+a_1r^{n-1}+\cdots+a_{n-1}r+a_n$ とおくと，$f(0)\neq 0$ のときは $1/f(r)\equiv g(r)$ は $r=0$ の近傍でテイラー級数で表わすことができるとし，それを

$$g(0)+\frac{g'(0)}{1!}r+\frac{g''(0)}{2!}r^2+\cdots+\frac{g^{(p)}(0)}{p!}r^p+\cdots$$

とすると，

$$\frac{1}{f(D)}=g(0)+\frac{g'(0)}{1!}D+\frac{g''(0)}{2!}D^2+\cdots+\frac{g^{(p)}(0)}{p!}D^p+\cdots$$

と書くことができる．

例 3. $(D^2-D-2)y=44-76x-48x^2$.

解. 右辺を 0 とした方程式

$$(D^2-D-2)y=0$$

の特有方程式 $r^2-r-2=(r+1)(r-2)=0$ の根は，$r=-1, r=2$ であるから，この右辺を 0 とした方程式の一般解は $y=C_1 e^{-x}+C_2 e^{2x}$ である．それで，与えられた方程式の特別解を $\eta(x)$ とすると，

$$\eta = \frac{1}{D^2-D-2}[44-76x-48x^2]$$

$$= \frac{1}{(D-2)(D+1)}[44-76x-48x^2]$$

$$= \frac{1}{D-2}\left[\frac{1}{D+1}(44-76x-48x^2)\right]$$

$$= \frac{1}{D-2}[(1-D+D^2-D^3+\cdots)(44-76x-48x^2)]$$

$$= \frac{1}{D-2}[44-76x-48x^2+76+96x-96]$$

$$= -\frac{1}{1-D/2}[12+10x-24x^2]$$

$$= -\left(1+\frac{D}{2}+\frac{D^2}{4}+\frac{D^3}{8}+\cdots\right)(12+10x-24x^2)$$

$$= -(12+10x-24x^2+5-24x-12)$$

$$= 24x^2+14x-5$$

となるから，求める一般解は

$$y = C_1 e^{-x}+C_2 e^{2x}+24x^2+14x-5$$

である．

問 1. 公式 Ⅳ を証明せよ．

問 2. 次の方程式の一般解を求めよ：
(i) $(D^3-D^2-2D)y=44-76x-48x^2$,
(ii) $(D^2+2D+2)y=\dfrac{x}{1+x^2}$,
(iii) $(D^3+6D^2+11D+6)y=2\sin 3x$,
(iv) $(D^2+1)^2 y=24x\cos x$,
(v) $(D^2+4)y=5\sin 3x+\cos 3x+\sin 2x$.

§16. 定数係数の場合へ導くことができる線型微分方程式

係数が定数でない線型微分方程式のうちで，簡単に，定数係数の場合へ転換することができるものを考える．

I. 方程式の形が

(16.1) $\qquad (a_0 x^n D^n + a_1 x^{n-1} D^{n-1} + \cdots + a_{n-1} x D + a_n) y = q(x)$

であるものに対しては，$x = e^t$ とおくと，$\dfrac{dx}{dt} = e^t = x$ であるから，

$$Dy = \frac{dy}{dx} = \frac{dy}{dt} \cdot \frac{dt}{dx} = \frac{1}{x} \frac{dy}{dt},$$

$$D^2 y = \frac{d^2 y}{dx^2} = \frac{d}{dx}\left(\frac{1}{x} \frac{dy}{dt}\right) = -\frac{1}{x^2} \frac{dy}{dt} + \frac{1}{x} \frac{d}{dx}\left(\frac{dy}{dt}\right)$$

$$= -\frac{1}{x^2} \frac{dy}{dt} + \frac{1}{x^2} \frac{d^2 y}{dt^2} = \frac{1}{x^2}\left(-\frac{dy}{dt} + \frac{d^2 y}{dt^2}\right),$$

$$D^3 y = \frac{d^3 y}{dx^3} = \frac{d}{dx}\left(\frac{1}{x^2}\left(-\frac{dy}{dt} + \frac{d^2 y}{dt^2}\right)\right)$$

$$= -\frac{2}{x^3}\left(-\frac{dy}{dt} + \frac{d^2 y}{dt^2}\right) + \frac{1}{x^2}\left(-\frac{d^2 y}{dt^2} + \frac{d^3 y}{dt^3}\right)\frac{dt}{dx}$$

$$= \frac{1}{x^3}\left(2\frac{dy}{dt} - 3\frac{d^2 y}{dt^2} + \frac{d^3 y}{dt^3}\right).$$

これをつづけて，$D^4 y, \cdots$ を t を独立変数とする微分方程式へ転換すると，定数を係数とする線型方程式へかわる．

例 1. $\qquad y'' + \dfrac{2}{x} y' = 10.$

両辺に x^2 を掛けると，与えられた方程式は

$$x^2 y'' + 2xy' = 10 x^2$$

となる．ここで，上に述べたように $x = e^t$ とおくと，方程式は

$$\frac{d^2 y}{dt^2} + \frac{dy}{dt} = 10 e^{2t}$$

となる．そして，方程式

$$\frac{d^2 y}{dt^2} + \frac{dy}{dt} = 0$$

の特有方程式 $r^2+r=0$ の根は，$r=0$，$r=-1$ であるから，これの一般解は $y=C_1+C_2e^{-t}$ となる．$\dfrac{dy}{dt}=Dy$ とおくと，この方程式は

$$(D^2+D)y=10e^{2t}$$

であるから，これの特別解を $\eta(t)$ とすれば，

$$\eta(t)=\frac{1}{D(D+1)}[10e^{2t}]$$

$$=10\frac{1}{D(D+1)}e^{2t}$$

$$=10e^{2t}\frac{1}{(D+2)(D+3)}1$$

$$=10e^{2t}\frac{1}{D+2}\left[\frac{1}{D+3}1\right]$$

$$=10e^{2t}\frac{1}{D+2}\left[\frac{1}{3}\left(1-\frac{D}{3}+\cdots\right)1\right]$$

$$=10e^{2t}\frac{1}{D+2}\left[\frac{1}{3}\right]$$

$$=5e^{2t}\left(1-\frac{D}{2}+\cdots\right)\left[\frac{1}{3}\right]$$

$$=\frac{5}{3}e^{2t}.$$

したがって，一般解は

$$y=C_1+C_2e^{-t}+\frac{5}{3}e^{2t}$$

となる．これをもとの変数へもどすと，

$$y=C_1+\frac{C_2}{x}+\frac{5}{3}x^2$$

となる．

II．形が

(16.2) $\qquad (a_0(a+bx)^nD^n+a_1(a+bx)^{n-1}D^{n-1}+\cdots$
$\qquad\qquad +a_{n-1}(a+bx)D+a_n)y=q(x)$

であるものを考える．この場合には $a+bx=z$ とおくと，

§16. 定数係数の場合へ導くことができる線型微分方程式

$$Dy = \frac{dy}{dx} = \frac{dy}{dz}\frac{dz}{dx} = b\frac{dy}{dz},$$

$$D^2 y = b\frac{d}{dx}\left(\frac{dy}{dz}\right) = b\frac{d}{dz}\left(\frac{dy}{dz}\right)\frac{dz}{dx} = b^2\frac{d^2 y}{dz^2}.$$

以下同様にして,

$$D^3 y = b^3 \frac{d^3 y}{dz^3}, \quad \cdots, \quad D^n y = b^n \frac{d^n y}{dz^n},$$

であるから, (16.2) は

$$a_0 b^n z^n \frac{d^n y}{dz^n} + a_1 b^{n-1} z^{n-1}\frac{d^{n-1}y}{dz^{n-1}} + \cdots + a_{n-1} bz\frac{dy}{dz} + a_n y = q(x)$$

となる. ここで $a_k b^{n-k} \equiv A_k$ とおくと,

$$A_0 z^n \frac{d^n y}{dz^n} + A_1 z^{n-1}\frac{d^{n-1}y}{dz^{n-1}} + \cdots + A_{n-1} z\frac{dy}{dz} + A_n y = q(x)$$

となるので, Ⅰ の方法で解くことができる.

例 2. $\qquad 2(1+x)^2 y'' - (1+x)y' + y = x.$

解. まず, $1+x=z$ とおくと, $\dfrac{dz}{dx}=1$ であるから, $y'=\dfrac{dy}{dz}\dfrac{dz}{dx}=\dfrac{dy}{dz}.$

$y''=\dfrac{d}{dx}\left(\dfrac{dy}{dz}\right)=\dfrac{d}{dz}\left(\dfrac{dy}{dz}\right)\dfrac{dz}{dx}=\dfrac{d^2 y}{dz^2}$ であるから, 与えられた方程式は

$$2z^2 \frac{d^2 y}{dz^2} - z\frac{dy}{dz} + y = z - 1$$

となる. ここで, $z=e^t$ とおくと, $\dfrac{dz}{dt}=e^t=z$ であるから,

$$\frac{dy}{dz} = \frac{dy}{dt}\frac{dt}{dz} = \frac{1}{z}\frac{dy}{dt},$$

$$\begin{aligned}
\frac{d^2 y}{dz^2} &= \frac{d}{dz}\left(\frac{1}{z}\frac{dy}{dt}\right) = -\frac{1}{z^2}\frac{dy}{dt} + \frac{1}{z}\frac{d}{dz}\left(\frac{dy}{dt}\right) \\
&= -\frac{1}{z^2}\frac{dy}{dt} + \frac{1}{z}\frac{d}{dt}\left(\frac{dy}{dt}\right)\frac{dt}{dz} \\
&= -\frac{1}{z^2}\frac{dy}{dt} + \frac{1}{z^2}\frac{d^2 y}{dt^2}
\end{aligned}$$

となって, 方程式は

(16.3) $$2\frac{d^2y}{dt^2}-3\frac{dy}{dt}+y=e^t-1$$

となる.これの右辺を0とおいた方程式

$$2\frac{d^2y}{dt^2}-3\frac{dy}{dt}+y=0$$

の特有方程式は $2r^2-3r+1=0$,すなわち,$(2r-1)(r-1)=0$ であるから,$r=\frac{1}{2}$,$r=1$ となるので,一般解は

$$y=C_1e^{\frac{1}{2}t}+C_2e^t$$

である.(16.3) の特別解を $\eta(t)$ とすれば,

$$\eta=\frac{1}{(2D-1)(D-1)}[e^t-1]$$

$$=\frac{1}{(2D-1)(D-1)}[e^t]-\frac{1}{(2D-1)(D-1)}[1].$$

ところが,

$$\frac{1}{(2D-1)(D-1)}[1]=\frac{1}{2D-1}[(1+D+D^2+\cdots)1]$$

$$=\frac{1}{2D-1}[1]$$

$$=-(1+2D+\cdots)[1]$$

$$=-1,$$

$$\frac{1}{(2D-1)(D-1)}[e^t]=\frac{1}{D-1}\left[\frac{1}{2D-1}e^t\right]$$

$$=\frac{1}{D-1}[e^t]$$

$$=te^t$$

であるから,

$$\eta=te^t+1$$

となるので,(16.2) の一般解は

$$y=C_1e^{\frac{1}{2}t}+C_2e^t+te^t+1$$

となる．これをもとの変数へもどすと，
$$y = C_1(1+x)^{1/2} + C_2(1+x) + (1+x)\log|1+x| + 1$$
となる．

問. 次の微分方程式を解け：
(i) $x^2 y'' - 2xy' + 2y = 4x^3$,
(ii) $x^4 y^{\mathrm{IV}} + 2x^3 y''' + 3x^2 y'' - xy' + y = 60$,
(iii) $(1+2x)^2 y'' - 6(1+2x)y' + 16y = 8(1+2x)^2$,
(iv) $(1+x)^2 y'' + (1+x)y' + y = 4\cos(\cos x \log|1+x|)$.

問題 4

1. 次の線型微分方程式を解け：
(i) $y''' - 6y'' + 11y' - 6y = e^{4x}$,
(ii) $y'' + 4y' + 5y = xe^x$,
(iii) $y'' + y' + y = \cos 2x + 3$,
(iv) $(D-2)^4 y = x^3 e^{2x}$,
(v) $(D^2 + 4)y = \sin 2x$,
(vi) $y^{(n)} + y^{(n-2)} = 8\cos 3x$.

2. 次の微分方程式を解け：
(i) $x^2 y'' + xy' = 12\log|x|$,
(ii) $(x+1)^2 y'' + (x+1)y' = (2x+3)(2x+4)$,
(iii) $y'' + y'\tan x + y\cos^2 x = 0$,
(iv) $y'' - \dfrac{n}{x} y' + x^{2n} y = 0$,
(v) $x^2 y'' - 4xy' + 6y = x^2 \sin x$.

3. 方程式 $x(x+1)y'' + (2-x^2)y' - (2+x)y = 0$ の一般解が $y = C_1 e^x + \dfrac{C_2}{x}$ であることを示してから，方程式
$$x(x+1)y'' + (2-x^2)y' - (2+x)y = (x+1)^2$$
の一般解を求めよ．

4. $(D^2 + 2hD + \lambda^2)y = A\sin kx$ において，h, k, λ が正の定数であるとき，これの特別解を η とすると，
$$\eta = \frac{A\sin k(x-\alpha)}{\sqrt{(\lambda^2 - k^2)^2 + 4k^2 h^2}}, \quad \alpha = \arctan\frac{2kh}{k^2 - \lambda^2} \quad (0 < \alpha < \pi)$$
で与えられることを示せ．

5. $(D-a)u = 0, \quad (D-a)v = u, \quad (D-a)y = v$
を順々に解いて，方程式 $(D-a)^3 y = 0$ を解け．

6. $u_1(x)$, $u_2(x)$ が方程式
$$y'' + p_1(x)y' + p_2(x)y = 0$$
の区間 $I(x)$ における解であって，
$$p_0 = \exp\left(\int p_1(x)dx\right)$$
であると，$u_1(x)$, $u_2(x)$ のロンスキ行列式を $W(u_1, u_2)$ で表わせば，a を $I(x)$ の点とすると，
$$W(u_1, u_2) = \frac{p_0(a)}{p_0(x)} \begin{vmatrix} u_1(a) & u_2(a) \\ u_1'(a) & u_2'(a) \end{vmatrix}$$
で与えられることを示せ．

7. つぎの方程式を，適当に変数変換を行なって，既知の型へ導き，その後で解け：
(i) $xy'' + (1-2x)y' - (1-x)y = 0$,
(ii) $(1-x)y'' + xy' - y = 0$,
(iii) $4xy'' + 2y' + y = 0$,
(iv) $x^2 y'' - 2xy' + (2 + a^2 x^2)y = 0$.

第5章 連立線型微分方程式

§17. 基本定理

ここでは，一般論を述べる．そして，微分方程式

(17.1) $$\frac{dy_k}{dx} = f_k(x, y_1, y_2, \cdots, y_n) \qquad (k=1, 2, \cdots, n)$$

を取り扱う．この場合に，函数 $f_k(x, y_1, y_2, \cdots, y_n)$ は領域 D で定義されているとするが，この場合に，$(n+1)$ 次元空間における領域というのは，次の2条件を満足する点 $(x, y_1, y_2, \cdots, y_n)$ の集合のことである：

(a) $(x_0, y_1^0, y_2^0, \cdots, y_n^0) \in D$ に対して，$h > 0$ を十分に小さくとっておくと，

$$|x-x_0| < h, \quad |y_1-y_1^0| < h, \quad \cdots, \quad |y_n-y_n^0| < h$$

を満足するすべての $(x, y_1, y_2, \cdots, y_n)$ は D に属している．

(b) D の任意の2点 $(x_0, y_1^0, y_2^0, \cdots, y_n^0), (x_1, y_1^1, y_2^1, \cdots, y_n^1)$ は D の曲線

$$y_k = \phi_k(t), \quad 0 \leq t \leq 1, \qquad (k=1, 2, \cdots, n)$$

でつなぐことができる．ただし，$y_k^0 = \phi_k(0), \ y_k^1 = \phi_k(1) \ (k=1, 2, \cdots, n)$ である．

このように定義しておくと，つぎの定理が成り立つ：

定理 17.1. 連立微分方程式 (17.1) において $f_1, f_2, \cdots, f_n$ は領域 D で連続でかつ $\frac{\partial f_k}{\partial y_j}$ $(j=1, 2, \cdots, n; k=1, 2, \cdots, n)$ も D で連続であると，D のすべての点 $(x_0, y_1^0, y_2^0, \cdots, y_n^0)$ に対して，$|x-x_0|<h$ で (17.1) の解

$$y_k = \Phi_k(x) \qquad (k=1, 2, \cdots, n)$$

があって，初期条件

$$\Phi_k(x_0) = y_k^0 \qquad (k=1, 2, \cdots, n)$$

を与えると，この解は単独に定まる．

証明． $(n+1)$ 次元の長方形

$$R: \quad |x-x_0|\leq \delta, \quad |y_k-y_k^0|\leq l_k \quad (k=1, 2, \cdots, n)$$

を，$R\subset D$ となるように定める．$(x, y_1', \cdots, y_n'), (x, y_1'', \cdots, y_n'')$ を R の任意の点とすると，平均値の定理によって

$$f_k(x, y_1', \cdots y_n')-f_k(x, y_1'', \cdots, y_n'')$$
$$=(y_1'-y_1'')\frac{\partial f_k}{\partial y_1}(x, \eta_1, \cdots, \eta_n)+\cdots+(y_n'-y_n'')\frac{\partial f_k}{\partial y_n}(x, \eta_1, \cdots, \eta_n)$$

となる．この $(x, \eta_1, \cdots, \eta_n)$ は $(x, y_1', \cdots, y_n')$ と $(x, y_1'', \cdots, y_n'')$ とを結ぶ線分上の点である．ところが，仮定によって，偏導函数は R で連続であるから，R で

$$\left|\frac{\partial f_k}{\partial y_j}\right|\leq K \quad (j=1, 2, \cdots, n; k=1, 2, \cdots, n)$$

となる正数 K を定めることができる．これによって，上の式は

$$|f_k(x, y_1', \cdots, y_n')-f_k(x, y_1'', \cdots, y_n'')|\leq K\left(\sum_{k=1}^n|y_k'-y_k''|\right)$$

と書きかえることができる．これは，長方形 R を D の中でどのようにとっても，必ず成り立つ．そして，これを，前の場合と同じように，**局所リプシッツ条件**という．

$f_k(x, y_1, \cdots, y_n)$ は D で連続であるから，R で

$$|f_k(x, y_1, \cdots, y_n)|\leq M \quad (k=1, 2, \cdots, n)$$

となる M が定められる．それで，h を

$$0<h\leq \delta, \quad h\leq \frac{l_1}{M}, \quad \cdots, \quad h\leq \frac{l_n}{M}$$

となるようにえらぶ．そうすると，$(n+1)$ 次元長方形

$$\widetilde{R}: \quad |x-x_0|\leq h, \quad |y_k-y_k^0|\leq h \quad (k=1, 2, \cdots, n)$$

が考えられる．ここで，次のようにおく：

$$\varPhi_k^{(0)}(x)\equiv y_k^0, \quad (k=1, 2, \cdots, n)$$

$$\varPhi_k^{(1)}(x)=\int_{x_0}^x f_k(u, y_1^0, y_2^0, \cdots, y_n^0)du+y_k^0,$$

$$\varPhi_k^{(2)}(x)=\int_{x_0}^x f_k[u, \varPhi_1^{(1)}(u), \varPhi_2^{(1)}(u), \cdots, \varPhi_n^{(1)}(u)]du+y_k^0,$$

§17. 基本定理

$$\varPhi_k{}^{(p)}(x) = \int_{x_0}^x f_k[u, \varPhi_1{}^{(p-1)}(u), \varPhi_2{}^{(p-1)}(u), \cdots, \varPhi_n{}^{(p-1)}(u)]du + y_k{}^0$$

が出てくるが，この $\varPhi_k{}^{(p)}(x)$ が，はっきりと定義されているか否かを，確めておかねばならない．

長方形 $\widetilde{R}$ においては $|x-x_0| \leq h$ であって，

$$|\varPhi_k{}^{(0)}(x) - y_k{}^0| = 0 \leq M\left|\int_{x_0}^x du\right| = M|x-x_0|,$$

$$|\varPhi_k{}^{(2)}(x) - \varPhi_k{}^{(1)}(x)|$$
$$= \left|\int_{x_0}^x \{f_k[u, \varPhi_1{}^{(1)}(u), \cdots, \varPhi_n{}^{(1)}(u)] - f_k(u, y_1{}^0, \cdots, y_n{}^0)\}du\right|$$
$$\leq K\left|\int_{x_0}^x \left\{\sum_{k=1}^n |\varPhi_k{}^{(1)}(u) - y_k{}^0|\right\}du\right|.$$

ところが，

$$|\varPhi_k{}^{(i)}(x) - y_k{}^0| = \left|\int_{x_0}^x f_k[u, \varPhi_1{}^{(i-1)}(u), \varPhi_2{}^{(i-1)}(u), \cdots, \varPhi_n{}^{(i-1)}(u)]du\right|$$
$$\leq M\left|\int_{x_0}^x du\right| = M|x-x_0|$$

であるから，

$$|\varPhi_k{}^{(2)}(x) - \varPhi_k{}^{(1)}(x)| \leq KnM\left|\int_{x_0}^x |u-x_0|du\right| = KnM\frac{|x-x_0|^2}{2}$$

となる．次に，

$$|\varPhi_k{}^{(3)}(x) - \varPhi_k{}^{(2)}(x)| \leq K\left|\int_{x_0}^x \left\{\sum_{k=1}^n |\varPhi_k{}^{(2)}(u) - \varPhi_k{}^{(1)}(u)|\right\}du\right|$$
$$\leq K \cdot Kn^2 M\left|\int_{x_0}^x \frac{|u-x_0|^2}{2}du\right|$$
$$= K^2 n^2 M\frac{|x-x_0|^3}{3!}.$$

これを順々にくりかえすと，

$$|\varPhi_k{}^{(p)}(x) - \varPhi_k{}^{(p-1)}(x)| \leq K^{p-1} n^{p-1} M\frac{|x-x_0|^p}{p!}$$

となることが，わかるであろう．そうすると，級数
$$\sum_{p=0}^{\infty}\frac{|x-x_0|^p}{p!}$$
が収束することから，級数
$$\Phi_k{}^{(0)}(x)+\sum_{p=1}^{\infty}\{\Phi_k{}^{(p)}(x)-\Phi_k{}^{(p-1)}(x)\}$$
は区間 $|x-x_0|\leq h$ で，絶対収束であり，かつ一様収束である．この級数の和を $\Phi_k(x)$ と名づけると，
$$\Phi_k(x)=\int_{x_0}^{x}f_k[u,\Phi_1(u),\cdots,\Phi_n(u)]du+y_k{}^0$$
となり，$\Phi_k(x_0)=y_k{}^0$ であり，$|x-x_0|\leq h$ で
$$\frac{d\Phi_k(x)}{dx}=f_k[x,\Phi_1(x),\cdots,\Phi_n(x)]$$
であることがでてくる．

初期条件を満足すると，解が単独であることを示しておこう．

$x=x_0$ で $y_k{}^0$ ($k=1,2,\cdots,n$) となる解が2組あるとし，それを $y_k=\Phi_k(x)$, $y_k=\Psi_k(x)$ ($k=1,2,\cdots,n$) とする．これらが初期条件を満足するから
$$\Phi_k(x_0)=\Psi_k(x_0), \qquad (k=1,2,\cdots,n)$$
が成り立つ．

$h_1 < h$ を，長方形
$$R_1 : \ |x-x_0|\leq h_1,\ |y_k-y_k{}^0|\leq l_k \qquad (k=1,2,\cdots,n)$$
が，$|x-x_0|\leq h$ に対する函数 $y=\Phi_k(x), y=\Psi_k(x)$ のグラフが両方とも属すように定める．そうすると，$\Phi_k(x), \Psi_k(x)$ がわれわれの方程式の解であることから，上で示したことによって，$x_0\leq x\leq x_0+h_1$ において
$$\Phi_k(x)=\int_{x_0}^{x}f_k[u,\Phi_1(u),\Phi_2(u),\cdots,\Phi_n(u)]du+y_k{}^0,$$
$$\Psi_k(x)=\int_{x_0}^{x}f_k[u,\Psi_1(u),\Psi_2(u),\cdots,\Psi_n(u)]du+y_k{}^0$$
と表わせる．したがって，

§17. 基 本 定 理

$$|\Phi_k(x)-\Psi_k(x)|$$

$$=\left|\int_{x_0}^x \{f_k[u,\Phi_1(u),\cdots,\Phi_n(u)]-f_k[(u,\Psi_1(u),\cdots,\Psi_n(u)]\}du\right|$$

$$\leq \int_{x_0}^x |f_k[u,\Phi_1(u),\cdots,\Phi_n(u)]-f_k[u,\Psi_1(u),\cdots,\Psi_n(u)]|du$$

$$\leq K\int_{x_0}^x \left\{\sum_{i=1}^n |\Phi_i(u)-\Psi_i(u)|\right\}du.$$

したがって,

$$\sum_{k=1}^n |\Phi_k(x)-\Psi_k(x)|\leq nK\int_{x_0}^x \left\{\sum_{i=1}^n |\Phi_i(u)-\Psi_i(u)|\right\}du$$

となる. ここで

$$v(x)=\int_{x_0}^x \left\{\sum_{i=1}^n |\Phi_i(u)-\Psi_i(u)|\right\}du$$

とおくと, $v(x)\geq 0$, $v(x_0)=0$ であって

$$v'(x)=\sum_{i=1}^n |\Phi_i(x)-\Psi_i(x)|\leq nKv(x)$$

となる. ゆえに, §8 で証明しておいたように $v(x)\leq 0$ でなければならぬ. したがって, 区間 $x_0\leq x\leq x_0+h_1$ で $v(x)\equiv 0$ である. ゆえに $v'(x)\equiv 0$ となる. このことから, $|\Phi_i(x)-\Psi_i(x)|$ は 0 でなければならない. したがって,

$$x_0\leq x\leq x_0+h_1 \text{ で } \Phi_i(x)\equiv\Psi_i(x) \qquad (i=1,2,\cdots,n)$$

である. 同じ議論を, 区間 $x_0-h_1\leq x\leq x_0$ においてくりかえすと,

$$x_0-h_1\leq x\leq x_0 \text{ で } \Phi_i(x)\equiv\Psi_i(x) \qquad (i=1,2,\cdots,n)$$

であることが出てくる. $h_1<h$ であればよかったから,

$$|x-x_0|<h \text{ で } \Phi_i(x)\equiv\Psi_i(x)$$

の成り立つことがわかる.

次の話へ進むのに先き立って, 第1章で述べておいたが, 証明を与えておかなかった定理 1.1 を証明しておこうと思う.

$y=y_1$, $y'=y_2$, $\cdots$, $y^{(n-1)}=y_n$ とおくと, 微分方程式 (1.6) は, 連立微分方程式

第5章 連立線型微分方程式

$$\frac{dy_1}{dx} = y_2,$$

$$\frac{dy_2}{dx} = y_3,$$

$$\cdots\cdots\cdots\cdots,$$

$$\frac{dy_{n-1}}{dx} = y_n,$$

$$\frac{dy_n}{dx} = F(x, y_1, y_2, \cdots, y_n)$$

へ転換されるが, 定理 17.1 の条件が満足されているので,

$$\varphi_1(x_0) = y_1{}^0, \quad \varphi_2(x_0) = y_2{}^0, \quad \cdots, \quad \varphi_n(x_0) = y_n{}^0$$

となる解の系

$$y_k = \varphi_k(x) \qquad (k=1, 2, \cdots, n)$$

が, ただ1組しか存在しない. $\varphi_1(x) \equiv f(x)$ とすれば, $y = f(x)$ という解が, ただ一つしか存在しないことがわかるであろう.

これだけの準備をしておいて, 話を線型方程式へ向ける.

未知函数が n 個の第1階線型微分方程式のシステムを考える. 独立変数を x, 未知函数を $y_1(x), y_2(x), \cdots, y_n(x)$ として, 形が

$$\frac{dy_1}{dx} = a_{11}y_1 + a_{12}y_2 + \cdots + a_{1n}y_n + f_1(x),$$

$$\frac{dy_2}{dx} = a_{21}y_1 + a_{22}y_2 + \cdots + a_{2n}y_n + f_2(x),$$

$$\cdots\cdots\cdots\cdots\cdots\cdots\cdots\cdots\cdots\cdots\cdots\cdots,$$

$$\frac{dy_n}{dx} = a_{n1}y_1 + a_{n2}y_2 + \cdots + a_{nn}y_n + f_n(x)$$

の連立方程式を取り扱う. 係数 a_{kj} は, 一般には, x の函数であるが, この章では, 主として, 定数である場合を考える. 記法を簡単にするために, 上の連立方程式を

$$(17.2) \qquad \frac{dy_k}{dx} = \sum_{j=1}^{n} a_{kj} y_j + f_k(x) \qquad (k=1, 2, \cdots, n)$$

§17. 基本定理

と書くことにする. 特に $f_k(x)\equiv 0$ のときの方程式, すなわち

$$\frac{dy_k}{dx}=\sum_{j=1}^{n}a_{kj}y_j \qquad (k=1, 2, \cdots, n) \tag{17.3}$$

を同次連立方程式というが, この (17.3) のことを, (17.2) と関連のある同次連立方程式ということもある.

I. 簡単のために

$$L_k(y)\equiv \frac{dy_k}{dx}-\sum_{j=1}^{n}a_{kj}y_j \qquad (k=1, 2, \cdots, n) \tag{17.4}$$

と書くと, (17.2) は

$$L_k(y)=f_k(x) \qquad (k=1, 2, \cdots, n)$$

と表わすことができる.

(17.3) の m 組の解を

$$\begin{cases} y_{11}(x), y_{12}(x), \cdots, y_{1n}(x); \\ y_{21}(x), y_{22}(x), \cdots, y_{2n}(x); \\ \cdots\cdots\cdots\cdots\cdots\cdots\cdots\cdots\cdots; \\ y_{m1}(x), y_{m2}(x), \cdots, y_{mn}(x) \end{cases} \tag{17.5}$$

とすると,

$$\frac{dy_{sk}}{dx}=\sum_{j=1}^{n}a_{kj}y_{sj} \qquad \binom{k=1, 2, \cdots, n;}{s=1, 2, \cdots, m} \tag{17.6}$$

が成り立つ. (17.5) を用いて, 1次式の組

$$\sum_{s=1}^{m}C_s y_{sk}(x) \qquad (k=1, 2, \cdots, n) \tag{17.7}$$

をつくると, "(17.5) が微分方程式 (17.3) の解であると, (17.7) もまた (17.3) の解である" ことがわかる. なんとなれば,

$$L_k\left(\sum_{s=1}^{m}C_s y_{sk}\right)=\frac{d}{dx}\left(\sum_{s=1}^{m}C_s y_{sk}\right)-\sum_{j=1}^{n}a_{kj}\left(\sum_{s=1}^{m}C_s y_{sj}\right)$$

$$=\sum_{s=1}^{m}C_s\frac{dy_{sk}}{dx}-\sum_{s=1}^{m}C_s\left(\sum_{j=1}^{n}a_{kj}y_{sj}\right)$$

$$=\sum_{s=1}^{m}C_s\left(\frac{dy_{sk}}{dx}-\sum_{j=1}^{n}a_{kj}y_{sj}\right).$$

(17.6) によって

$$L_k\left(\sum_{s=1}^{m} C_s y_{sk}\right) = 0 \qquad (k=1, 2, \cdots, n)$$

となり，(17.7) もまた (17.3) の解であることがわかる．

(17.5) で与えられた m 組の函数系において，定数 $C_1, C_2, \cdots, C_m$ の全部が 0 となることがなくて

$$\sum_{s=1}^{m} C_s y_{sk} \equiv 0 \qquad (k=1, 2, \cdots, n)$$

が成り立つ，ということがないときには，この m 組の函数系は**1次独立**であるということにすると，次のことがいえる：

定理 17.2. 函数系

(17.8)
$$\begin{cases} y_{11}(x), y_{12}(x), \cdots, y_{1n}(x); \\ y_{21}(x), y_{22}(x), \cdots, y_{2n}(x); \\ \cdots\cdots\cdots\cdots\cdots\cdots\cdots\cdots; \\ y_{n1}(x), y_{n2}(x), \cdots, y_{nn}(x) \end{cases}$$

が1次独立でないときには，

(17.9)
$$D(x) = \begin{vmatrix} y_{11}(x) & y_{12}(x) & \cdots & y_{1n}(x) \\ y_{21}(x) & y_{22}(x) & \cdots & y_{2n}(x) \\ \cdots & \cdots & \cdots & \cdots \\ y_{n1}(x) & y_{n2}(x) & \cdots & y_{nn}(x) \end{vmatrix} \equiv 0$$

が成り立つ．

証明． 函数系 (17.8) が1次独立でないと，定義によって，$C_1, C_2, \cdots, C_n$ の中に，0 でないものがあって，しかも

(17.10) $$\sum_{k=1}^{n} C_k y_{kj} \equiv 0 \qquad (j=1, 2, \cdots, n)$$

が成り立つ．ゆえに，(17.10) を $C_1, C_2, \cdots, C_n$ を未知数とする連立方程式であると考えると，これが $C_1 = C_2 = \cdots = C_n = 0$ 以外の解をもつためには，係数でつくった行列式が0とならねばならない．すなわち，

§17. 基本定理

$$\begin{vmatrix} y_{11}(x) & y_{21}(x) & \cdots & y_{n1}(x) \\ y_{12}(x) & y_{22}(x) & \cdots & y_{n2}(x) \\ \cdots\cdots\cdots\cdots\cdots\cdots\cdots\cdots\cdots \\ y_{1n}(x) & y_{2n}(x) & \cdots & y_{nn}(x) \end{vmatrix} = 0$$

が成り立たねばならない．したがって，行列式の性質によって

$$D(x) = 0$$

が出てくる．

定理 17.3. 函数系 (17.8) の各組が連立方程式 (17.3) の解であって，少なくとも一点 $x = x_0$ において (17.9) が成り立つなら (17.8) は1次独立でない．

証明． $D(x_0) = 0$ とすると，$C_1, C_2, \cdots, C_n$ に関する1次連立方程式

$$C_1 y_{11}(x_0) + C_2 y_{12}(x_0) + \cdots + C_n y_{1n}(x_0) = 0,$$
$$C_1 y_{21}(x_0) + C_2 y_{22}(x_0) + \cdots + C_n y_{2n}(x_0) = 0,$$
$$\cdots\cdots\cdots\cdots\cdots\cdots\cdots\cdots\cdots\cdots\cdots\cdots\cdots,$$
$$C_1 y_{n1}(x_0) + C_2 y_{n2}(x_0) + \cdots + C_n y_{nn}(x_0) = 0$$

は $C_1 = C_2 = \cdots = C_n = 0$ 以外の解をもつ．それを $C_1^*, C_2^*, \cdots, C_n^*$ とすると，この中には 0 でないものがある．これを用いて

$$y_j^*(x) = \sum_{k=1}^n C_k^* y_{kj}(x) \qquad (j = 1, 2, \cdots, n)$$

をつくると，79ページで述べたことによって，$y_j^*(x)$ は (17.3) を満足する．その上に $y_j^*(x_0) = 0$ であるから，定理 17.1 によって，(17.3) の解で $x = x_0$ において 0 となるものは，ただ1組しか存在しない．したがって，これらの函数は恒等的に 0 である．すなわち，

$$\sum_{k=1}^n C_k^* y_{kj}(x) \equiv 0 \qquad (j = 1, 2, \cdots, n)$$

となって，(17.7) が1次独立でないことを知る．

連立微分方程式 (17.3) の1次独立な解の n 個の組

$$y_{k1}(x), y_{k2}(x), \cdots, y_{kn}(x) \qquad (k = 1, 2, \cdots, n)$$

を**基本解の組**または**基本系**ということにすると，次の定理が成り立つ：

定理 17.4. 連立微分方程式 (17.3) には，基本系が存在する．

証明. n^2 個の数 b_{kj} $(j=1, 2, \cdots, n\,;\ k=1, 2, \cdots, n)$ を行列式

$$\begin{vmatrix} b_{11} & b_{12} & \cdots & b_{1n} \\ b_{21} & b_{22} & \cdots & b_{2n} \\ \multicolumn{4}{c}{\dotfill} \\ b_{n1} & b_{n2} & \cdots & b_{nn} \end{vmatrix}$$

が 0 とならないようにえらぶ. 例えば

$$b_{kj} = \delta_{kj} = \begin{cases} 1 & (k=j) \\ 0 & (k \neq j) \end{cases},$$

となるようにえらべばよい.[*)]

(17.3) は区間 $I(x)$ で定義されているとし,これの n 組の解 (17.8) が任意の $x_0 \in I(x)$ において

$$y_{kj}(x_0) = b_{kj} \qquad (j, k=1, 2, \cdots, n)$$

となるものとすると,$D(x_0) \neq 0$ であることは,すぐにわかる. ゆえに,この解のシステムは 1 次独立である. したがって,基本系である.

定理 17.5. (17.8) を (17.3) の基本系とすると, 連立微分方程式 (17.3) の任意の解は

$$\sum_{k=1}^{n} C_k y_{kj}(x) \qquad (j=1, 2, \cdots, n)$$

と表わすことができる. この場合に, $C_1, C_2, \cdots, C_n$ は任意の定数である.

証明. 連立微分方程式 (17.3) の任意の解を

$$y_1(x), y_2(x), \cdots, y_n(x)$$

とする. $x_0 \in I(x)$ において

$$y_k(x_0) = y_k^0 \qquad (k=1, 2, \cdots, n)$$

として, $C_1, C_2, \cdots, C_n$ を未知数とする 1 次連立方程式

(17.11) $$\sum_{k=1}^{n} C_k y_{kj}(x_0) = y_j^0 \qquad (j=1, 2, \cdots, n)$$

をつくる. (17.8) は 1 次独立であるから区間 $I(x)$ のすべての x に対して $D(x) \neq 0$ が成り立つ. したがって,$D(x_0) \neq 0$ である. ゆえに,(17.11) を

[*)] δ_{kj} を**クロネッカーの記号**という.

§17. 基本定理

$C_1, C_2, \cdots, C_n$ について解くことができる．その解を $C_1{}^*, C_2{}^*, \cdots, C_n{}^*$ とし，これを用いて n 個の函数

$$y_j{}^*(x) = \sum_{k=1}^{n} C_k{}^* y_{kj}(x) \qquad (j=1, 2, \cdots, n)$$

をつくると，これは (17.3) の解である．また，

$$y_j{}^*(x_0) = \sum_{k=1}^{n} C_k{}^* y_{kj}(x_0) = y_j{}^0 = y_j(x_0)$$

であるから，解の単独性に関する定理によって

$$y_j(x) \equiv y_j{}^*(x) \qquad (j=1, 2, \cdots, n)$$

である．ゆえに

$$y_j(x) \equiv \sum_{k=1}^{n} C_k{}^* y_{kj}(x) \qquad (j=1, 2, \cdots, n)$$

II. つぎに，連立微分方程式 (17.2) を考える．これの一組の特別解を

$$\varphi_1(x), \ \varphi_2(x), \ \cdots, \ \varphi_n(x)$$

として

$$y_k(x) = v_k(x) + \varphi_k(x) \qquad (k=1, 2, \cdots, n)$$

とおくと，

$$L_j(y_k) = L_j(v_k) + L_j(\varphi_k).$$

$y_k(x)$ が (17.2) の解であると，

$$L_j(y_k) = f_k(x)$$

であり，また

$$L_j(\varphi_k) = f_k(x)$$

であるから，

$$L_j(v_k) = 0$$

が成り立つ．したがって，$v_k(x)$ は (17.3) の解である．このことから，連立方程式 (17.2) の一般解は，方程式 (17.3) の基本系を

$$y_{k1}(x), \ y_{k2}(x), \ \cdots, \ y_{kn}(x) \qquad (k=1, 2, \cdots, n)$$

とすると，

$$y_j(x) = \sum_{k=1}^{n} C_k y_{kj}(x) + \varphi_j(x) \qquad (j=1, 2, \cdots, n)$$

で与えられることがわかる．そうすると，(17.2) の一般解を求めるという問題は，(17.3) の一般解を求める問題へ転換されたことになる．ところが，(17.3) の一般解を求めることは，上で述べておいたから，問題は，むしろ (17.2) の特別解を求めることにある．それで，前に述べた(42—43ページ)定数変化法を用いる方法を，紹介しておこう．

連立微分方程式 (17.3) の解を

$$y_{k1}(x), \ y_{k2}(x), \ \cdots, \ y_{kn}(x) \qquad (k=1, 2, \cdots, n)$$

とすると，

(17.12) $$y_j(x) = \sum_{k=1}^{n} C_k(x) y_{kj}(x) \qquad (j=1, 2, \cdots, n)$$

において，$C_k(x)$ が定数なら，これは，また，連立方程式 (17.3) の解であるが，ここでは，$C_k(x)$ は x の函数であると考えて，この $y_j(x)$ が (17.2) の解となるように定めることができるかどうかを調べよう．

(17.12) が (17.2) を満足するとすれば，

$$\left(\sum_{k=1}^{n} C_k(x) y_{kj}(x)\right)' - \sum_{i=1}^{n} \left\{a_{ji}(x)\left(\sum_{k=1}^{n} C_k(x) y_{ki}(x)\right)\right\} = f_j(x)$$

となる．これの左辺は

$$\sum_{k=1}^{n} C_k'(x) y_{kj}(x) + \sum_{k=1}^{n} C_k(x) y_{kj}'(x) - \sum_{k=1}^{n} C_k(x)\left(\sum_{i=1}^{n} a_{ji}(x) y_{ki}(x)\right)$$

$$= \sum_{k=1}^{n} C_k'(x) y_{kj}(x) + \sum_{k=1}^{n} C_k(x)\left(y_{kj}'(x) - \sum_{i=1}^{n} a_{ji}(x) y_{ki}(x)\right)$$

であり，

$$y_{kj}'(x) = \sum_{i=1}^{n} a_{ji}(x) y_{ki}(x) \qquad (k=1, 2, \cdots, n)$$

であるから，

(17.13) $$\sum_{k=1}^{n} C_k'(x) y_{kj}(x) = f_j(x)$$

が出てくる．$C_1'(x), C_2'(x), \cdots, C_n'(x)$ を未知函数とすると，係数は (17.9) で与えた $D(x)$ となる．仮定によって $(y_{k1}(x), y_{k2}(x), \cdots, y_{kn}(x))$ $(k=1, 2, \cdots, n)$ は1次独立な解であったから $D(x) \not\equiv 0$ である．ゆえに，(17.13)

をクラーメルの公式によって解くことができる．その解を
$$C_k'(x) = \psi_k(x)$$
とすると，これから
$$C_k(x) = \int \psi_k(x)dx + A_k = \Psi_k(x) + A_k$$
が得られる．この A_k は積分定数である．今の場合には特別解が必要なのであるから，$A_k=0$ $(k=1, 2, \cdots, n)$ と考えてもよい．それで
$$C_k(x) = \Psi_k(x) \qquad (k=1, 2, \cdots, n)$$
として (17.11) に代入すると，
$$y_j(x) = \sum_{k=1}^{n} \Psi_k(x) y_{kj}(x) \qquad (j=1, 2, \cdots, n)$$
となり，これが (17.2) の特別解である．

問 1. 連立方程式
$$\frac{dy_i}{dx} = \sum_{k=1}^{3} a_{ik}(x) y_k \qquad (i=1, 2, 3)$$
の3組の解を (y_{k1}, y_{k2}, y_{k3}) $(k=1, 2, 3)$ とし，
$$D(x) = \begin{vmatrix} y_{11} & y_{12} & y_{13} \\ y_{21} & y_{22} & y_{23} \\ y_{31} & y_{32} & y_{33} \end{vmatrix}$$
とおけば，
(i) $D'(x) = (a_{11} + a_{22} + a_{33}) D(x)$,
(ii) $D(x) = D(x_0) \exp\left(\int_{x_0}^{x} (a_{11} + a_{22} + a_{33}) dx\right)$
が成り立つことを示せ．

問 2. 方程式 (17.2) の区間 $I(x)$ における一般解を
$y_i = \psi_i(x; x_0, y_1^0, y_2^0, \cdots, y_n^0)$ とすると，これは1次函数
$$\psi_i(x; x_0, x_1^0, x_2^0, \cdots, x_n^0) = \sum_{k=1}^{n} x_k^0 \phi_{ki} + \phi_{n+1, i}, \qquad (i=1, 2, \cdots, n)$$
で示されることを証明せよ．この場合に，ϕ は初期値 $y_1^0, y_2^0, \cdots, y_n^0$ に関係のない値である．

§18. 定数係数の連立線型方程式

ここで，話を特別にして，(17.3) の係数が定数の場合を考える．すなわち，

$$\text{(18.1)} \qquad \frac{dy_k}{dx} = a_{k1}y_1(x) + a_{k2}y_2(x) + \cdots + a_{kn}y_n(x) \qquad (k=1, 2, \cdots, n)$$

を考察する.

λ を定数として

$$y_i(x) = \alpha_i e^{\lambda x} \qquad (i=1, 2, \cdots, n)$$

が (18.1) を満足すると仮定すれば,

$$\lambda \alpha_k e^{\lambda x} = a_{k1}\alpha_1 e^{\lambda x} + a_{k2}\alpha_2 e^{\lambda x} + \cdots + a_{kn}\alpha_n e^{\lambda x}$$

が成り立つ. $e^{\lambda x} \not\equiv 0$ であるから,

$$\lambda \alpha_k = a_{k1}\alpha_1 + a_{k2}\alpha_2 + \cdots + a_{kn}\alpha_n \qquad (k=1, 2, \cdots, n)$$

となる. これを書きかえると,

$$a_{k1}\alpha_1 + a_{k2}\alpha_2 + \cdots + (a_{kk} - \lambda)\alpha_k + \cdots + a_{kn}\alpha_n = 0$$

となる. したがって, 連立方程式

$$\text{(18.2)} \quad \begin{cases} (a_{11}-\lambda)\alpha_1 + a_{12}\alpha_2 + \cdots + a_{1n}\alpha_n = 0, \\ a_{21}\alpha_1 + (a_{22}-\lambda)\alpha_2 + \cdots + a_{2n}\alpha_n = 0, \\ \cdots\cdots\cdots\cdots\cdots\cdots\cdots\cdots\cdots\cdots\cdots\cdots, \\ a_{k1}\alpha_1 + a_{k2}\alpha_2 + \cdots + (a_{kk}-\lambda)\alpha_k + \cdots + a_{kn}\alpha_n = 0, \\ \cdots\cdots\cdots\cdots\cdots\cdots\cdots\cdots\cdots\cdots\cdots\cdots, \\ a_{n1}\alpha_1 + a_{n2}\alpha_2 + \cdots + (a_{nn}-\lambda)\alpha_n = 0 \end{cases}$$

が $\alpha_1 = \alpha_2 = \cdots = \alpha_n = 0$ 以外の解をもつためには,

$$\text{(18.3)} \qquad D(\lambda) = \begin{vmatrix} a_{11}-\lambda & a_{12} & \cdots & a_{1n} \\ a_{21} & a_{22}-\lambda & \cdots & a_{2n} \\ \cdots\cdots\cdots\cdots\cdots\cdots\cdots\cdots\cdots \\ a_{n1} & a_{n2} & \cdots & a_{nn}-\lambda \end{vmatrix} = 0$$

が成り立たねばならない. これは λ に関する代数方程式であって, 一般には n 次である. これを連立線型微分方程式 (18.1) の**特有方程式**といい, これの根を**特有根**という. この根の性質と解との関係を調べておこう:

1°. 特有根が全部異なる場合: この根を $\lambda_1, \lambda_2, \cdots, \lambda_n$ とすると, $e^{\lambda_1 x}, e^{\lambda_2 x}, \cdots, e^{\lambda_n x}$ は1次独立である. なんとなれば,

§18. 定数係数の連立線型方程式

$$W(x) = \begin{vmatrix} e^{\lambda_1 x} & e^{\lambda_2 x} & \cdots & e^{\lambda_n x} \\ \lambda_1 e^{\lambda_1 x} & \lambda_2 e^{\lambda_2 x} & \cdots & \lambda_n e^{\lambda_n x} \\ \cdots\cdots\cdots\cdots\cdots\cdots\cdots\cdots\cdots\cdots \\ \lambda_1^{n-1} e^{\lambda_1 x} & \lambda_2^{n-1} e^{\lambda_2 x} & \cdots & \lambda_n^{n-1} e^{\lambda_n x} \end{vmatrix}$$

$$= \exp\left(\sum_{k=1}^{n} \lambda_k x\right) \begin{vmatrix} 1 & 1 & \cdots & 1 \\ \lambda_1 & \lambda_2 & \cdots & \lambda_n \\ \cdots\cdots\cdots\cdots\cdots\cdots \\ \lambda_1^{n-1} & \lambda_2^{n-1} & \cdots & \lambda_n^{n-1} \end{vmatrix}.$$

$\lambda_1, \lambda_2, \cdots, \lambda_n$ が異なるから,

$$\begin{vmatrix} 1 & 1 & \cdots & 1 \\ \lambda_1 & \lambda_2 & \cdots & \lambda_n \\ \cdots\cdots\cdots\cdots\cdots\cdots \\ \lambda_1^{n-1} & \lambda_2^{n-1} & \cdots & \lambda_n^{n-1} \end{vmatrix} \not\equiv 0$$

であり, $\exp\left(\sum_{k=1}^{n} \lambda_k x\right) \not\equiv 0$ であるから, $W(x) \not\equiv 0$ となる. したがって, 定理 12.2 によって, $e^{\lambda_1 x}, e^{\lambda_2 x}, \cdots, e^{\lambda_n x}$ は1次独立である.

λ_ν を与えると (18.2) より

(18.4) $\quad a_{k1}\alpha_1 + a_{k2}\alpha_2 + \cdots + (a_{kk} - \lambda_\nu)\alpha_k + \cdots + a_{kn}\alpha_n = 0 \quad (k=1, 2, \cdots, n)$

が得られる. この連立方程式は $\alpha_1 = \alpha_2 = \cdots = \alpha_n = 0$ 以外の根をもつので, それを $\alpha_\nu^{(1)}, \alpha_\nu^{(2)}, \cdots, \alpha_\nu^{(n)}$ とすると,

$$y_{\nu 1} = \alpha_\nu^{(1)} e^{\lambda_\nu x}, \quad y_{\nu 2} = \alpha_\nu^{(2)} e^{\lambda_\nu x}, \quad \cdots, \quad y_{\nu n} = \alpha_\nu^{(n)} e^{\lambda_\nu x} \quad (\nu = 1, 2, \cdots, n)$$

は (18.1) の解であり, 1次独立である. なんとなれば, 1次独立でないと, 定数 $\gamma_1, \gamma_2, \cdots, \gamma_n$ を, ことごとくは0ではなくて

$$\gamma_1 \alpha_1^{(1)} e^{\lambda_1 x} + \gamma_2 \alpha_2^{(1)} e^{\lambda_2 x} + \cdots + \gamma_n \alpha_n^{(1)} e^{\lambda_n x} = 0,$$
$$\gamma_1 \alpha_1^{(2)} e^{\lambda_1 x} + \gamma_2 \alpha_2^{(2)} e^{\lambda_2 x} + \cdots + \gamma_n \alpha_n^{(2)} e^{\lambda_n x} = 0,$$
$$\cdots\cdots\cdots\cdots\cdots\cdots\cdots\cdots\cdots\cdots\cdots\cdots\cdots\cdots\cdots,$$
$$\gamma_1 \alpha_1^{(n)} e^{\lambda_1 x} + \gamma_2 \alpha_2^{(n)} e^{\lambda_2 x} + \cdots + \gamma_n \alpha_n^{(n)} e^{\lambda_n x} = 0$$

を満足するように定めることができる. ところが, $e^{\lambda_1 x}, e^{\lambda_2 x}, \cdots, e^{\lambda_n x}$ は1次独立であるから,

第 5 章 連立線型微分方程式

$$\gamma_1 \alpha_1^{(1)}=0, \quad \gamma_2 \alpha_2^{(1)}=0, \quad \cdots, \quad \gamma_n \alpha_n^{(1)}=0,$$
$$\gamma_1 \alpha_1^{(2)}=0, \quad \gamma_2 \alpha_2^{(2)}=0, \quad \cdots, \quad \gamma_n \alpha_n^{(2)}=0,$$
$$\cdots\cdots\cdots\cdots\cdots\cdots\cdots\cdots\cdots\cdots\cdots\cdots\cdots\cdots,$$
$$\gamma_1 \alpha_1^{(n)}=0, \quad \gamma_2 \alpha_2^{(n)}=0, \quad \cdots, \quad \gamma_n \alpha_n^{(n)}=0$$

が成り立つ. $\gamma_1 \neq 0$ とすると, $\alpha_1^{(j)}=0$ $(j=1,2,\cdots,n)$ となって $\alpha_1^{(j)}$ のえらび方と矛盾する. ゆえに, $\gamma_1=0$ である. 同じようにして, $\gamma_2=\gamma_3=\cdots=\gamma_n=0$ が出てくる. したがって, 定理 17.5 によって

$$y_j(x)=\sum_{k=1}^{n} C_k \alpha_k^{(j)} e^{\lambda_k x} \qquad (j=1,2,\cdots,n)$$

は (18.1) の一般解である.

例 1.
$$\frac{dy_1}{dx}=4y_1-9y_2+5y_3,$$
$$\frac{dy_2}{dx}=y_1-10y_2+7y_3,$$
$$\frac{dy_3}{dx}=y_1-17y_2+12y_3.$$

解. 特有方程式は

$$D(\lambda)=\begin{vmatrix} 4-\lambda & -9 & 5 \\ 1 & -10-\lambda & 7 \\ 1 & -17 & 12-\lambda \end{vmatrix}=0$$

である. これを整頓すると,

$$D(\lambda)\equiv -(\lambda^3-6\lambda^2+11\lambda-6)=-(\lambda-1)(\lambda-2)(\lambda-3)$$

となるので, 特有根は $\lambda_1=1, \lambda_2=2, \lambda_3=3$ である.

$\lambda_1=1$ の場合には, e^x が対応して, 解の組を得るための連立方程式 (18.4) は

$$3\alpha_1-9\alpha_2+5\alpha_3=0,$$
$$\alpha_1-11\alpha_2+7\alpha_3=0,$$
$$\alpha_1-17\alpha_2+11\alpha_3=0$$

となる. これより

§18. 定数係数の連立線型方程式

$$\frac{\alpha_1}{1}=\frac{\alpha_2}{2}=\frac{\alpha_3}{3}=\mu$$

が出てきて, $\alpha_1=\mu, \alpha_2=2\mu, \alpha_3=3\mu$ となる. この μ は 0 でない実数であるなら何であってもよいので, $\mu=1$ としてもよい. そうすると, $\alpha_1=1, \alpha_2=2, \alpha_3=3$ が出てくる. したがって,

$$y_{11}=e^x, \quad y_{12}=2e^x, \quad y_{13}=3e^x$$

となる.

$\lambda_2=2$ の場合には e^{2x} が対応し, 方程式 (18.4) は

$$2\alpha_1-9\alpha_2+5\alpha_3=0,$$
$$\alpha_1-12\alpha_2+7\alpha_3=0,$$
$$\alpha_1-17\alpha_2+10\alpha_3=0$$

となる. これを解くと,

$$\frac{\alpha_1}{1}=\frac{\alpha_2}{3}=\frac{\alpha_3}{5}=\mu'$$

となるので, $\alpha_1=\mu', \alpha_2=3\mu', \alpha_3=5\mu'$ が得られる. 上と同じ理由で $\mu'=1$ とすると, $\alpha_1=1, \alpha_2=3, \alpha_3=5$ となる. ゆえに,

$$y_{21}=e^{2x}, \quad y_{22}=3e^{2x}, \quad y_{23}=5e^{2x}$$

が出てくる.

$\lambda_3=3$ の場合には e^{3x} が対応し, 連立方程式 (18.4) は

$$\alpha_1-9\alpha_2+5\alpha_3=0,$$
$$\alpha_1-13\alpha_2+7\alpha_3=0,$$
$$\alpha_1-17\alpha_2+9\alpha_3=0.$$

となって,

$$\frac{\alpha_1}{1}=\frac{\alpha_2}{-1}=\frac{\alpha_3}{-2}=\mu''$$

が得られる. それで, $\mu''=1$ とすると, $\alpha_1=1, \alpha_2=-1, \alpha_3=-2$ が出てくるので

$$y_{31}=e^{3x}, \quad y_{32}=-e^{3x}, \quad y_{33}=-2e^{3x}$$

となる. したがって, 求める一般解は

$$y_1 = C_1 e^x + C_2 e^{2x} + C_3 e^{3x},$$
$$y_2 = 2C_1 e^x + 3C_2 e^{2x} - C_3 e^{3x},$$
$$y_3 = 3C_1 e^x + 5C_2 e^{2x} - 2C_3 e^{3x}$$

である.

2°. 特有方程式が等根をもつ場合: $\lambda = \lambda_1$ が2重根であるとし, $\lambda_1 = \lambda_2$ であると考える. λ_1, λ_2 に対応する解は, それぞれ

$$y_{11} = \alpha_1^{(1)} e^{\lambda_1 x}, \quad y_{12} = \alpha_2^{(1)} e^{\lambda_1 x}, \quad \cdots, \quad y_{1n} = \alpha_n^{(1)} e^{\lambda_1 x},$$
$$y_{21} = \alpha_1^{(2)} e^{\lambda_2 x}, \quad y_{22} = \alpha_2^{(2)} e^{\lambda_2 x}, \quad \cdots, \quad y_{2n} = \alpha_n^{(2)} e^{\lambda_2 x}$$

となる. ここで, $\lambda_2 = \lambda_1 + h$ とすると,

$$y_{2j} = \alpha_j^{(2)} e^{(\lambda_1 + h)x} \qquad (j = 1, 2, \cdots, n)$$

となる. したがって,

$$\frac{y_{2j} - y_{1j}}{h} = \frac{1}{h}(\alpha_j^{(2)} e^{(\lambda_1 + h)x} - \alpha_j^{(1)} e^{\lambda_1 x}).$$

この $\alpha_j^{(2)}, \alpha_j^{(1)}$ はともに λ の函数であるから, $\alpha_j^{(2)} = \alpha_j^{(1)}(\lambda_1 + h)$ と考えることができる. したがって, 上式は

$$\frac{y_{2j} - y_{1j}}{h} = \frac{1}{h}(\alpha_j^{(1)}(\lambda_1 + h) e^{(\lambda_1 + h)x} - \alpha_j^{(1)} e^{\lambda_1 x})$$

となるので, ここで $h \to 0$ とするのであるが, このことは

$$\left[\frac{d}{d\lambda}(\alpha_j^{(1)} e^{\lambda x})\right]_{\lambda = \lambda_1}$$

を計算することに他ならない. これを簡単に $\dfrac{d}{d\lambda_1}(\alpha_j^{(1)} e^{\lambda_1 x})$ と書くことにすると, これは

$$\frac{d\alpha_j^{(1)}}{d\lambda_1} e^{\lambda_1 x} + x \alpha_j^{(1)} e^{\lambda_1 x} \qquad (j = 1, 2, \cdots, n)$$

となるが, これもまた1組の解でなければならない. この場合には, λ_1 は一定の値であるから, これは, $e^{\lambda_1 x}$ と $x e^{\lambda_1 x}$ との1次式である.

λ_1 が3重根であると, $\lambda_1 = \lambda_2 = \lambda_3$ であると考えると, 上と同様にして

$$\frac{d^2}{d\lambda_1^2}(\alpha_j^{(1)} e^{\lambda_1 x}) = \frac{d^2 \alpha_j^{(1)}}{d\lambda_1^2} e^{\lambda_1 x} + 2 \frac{d\alpha_j^{(1)}}{d\lambda_1} x e^{\lambda_1 x} + \alpha_j^{(1)} x^2 e^{\lambda_1 x}$$

もまた解であることがわかるが、これは $e^{\lambda_1 x}, xe^{\lambda_1 x}, x^2 e^{\lambda_1 x}$ の1次式である。これらのことから、λ_1 が特有方程式 $D(\lambda)=0$ の p 重根であると、

$$\frac{d^{p-1}}{d\lambda_1^{p-1}}(\alpha_j{}^{(1)} e^{\lambda_1 x})$$

は $e^{\lambda_1 x}, xe^{\lambda_1 x}, \cdots, x^{p-1}e^{\lambda_1 x}$ の1次同次式であり、これが解であることを知る。

例 2.
$$\frac{dy_1}{dx}=14y_1+66y_2-42y_3,$$

$$\frac{dy_2}{dx}=4y_1+24y_2-14y_3,$$

$$\frac{dy_3}{dx}=10y_1+55y_2-33y_3.$$

解. 特有方程式は

$$\begin{vmatrix} 14-\lambda & 66 & -42 \\ 4 & 24-\lambda & -14 \\ 10 & 55 & -33-\lambda \end{vmatrix}=0$$

となる。これは $-(\lambda-2)^2(\lambda-1)=0$ となり、$\lambda_1=1, \lambda_2=\lambda_3=2$ とすると、$\lambda_1=1$ のときには

$$13\alpha_1+66\alpha_2-42\alpha_3=0,$$

$$4\alpha_1+23\alpha_2-14\alpha_3=0,$$

$$10\alpha_1+55\alpha_2-34\alpha_3=0$$

となる。これより

$$\frac{\alpha_1}{6}=\frac{\alpha_2}{2}=\frac{\alpha_3}{5}=\mu$$

となり、$\alpha_1=6\mu, \alpha_2=2\mu, \alpha_3=5\mu$ が出てくる。上述のように、$\mu=1$ としてもよいから、$\alpha_1=6, \alpha_2=2, \alpha_3=5$ となる。したがって、

$$y_{11}=6e^x, \quad y_{12}=2e^x, \quad y_{13}=5e^x$$

は1組の解である。

$\lambda_2=\lambda_3$ は2重根であるので、

$$y_{21}=\alpha_1' e^{2x}, \quad y_{22}=\alpha_2' e^{2x}, \quad y_{23}=\alpha_3' e^{2x},$$

$$y_{31}=\alpha_1'' xe^{2x}, \quad y_{32}=\alpha_2'' xe^{2x}, \quad y_{33}=\alpha_3'' xe^{2x}$$

となるから，一般解の形は
$$y_1 = 6\alpha_1 e^x + \alpha_1' e^{2x} + \alpha_1'' x e^{2x},$$
$$y_2 = 2\alpha_2 e^x + \alpha_2' e^{2x} + \alpha_2'' x e^{2x},$$
$$y_3 = 5\alpha_3 e^x + \alpha_3' e^{2x} + \alpha_3'' x e^{2x}$$

となる．この場合に，これが与えられた方程式のうちの第1式を満足するはずであるから，代入してみると，
$$(78\alpha_1 + 132\alpha_2 - 210\alpha_3)e^x + (12\alpha_1' + 66\alpha_2' - 42\alpha_3' - \alpha_1'')e^{2x}$$
$$+ (12\alpha_1'' + 66\alpha_2'' - 42\alpha_3'')xe^{3x} = 0$$

となるが，これは x のすべての実数値に対して成り立つので，

(18.5) $\begin{cases} 78\alpha_1 + 132\alpha_2 - 210\alpha_3 = 0, \\ 12\alpha_1' + 66\alpha_2' - 42\alpha_3' - \alpha_1'' = 0, \\ 12\alpha_1'' + 66\alpha_2'' - 42\alpha_3'' = 0 \end{cases}$

が出てくる．

与えられた方程式の第2式を満足するということから，

(18.6) $\begin{cases} 24\alpha_1 + 46\alpha_2 - 70\alpha_3 = 0, \\ 4\alpha_1' + 22\alpha_2' - 14\alpha_3' - \alpha_2'' = 0, \\ 4\alpha_1'' + 22\alpha_2'' - 14\alpha_3''' = 0. \end{cases}$

また，第3式を満足するということから，

(18.7) $\begin{cases} 60\alpha_1 + 110\alpha_2 - 170\alpha_3 = 0, \\ 10\alpha_1' + 55\alpha_2' - 35\alpha_3' - \alpha_3'' = 0, \\ 10\alpha_1'' + 55\alpha_2'' - 35\alpha_3'' = 0 \end{cases}$

が出てくる．(18.5)，(18.6)，(18.7) の第1式だけ考えると，
$$78\alpha_1 + 132\alpha_2 - 210\alpha_3 = 0,$$
$$24\alpha_1 + 46\alpha_2 - 70\alpha_3 = 0,$$
$$60\alpha_1 + 110\alpha_2 - 170\alpha_3 = 0$$

が得られる．これを解いて，$\alpha_1 = \alpha_2 = \alpha_3$ が出てくる．また，(18.5)，(18.6)，(18.7) の第2式だけを考えると，

§18. 定数係数の連立線型方程式

$$12\alpha_1' + 66\alpha_2' - 42\alpha_3' - \alpha_1'' = 0,$$
$$4\alpha_1' + 22\alpha_2' - 14\alpha_3' - \alpha_2'' = 0,$$
$$10\alpha_1' + 55\alpha_2' - 35\alpha_3' - \alpha_3'' = 0$$

が得られる．これを解いて

(18.8) $\quad \dfrac{\alpha_1''}{6} = \dfrac{\alpha_2''}{2} = \dfrac{\alpha_3''}{5} = 2\alpha_1' + 11\alpha_2' - 7\alpha_3' \equiv \rho$

が出てきて，$\alpha_1'' = 6\rho$, $\alpha_2'' = 2\rho$, $\alpha_3'' = 5\rho$ となる．ところが，(18.5), (18.6), (18.7) の第3式だけを考えると，これらは，皆同一のものであって，

$$2\alpha_1'' + 11\alpha_2'' - 7\alpha_3'' = 0$$

となるので，(18.8) の値を入れると，$\rho = 0$ が出てきて，

$$\alpha_1'' = \alpha_2'' = \alpha_3'' = 0$$

となる．したがって，(18.8) より

$$2\alpha_1' + 11\alpha_2' - 7\alpha_3' = 0$$

となる．ここで，$2\alpha_1' = -11\alpha_2' + 7\alpha_3'$ をみると，$\alpha_3' = 2C_2$, $\alpha_2' = 2C_3$ とおけば $\alpha_1' = -11C_1 + 7C_2$ となる．ゆえに，$\alpha_1 = C_3$ とすると，

$$y_1 = 6\alpha_1 e^x + (-11C_1 + 7C_2)e^{2x},$$
$$y_2 = 2\alpha_1 e^x + 2C_1 e^{2x},$$
$$y_3 = 5\alpha_1 e^x + 2C_2 e^{2x}$$

が得られる．したがって，一般解は，定数を変えて示すと，

$$y_1 = 6C_3 e^x + (-11C_1 + 7C_2)e^{2x},$$
$$y_2 = 2C_3 e^x + 2C_1 e^{2x},$$
$$y_3 = 5C_3 e^x + 2C_2 e^{2x}$$

となる．

3°. **特有方程式が虚根をもつ場合**：われわれの場合には，係数が実数の方程式を考えているので，$D(\lambda) = 0$ の係数は実数である．したがって，例えば $\lambda_1 = \alpha + i\beta$ がこの方程式の根であると，$\lambda_2 = \alpha - i\beta$ もまたこの方程式の根である．したがって，λ_1 に対応する定数を $C_1 = \mu_1 + i\nu_1$ とすると，λ_2 に対応する定数は $C_2 = \mu_1 - i\nu_1 = \overline{C_1}$ となる．そして，

$$C_1 e^{\lambda_1 x} + C_2 e^{\lambda_2 x} = C_1 e^{\lambda_1 x} + \overline{C}_1 e^{\overline{\lambda}_1 x}$$
$$= C_1 e^{\lambda_1 x} + \overline{C_1 e^{\lambda_1 x}}$$
$$= 2\,\mathrm{Re}(C_1 e^{\lambda_1 x})^{*)}$$
$$= 2 e^{\alpha x}(\mu_1 \cos\beta x - \nu_1 \sin\beta x)$$

となる.

例 3.
$$\frac{dy_1}{dx} = -9y_1 + 19y_2 + 4y_3,$$
$$\frac{dy_2}{dx} = -3y_1 + 7y_2 + y_3,$$
$$\frac{dy_3}{dx} = -7y_1 + 17y_2 + 2y_3.$$

解. 特有方程式は
$$\begin{vmatrix} -9-\lambda & 19 & 4 \\ -3 & 7-\lambda & 1 \\ -7 & 17 & 2-\lambda \end{vmatrix} = 0$$

である. これは $-\lambda(\lambda^2+1)=0$ であるから, 特有根は $\lambda_1=0, \lambda_2=i, \lambda_3=-i$ である.

$\lambda_1=0$ の場合:

定数1が対応し, (18.4) は
$$-9\alpha_1 + 19\alpha_2 + 4\alpha_3 = 0,$$
$$-3\alpha_1 + 7\alpha_2 + \alpha_3 = 0,$$
$$-7\alpha_1 + 17\alpha_2 + 2\alpha_3 = 0$$

であるから, これを解いて
$$\frac{\alpha_1}{3} = \frac{\alpha_2}{1} = \frac{\alpha_3}{2} = \mu.$$

したがって, $\alpha_1=3, \alpha_2=1, \alpha_3=2$ を得る. したがって
$$y_{11}=3, \quad y_{12}=1, \quad y_{13}=2.$$

$\lambda_2=i$ の場合:

---

*) 函数論において, 複素数 Z の実数部分を表わすのに, $\mathrm{Re}Z$ または $\mathfrak{R}Z$ を用いることを学ぶであろう.

e^{ix} が対応し，(18.4) は
$$-(9+i)\alpha_1+19\alpha_2+4\alpha_3=0,$$
$$-3\alpha_1+(7-i)\alpha_2+\alpha_3=0,$$
$$-7\alpha_1+17\alpha_2+(2-i)\alpha_3=0$$
となる．これを解いて
$$\frac{\alpha_1}{4+9i}=\frac{\alpha_2}{1+3i}=\frac{\alpha_3}{2+7i}=\mu$$
を得るから，$\alpha_1=4+9i, \alpha_2=1+3i, \alpha_3=2+7i$ となる．したがって，
$$y_{21}=(4-9i)e^{ix}, y_{22}=(1+3i)e^{ix}, y_{23}=(2+7i)e^{ix}$$
となる．

$\lambda_3=-i$ の場合：

e^{-ix} が対応し，(18.4) は
$$-(9-i)\alpha_1+19\alpha_2+4\alpha_3=0,$$
$$-3\alpha_1+(7+i)\alpha_2+\alpha_3=0,$$
$$-7\alpha_1+17\alpha_2+(2+i)\alpha_3=0$$
となるので，
$$\frac{\alpha_1}{4-9i}=\frac{\alpha_2}{1-3i}=\frac{\alpha_3}{2-7i}=\mu$$
となり，$\alpha_1=4-9i, \alpha_2=1-3i, \alpha_3=2-7i$ となるので，
$$y_{31}=(4-9i)e^{-ix}, \ y_{32}=(1-3i)e^{-ix}, \ y_{33}=(2-7i)e^{-ix}$$
を得る．したがって，上で述べたように，一般解は
$$y_1=3C_1+(4+9i)C_2e^{ix}+(4-9i)\overline{C}_2e^{-ix},$$
$$y_2=C_1+(1+3i)C_2e^{ix}+(1-3i)\overline{C}_2e^{-ix},$$
$$y_3=2C_1+(2+7i)C_2e^{ix}+(2-7i)\overline{C}_2e^{-ix}$$
となる．ここで
$$C_1=k_1, C_2=\frac{1}{2}(k_2+ik_3)$$
とおくと，
$$y_1=3k_1+\text{Re}[(4+9i)(k_2+ik_3)e^{ix}],$$

$$y_2 = k_1 + \mathrm{Re}[(1+3i)(k_2+ik_3)e^{ix}],$$
$$y_3 = 2k_1 + \mathrm{Re}[(2+7i)(k_2+ik_3)e^{ix}]$$

となる．これらの右辺を三角函数を用いて書きあげると,

$$y_1 = 3k_1 + k_2(4\cos x - 9\sin x) - k_3(9\cos x + 4\sin x),$$
$$y_2 = k_1 + k_2(\cos x - 3\sin x) - k_3(3\cos x + \sin x),$$
$$y_3 = 2k_1 + k_2(2\cos x - 7\sin x) - k_3(7\cos x + 2\sin x)$$

となる．これが，与えられた連立方程式の一般解を与える．

つぎに，(17.2) の形の方程式の例を考える．

例 4.
$$\frac{dy_1}{dx} = 16y_1 + 14y_2 + 38y_3 - 2e^{-x},$$
$$\frac{dy_2}{dx} = -9y_1 - 7y_2 - 18y_3 - 3e^{-x},$$
$$\frac{dy_3}{dx} = -4y_1 - 4y_2 - 11y_3 + 2e^{-x}.$$

解． まず，同次方程式

$$\frac{dy_1}{dx} = 16y_1 + 14y_2 + 38y_3,$$
$$\frac{dy_2}{dx} = -9y_1 - 7y_2 - 18y_3,$$
$$\frac{dy_3}{dx} = -4y_1 - 4y_2 - 11y_3$$

の一般解を求める．特有方程式

$$\begin{vmatrix} 16-\lambda & 14 & 38 \\ -9 & -7-\lambda & -18 \\ -4 & -4 & -11-\lambda \end{vmatrix} = -(\lambda+1)(\lambda+3)(\lambda-2) = 0$$

を解いて，$\lambda = -3, \lambda = -1, \lambda = 2$ を得る．

i. $\lambda = -3$ のときには，特別解を求めるための方程式をつくると，

$$19\alpha_1 + 14\alpha_2 + 38\alpha_3 = 0,$$
$$-9\alpha_1 - 4\alpha_2 - 18\alpha_3 = 0,$$

§18. 定数係数の連立線型方程式

$$-4\alpha_1 - 4\alpha_2 - 8\alpha_3 = 0$$

となるので,

$$\frac{\alpha_1}{2} = \frac{\alpha_2}{0} = \frac{\alpha_3}{-1} = \mu$$

となって, $\alpha_1 = 2, \alpha_2 = 0, \alpha_3 = -1$ を得る. したがって,

$$y_{11} = 2e^{-3x}, \quad y_{12} = 0, \quad y_{13} = -e^{-3x}$$

となる.

ii. $\lambda = -1$ のときには, (18.4) は

$$17\alpha_1 + 14\alpha_2 + 38\alpha_3 = 0,$$
$$-9\alpha_1 - 6\alpha_2 - 18\alpha_3 = 0,$$
$$-4\alpha_1 - 4\alpha_2 - 10\alpha_3 = 0$$

が出てくる. これより

$$\frac{\alpha_1}{2} = \frac{\alpha_2}{3} = \frac{\alpha_3}{-2} = \mu$$

が出てくるので, $\alpha_1 = 2, \alpha_2 = 3, \alpha_3 = -2$ を得る. したがって,

$$y_{21} = 2e^{-x}, \quad y_{22} = 3e^{-x}, \quad y_{23} = -2e^{-x}$$

となる.

iii. $\lambda = 2$ のときには, $\alpha_1, \alpha_2, \alpha_3$ を求める連立方程式は

$$14\alpha_1 + 14\alpha_2 + 38\alpha_3 = 0,$$
$$-9\alpha_1 - 9\alpha_2 - 18\alpha_3 = 0,$$
$$-4\alpha_1 - 4\alpha_2 - 13\alpha_3 = 0$$

となるので, これを解くと

$$\frac{\alpha_1}{1} = \frac{\alpha_2}{-1} = \frac{\alpha_3}{0} = \mu$$

となり, $\alpha_1 = 1, \alpha_2 = 1, \alpha_3 = 0$ が得られる. したがって,

$$y_{31} = e^{2x}, \quad y_{32} = -e^{2x}, \quad y_{33} = 0$$

であるから, 与えられた方程式と関連のある同次連立方程式の一般解は

$$y_1 = 2C_1 e^{-3x} + 2C_2 e^{-x} + C_3 e^{2x},$$

$$y_2 = 3C_2 e^{-x} - C_3 e^{2x},$$
$$y_3 = -C_1 e^{-3x} - 2C_2 e^{-x}$$

となる.

定数変化法によって，与えられた方程式の特別解を求める:
$$2C_1' e^{-3x} + 2C_2' e^{-x} + C_3' e^{2x} = -2e^{-x},$$
$$3C_2' e^{-x} - C_3' e^{2x} = -3e^{-x},$$
$$-C_1' e^{-3x} - 2C_2' e^{-x} = 2e^{-x}$$

を解くと，
$$C_1' = 0, \quad C_2' = -1, \quad C_3' = 0$$

となる．したがって，
$$C_1 = 1, \quad C_2 = -x, \quad C_3 = 1$$

が出てくるので，
$$\eta_1 = 2e^{-3x} - 2xe^{-x} + e^{2x},$$
$$\eta_2 = -3xe^{-x} - e^{2x},$$
$$\eta_3 = -e^{-3x} + 2xe^{-x}$$

が出てくる．したがって，与えられた方程式の一般解は
$$y_1 = 2C_1 e^{-3x} + 2C_2 e^{-x} + C_3 e^{2x} + 2e^{-3x} - 2xe^{-x} + e^{2x},$$
$$y_2 = 3C_2 e^{-x} - C_3 e^{2x} - 3xe^{-x} - e^{2x},$$
$$y_3 = -C_1 e^{-3x} - 2C_2 e^{-x} - e^{-3x} + 2xe^{-x}$$

となるので，整頓すると，
$$y_1 = 2k_1 e^{-3x} + 2k_2 e^{-x} + k_3 e^{2x} - 2xe^{-x},$$
$$y_2 = 3k_2 e^{-x} - k_3 e^{2x} - 3xe^{-x},$$
$$y_3 = -k_1 e^{-3x} - 2k_2 e^{-x} + 2xe^{-x}$$

と書くことができる.

問． 次の連立方程式を解け:

(i) $\begin{cases} \dfrac{dy_1}{dx} = 7y_1 + 6y_2 - 10e^{3x}, \\ \dfrac{dy_2}{dx} = 2y_1 + 6y_2 - 5e^{3x}; \end{cases}$

(ii) $\begin{cases} \dfrac{dy_1}{dx} = -y_1 + y_2 + \cos x, \\ \dfrac{dy_2}{dx} = -5y_1 + 3y_2; \end{cases}$

(iii) $\begin{cases} \dfrac{dy_1}{dx} = 16y_1 + 14y_2 + 38y_3 - 2e^{-x}, \\ \dfrac{dy_2}{dx} = -9y_1 - 7y_2 - 18y_3 - 3e^{-x}, \\ \dfrac{dy_3}{dx} = -4y_1 - 4y_2 - 11y_3 + 2e^{-x}. \end{cases}$

§19. 一般な連立線型方程式

微分演算子を用いると，代数学における連立方程式の場合のように，消去の方法を用いることができる．しかし，この場合には，解以外のものが現われる危険があるので，注意せねばならぬ．特別の理論があるわけではないので，実例によって，その方法や注意すべき事項の理解に資することにする．

例 1.
$$(D-14)y_1 + 8y_2 - 2y_3 = x,$$
$$-41y_1 + (D+24)y_2 - 7y_3 = 0,$$
$$-73y_1 + 44y_2 + (D-15)y_3 = 0.$$

解． この方程式に番号をつける：

(19.1) $\qquad (D-14)y_1 + 8y_2 - 2y_3 = x,$

(19.2) $\qquad -41y_1 + (D+24)y_2 - 7y_3 = 0,$

(19.3) $\qquad -73y_1 + 44y_2 + (D-15)y_3 = 0.$

まず，$(19.1) \times 7 - (19.2) \times 2$：

(19.4) $\qquad (7D-16)y_1 - (2D-8)y_2 = 7x.$

つぎに，$(19.1) \times (D-15) + (19.3) \times 2$：

(19.5) $\qquad (D^2 - 29D + 64)y_1 + (8D - 32)y_2 = 1 - 15x.$

さいごに，$(19.4) \times 4 + (19.5)$：

(19.6) $\qquad (D^2 - D)y_1 = 13x + 1.$

ここで，線型方程式

(19.7) $\qquad (D^2 - D)y_1 = 0$

の一般解を求める．

特有方程式は $r^2-r=r(r-1)=0$ であるから，これの根は $r=0, r=1$ である．したがって，$1, e^x$ はたがいに1次独立な解であるので，(19.7) の一般解は

$$y_1 = C_1 + C_2 e^x$$

である．(19.6) の特別解は，これを $\eta_1(x)$ とすると，§15 で示しておいた方法によって

$$\eta_1 = \frac{1}{D^2-D}(13x+1)$$

$$= -\frac{1}{D(1-D)}(13x+1)$$

$$= -\frac{1}{D}(1+D+D^2+\cdots)(13x+1)$$

$$= -\left(\frac{1}{D}+1+D+D^2+\cdots\right)(13x+1)$$

$$= -\frac{1}{D}(13x+1)-(13x+1)-13$$

$$= -\frac{13}{2}x^2-x-13x-1-13$$

$$= -\frac{13}{2}x^2-14x-14.$$

したがって，-14 は任意定数の中へ含めて

(19.8) $$y_1 = C_1 + C_2 e^x - \frac{13}{2}x^2 - 14x$$

となる．これを (19.4) に代入すると，

(19.9) $$(D-4)y_2 = -8C_1 - \frac{9C_2}{2}e^x + 52x^2 + 63x - 49$$

となる．

$$(D-4)y_2 = 0$$

の一般解は $C_0 e^{4x}$ であるから，(19.9) の特別解を η_2 とすると，

§19. 一般な連立線型方程式

$$\eta_2 = \frac{1}{D-4}\left(-8C_1 - \frac{9C_2}{2}e^x + 52x^2 + 63x - 49\right)$$

$$= \frac{1}{D-4}(-8C_1 + 52x^2 + 63x - 49) - \frac{9C_2}{2}\cdot\frac{1}{D-4}e^x$$

$$= -\frac{1}{4}\left(1 + \frac{D}{4} + \frac{D^2}{16} + \cdots\right)(-8C_1 - 49 + 63x + 52x^2)$$

$$\qquad - \frac{9C_2}{2}\cdot\frac{1}{D-4}e^x$$

$$= -\frac{1}{4}\left(-8C_1 - 49 + 63x + 52x^2 + \frac{63}{4} + 26x + \frac{13}{2}\right)$$

$$\qquad - \frac{9C_2}{2}\cdot\frac{1}{D-4}e^x$$

$$= -\frac{1}{4}\left(-8C_1 - \frac{107}{4} + 89x + 52x^2\right) - \frac{9C_2}{2}\cdot\frac{e^x}{-3}$$

$$= \frac{1}{4}\left(8C_1 + \frac{107}{4} - 89x - 52x^2\right) + \frac{3C_2}{2}e^x$$

であるから，(19.9) の一般解は

(19.10) $\qquad y_2 = 2C_1 + \dfrac{3}{2}C_2 e^x + C_3 e^{4x} + \dfrac{107}{16} - \dfrac{89}{4}x - 13x^2$

となる．(19.8) と (19.10) とを (19.1) に代入すると，

$$2y_3 = (D-14)\left[C_1 + C_2 e^x - 14x - \frac{13}{2}x^2\right]$$

$$\qquad + 8\left(2C_1 + \frac{3}{2}C_2 e^x + C_3 e^{4x} + \frac{107}{16} - \frac{89}{4}x - 13x^2\right) - x$$

$$= 2C_1 - C_2 e^x + 8C_3 e^{4x} + \frac{79}{2} + 4x - 13x^2$$

であるから，

$$y_3 = C_1 - \frac{1}{2}C_2 e^x + 4C_3 e^{4x} + \frac{79}{4} + 2x - \frac{13}{2}x^2$$

となる．

例 2. $\quad \dfrac{dy_1}{dx} = y_1 + y_2, \quad \dfrac{dy_2}{dx} = y_2 + y_3, \quad \dfrac{dy_3}{dx} = y_3 + y_4, \quad \dfrac{dy_4}{dx} = y_4 + y_1.$

解. この方程式は

$$(D-1)y_1 = y_2, \ (D-1)y_2 = y_3, \ (D-1)y_3 = y_4, \ (D-1)y_4 = y_1$$

と書けるので,

$$(D-1)^4 y_1 = y_1$$

となる. ゆえに,

$$(D^4 - 4D^3 + 6D^2 - 4D)y_1 = 0$$

となる. そして, これの特有方程式は

$$r^4 - 4r^3 + 6r^2 - 4r = 0$$

である. これを解いて, $r = 0, 2, 1-i, 1+i$ の4根を得る. したがって,

$$y_1 = C_1 + C_2 e^{2x} + e^x (C_3 \cos x + C_4 \sin x)$$

となる. これより

$$(D-1)y_4 = C_1 + C_2 e^{2x} + e^x (C_3 \cos x + C_4 \sin x)$$

が得られるので,

$$y_4 = \frac{1}{D-1}[C_1] + C_2 \frac{1}{D-1}[e^{2x}] + C_3 \frac{1}{D-1}[e^x \cos x]$$
$$+ C_4 \frac{1}{D-1}[e^x \sin x]$$
$$= -C_1 + C_2 e^{2x} + C_3 e^x \frac{1}{D}[\cos x] + C_4 e^x \frac{1}{D} \sin x$$
$$= -C_1 + C_2 e^{2x} + e^x (C_3 \sin x - C_4 \cos x)$$

となる. これを用いて, 順々に

$$y_3 = C_1 + C_2 e^{2x} + e^x (-C_3 \cos x - C_4 \sin x),$$
$$y_2 = -C_1 + C_2 e^{2x} + e^x (C_4 \cos x - C_3 \sin x)$$

であることがわかる.

例 3. 座標の原点Oに太陽があると考えると, 遊星 $A(x, y)$ が運動する法則を示す方程式は

$$\frac{d^2 x}{dt^2} = -\mu \frac{x}{r^3}, \quad \frac{d^2 y}{dt^2} = -\mu \frac{y}{r^3}, \quad r = \sqrt{x^2 + y^2}$$

で与えられる. これを解いて, 遊星 $A(x, y)$ の軌道を示せ.

§19. 一般な連立線型方程式

解. まず，両方の方程式の両辺に，それぞれ，$2\dfrac{dx}{dt}$, $2\dfrac{dy}{dt}$ を掛けると，

$$2\frac{dx}{dt}\frac{d^2x}{dt^2}=-2\mu\frac{x}{r^3}\frac{dx}{dt},$$

$$2\frac{dy}{dt}\frac{d^2y}{dt^2}=-2\mu\frac{y}{r^3}\frac{dy}{dt}$$

であるから，

$$\frac{d}{dt}\left[\left(\frac{dx}{dt}\right)^2+\left(\frac{dy}{dt}\right)^2\right]=\frac{d}{dt}\left[2\mu(x^2+y^2)^{-1/2}\right]$$

となる．これより

(19.11) $$\left(\frac{dx}{dt}\right)^2+\left(\frac{dy}{dt}\right)^2=2\mu(x^2+y^2)^{-1/2}+C_1$$

となる．また，

$$x\frac{d^2y}{dt^2}=-\mu\frac{xy}{r^3}, \quad y\frac{d^2x}{dt^2}=-\mu\frac{xy}{r^3}$$

であるから，

$$x\frac{d^2y}{dt^2}-y\frac{d^2x}{dt^2}=0$$

である．したがって，

$$\frac{d}{dt}\left(x\frac{dy}{dt}-y\frac{dx}{dt}\right)=0$$

となり，これより

(19.12) $$x\frac{dy}{dt}-y\frac{dx}{dt}=C_2$$

が出てくる．

ここで，極座標 (r, θ) を用いると，(x, y) とこれとの間には

$$x=r\cos\theta, \quad y=r\sin\theta$$

という関係がある．そうすると，

$$\frac{dx}{dt}=\frac{dr}{dt}\cos\theta-r\sin\theta\frac{d\theta}{dt},$$

$$\frac{dy}{dt}=\frac{dr}{dt}\sin\theta+r\cos\theta\frac{d\theta}{dt}$$

であるから，
$$\left(\frac{dx}{dt}\right)^2+\left(\frac{dy}{dt}\right)^2=\left(\frac{dr}{dt}\right)^2+r^2\left(\frac{d\theta}{dt}\right)^2$$
である．したがって，(19.11) によって

(19.13) $$\left(\frac{dr}{dt}\right)^2+r^2\left(\frac{d\theta}{dt}\right)^2=\frac{2\mu}{r}+C_1$$

である．また
$$x\frac{dy}{dt}-y\frac{dx}{dt}=r^2\frac{d\theta}{dt}$$
であるから，(19.12) によって
$$r^2\frac{d\theta}{dt}=C_2$$
となるので，

(19.14) $$r^2\left(\frac{d\theta}{dt}\right)^2=\frac{C_2{}^2}{r^2}$$

である．ところが，$\dfrac{dr}{dt}=\dfrac{dr}{d\theta}\dfrac{d\theta}{dt}$ であるから，この関係を (19.13) へ入れると，
$$\left(\frac{dr}{d\theta}\right)^2\left(\frac{d\theta}{dt}\right)^2+r^2\left(\frac{d\theta}{dt}\right)^2=\frac{2\mu}{r}+C_1$$
であるから，
$$r^2\left(\frac{d\theta}{dt}\right)^2\left[\frac{1}{r^2}\left(\frac{dr}{d\theta}\right)^2+1\right]=\frac{2\mu}{r}+C_1$$
(19.14) によって

(19.15) $$C_2{}^2\left[\frac{1}{r^4}\left(\frac{dr}{d\theta}\right)^2+\frac{1}{r^2}\right]=\frac{2\mu}{r}+C_1$$

となる．ここで，$u=\dfrac{1}{r}$ とおくと，
$$\frac{du}{d\theta}=-\frac{1}{r^2}\frac{dr}{d\theta}$$
であるから，(19.15) は

§19. 一般な連立線型方程式

$$C_2{}^2\left[\left(\frac{du}{d\theta}\right)^2+u^2\right]=2\mu u+C_1$$

となる．したがって，

$$\left(\frac{du}{d\theta}\right)^2=-u^2+\frac{2\mu}{C_2{}^2}u+\frac{C_1}{C_2{}^2}$$

であるから，

$$\frac{du}{d\theta}=\pm\left(-u^2+\frac{2\mu}{C_2{}^2}u+\frac{C_1}{C_2{}^2}\right)^{1/2}$$

となる．ところが，

$$-u^2+\frac{2\mu}{C_2{}^2}u+\frac{C_1}{C_2{}^2}=-\left(u^2-\frac{2\mu}{C_2{}^2}u-\frac{C_1}{C_2{}^2}\right)$$

$$=-\left[\left(u-\frac{\mu}{C_2{}^2}\right)^2-\left(\frac{\mu^2}{C_2{}^4}+\frac{C_1}{C_2{}^2}\right)\right]$$

$$=\frac{\mu^2+C_1 C_2{}^2}{C_2{}^4}-\left(u-\frac{\mu}{C_2{}^2}\right)^2$$

であるから，

$$\frac{du}{d\theta}=\pm\left\{\frac{\mu^2+C_1 C_2{}^2}{C_2{}^4}-\left(u-\frac{\mu}{C_2{}^2}\right)^2\right\}^{1/2}$$

となる．これは，変数分離型の微分方程式であるから，

$$\frac{du}{\left\{\dfrac{\mu^2+C_1 C_2{}^2}{C_2{}^4}-\left(u-\dfrac{\mu}{C_2{}^2}\right)^2\right\}^{1/2}}=\pm d\theta$$

となるので，

$$\arccos\left(\frac{u-\dfrac{\mu}{C_2{}^2}}{\sqrt{\dfrac{\mu^2+C_1 C_2{}^2}{C_2{}^4}}}\right)=\pm(\theta+C_3).$$

したがって，

$$\arccos\left(\frac{C_2{}^2 u-\mu}{\sqrt{\mu^2+C_1 C_2{}^2}}\right)=\pm(\theta+C_3)$$

であるから，

$$\frac{C_2{}^2 u-\mu}{\sqrt{\mu^2+C_1 C_2{}^2}}=\cos(\theta+C_3)$$

が出てくる. これより
$$C_2{}^2 u = \mu + \sqrt{\mu^2 + C_1 C_2{}^2}\cos(\theta + C_3)$$
となる. したがって,
$$u = \frac{\mu}{C_2{}^2} + \sqrt{\frac{\mu^2}{C_2{}^4} + \frac{C_1}{C_2{}^2}}\cos(\theta + C_3)$$
となり,

$$\frac{1}{u} = \frac{1}{\dfrac{\mu}{C_2{}^2} + \left(\dfrac{\mu^2}{C_2{}^4} + \dfrac{C_1}{C_2{}^2}\right)^{1/2}\cos(\theta + C_3)}$$

$$= \frac{\dfrac{C_2{}^2}{\mu}}{1 + \left(1 + \dfrac{C_1 C_2{}^2}{\mu^2}\right)^{1/2}\cos(\theta + C_3)}$$

となる. したがって
$$\frac{1}{u} = r$$
であることを考慮にいれると,
$$r = \frac{\dfrac{C_2{}^2}{\mu}}{1 + \left(1 + \dfrac{C_1 C_2{}^2}{\mu^2}\right)^{1/2}\cos(\theta + C_3)}$$
と書くことができる. ここで,
$$\frac{C_2{}^2}{\mu} = l, \qquad \left(1 + \frac{C_1 C_2{}^2}{\mu^2}\right)^{1/2} = e$$
とおくと,
$$r = \frac{l}{1 + e\cos(\theta + C_3)}$$
となるが, $e<1$ のときは楕円であり, $e>1$ のときには双曲線である. これはニュートン・ケプレルの法則である.

問 1. つぎの連立方程式を解け:

$$\frac{dx}{dt}=-x+y+\cos t, \quad \frac{dy}{dt}=-5x+3y.$$

問 2. $\frac{d}{dx} \equiv D$ として，次の連立方程式を解け；

(i) $(D+1)y_1=y_2+e^x, \ (D+1)y_2=y_1+e^x;$

(ii) $\begin{cases} (D-8)y_1-4y_2+(D-12)y_3=0, \\ (D+1)y_1+Dy_2+(2D+1)y_3=0, \\ (3D-6)y_1+(2D-4)y_2+(D^2+5D-11)y_3=0. \end{cases}$

問 3. e, m, H, V が定数であるとして，次の連立方程式を解け：

$$m\frac{d^2x}{dt^2}=Ve-He\frac{dy}{dt}, \quad m\frac{d^2y}{dt^2}=He\frac{dx}{dt}.$$

問 題 5

1. つぎの連立方程式を解け：

(i) $\frac{dy_1}{dx}+y_1=0, \ \frac{dy_2}{dx}+y_2=0;$

(ii) $\begin{cases} \frac{dy_1}{dx}=-7y_1-4y_4, \ \frac{dy_2}{dx}=-13y_1-2y_2-y_3-8y_4, \\ \frac{dy_3}{dx}=6y_1+y_2+4y_4, \ \frac{dy_4}{dx}=15y_1+y_2+9y_4; \end{cases}$

(iii) $\frac{dx}{dt}=2y, \ \frac{dy}{dt}=2z, \ \frac{dz}{dt}=2x;$

(iv) $(D-2)u=0, \ (D-2)v=u, \ (D-2)y=v;$

(v) $(D-1)u+(2D-8)v=0, \ (13D-53)u-2v=0;$

(vi) $\begin{cases} (D-8)y_1-4y_2+(D-12)y_3=\cos 3x, \\ (D+1)y_1+Dy_2+(2D+1)y_3=0, \\ (3D-6)y_1+(2D-4)y_2+(D^2+5D-11)y_3=0. \end{cases}$

2. つぎの連立方程式を解け：

(i) $Dy_1=7y_1+6y_2-10e^{3x}, \ Dy_2=2y_1+6y_2-5e^{3x};$

(ii) $Dy_1=y_1+y_2+2\cos x, \ Dy_2=3y_1-y_2;$

(iii) $D^2y_1+y_1+2y_2=7e^{2x}-1, \ D^2y_2+3y_1+2y_2=9e^{2x}+1;$

(iv) $(D^2+5)y_1-4y_2+36\cos 7x=0, \ y_1+D^2y_2-99\cos 7x=0;$

(v) $7\frac{d^2x}{dt^2}+23x-8y=0, \ 3\frac{d^2x}{dt^2}+2\frac{d^2y}{dt^2}-13x+10y=0.$

3. 方程式 $(D-1)y=e^{2x}$ を満足する y に対して，$(D-1)(D-2)y=0$ が成り立つことを示せ．

4. $(D+a)y_1=0, \quad Dy_3=by_2$

を, $y_1+y_2+y_3=c$ という条件の下で解け. ただし, a, b, c は x に関係のない定数であり, $x=0$ のときに $y_3=0$, $\dfrac{dy_3}{dx}=0$ が成り立つものとする.

5. つぎの連立方程式を解け:
 (i) $(D+1)y_1+(D+2)y_2=5$, $(7D-5)y_1+(8D-4)y_2=2$;
 (ii) $(2D-3)y_1+(3D-6)y_2+(D^2+D+5)y_3=0$,
  $(7D-12)y_1+(11D-24)y_2+(3D^2+4D+12)y_3=0$,
  $(D-3)y_1+(2D-3)y_2+(D^2+3D-1)y_3=0$.

6. m が 2 次方程式 $(2+3m)^2=7(16+3m)$ の根であると, $y=mx$ は連立方程式
$$2\frac{dx}{dt}+3\frac{dy}{dt}-16x-3y=0,$$
$$7\frac{dx}{dt}-2x-3y=0$$
の解であることを示してから, 一般解を求めよ.

7. 上と同じ方法によって, つぎの連立方程式を解け:
$$7\frac{d^2x}{dt^2}+28x-8y=0,$$
$$3\frac{d^2x}{dt^2}+2\frac{d^2x}{dt^2}-13x+10y=0.$$

第6章 ラプラス変換

§20. ラプラス変換の定義

函数 $f(x)$ が有限の区間で定義されていて，この区間内の有限個の点を除いて連続であり，不連続点 x_0 では $\lim_{x\to x_0-0} f(x), \lim_{x\to x_0+0} f(x)$ が有限の値であるときに，$f(x)$ はこの区間で，**区分的に連続**であるという．函数 $f(x)$ が

（i）区間 $0 < x_0 \leq x < \infty$ で区分的に連続であるときには，積分

$$\int_{x_0}^{x} e^{-tx} f(x) dx$$

は存在する．この場合に，x_1 $(x_0 < x_1 < x)$ が $f(x)$ の不連続点であるときには，

$$\int_{x_0}^{x} e^{-tx} f(x) dx = \int_{x_0}^{x_1} e^{-tx} f(x) dx + \int_{x_1}^{x} e^{-tx} f(x) dx$$

と定義することはいうまでもない．

（ii）n $(0 < n < 1)$ のある値に対して，$x = 0$ の近傍で $x^n |f(x)|$ は有界であるとき，

$$\lim_{x_0 \to +0} \int_{x_0}^{x} e^{-tx} f(x) dx$$

が存在することは，すぐにわかるであろう．

（iii）ある t_0 に対して，x の値が相当に大きいと $e^{-t_0 x} |f(x)|$ は有界である，すなわち，$x \to +\infty$ のときに $f(x) = O(e^{t_0 x})$ であるなら，正数 G を与えると，これがどのように大きなものであろうとも，$x > G$ なら $e^{-t_0 x} |f(x)| < M$ となる $M > 0$ がある．ゆえに，$t > t_0$ なら

$$\left| \int_{G}^{x} e^{-tx} f(x) dx \right| < M \int_{G}^{x} e^{-(t-t_0)x} dx$$

であるから，

$$\lim_{x \to +\infty} \int^{x} e^{-tx} f(x) dx$$

は存在する.

以上によって，函数 $f(x)$ が条件 (i), (ii), (iii) を満足すると，積分
$$\int_0^{+\infty} e^{-tx} f(x) dx$$
が存在する．この積分の値を $f(x)$ の**ラプラス変換**といって，$\mathcal{L}[f(x)]$ と表わす．すなわち，

(20.1) $$\mathcal{L}[f(x)] = \int_0^{+\infty} e^{-tx} f(x) dx.$$

なお，

(20.2) $$\mathcal{L}[1] = \int_0^{+\infty} e^{-tx} dx = \frac{1}{t}, \quad t > 0,$$

(20.3) $$\mathcal{L}[e^{ax}] = \int_0^{+\infty} e^{-tx} e^{ax} dx = \frac{1}{t-a}, \quad t > a,$$

(20.4) $$\mathcal{L}[\sin ax] = \int_0^{+\infty} e^{-tx} \sin ax\, dx = \frac{a}{t^2 + a^2}, \quad t > 0,$$

(20.5) $$\mathcal{L}[\cos ax] = \int_0^{+\infty} \cos ax\, dx = \frac{t}{t^2 + a^2}, \quad t > 0.$$

問 1. 次の函数のラプラス変換を求めよ：
(i) x^n (n は正の整数),
(ii) $x \sin x$, (iii) $x^2 \sin x$,
(iv) $\frac{1}{2}(e^x + e^{-x})$, (v) $e^{ax} \sin bx$.

問 2. 次の函数のラプラス変換を求めよ：
$$f(x) = \begin{cases} 1 & (0 \leq x < 1), \\ 0 & (1 \leq x). \end{cases}$$

§21. ラプラス変換の性質

ラプラス変換にはいろいろの性質があるけれども，微分方程式の解法に役立つものを，示しておこう．

1. ラプラス変換は**線型**である．すなわち，$C_1, C_2, \cdots, C_n$ を定数とすると
$$\mathcal{L}\left[\sum_{k=1}^n C_k f_k(x)\right] = \sum_{k=1}^n C_k \mathcal{L}[f_k(x)].$$

§21. ラプラス変換の性質

なんとなれば，

$$\mathcal{L}\left[\sum_{k=1}^{n} C_k f_k(x)\right] = \int_0^{+\infty} e^{-tx}\left[\sum_{k=1}^{n} C_k f_k(x)\right]dx$$

$$= \sum_{k=1}^{n} C_k \int_0^{+\infty} e^{-tx} f_k(x) dx$$

$$= \sum_{k=1}^{n} C_k \mathcal{L}[f_k(x)].$$

II. $\quad \mathcal{L}\left[\int_0^x f(u)du\right] = \dfrac{1}{t}\mathcal{L}[f(x)].$

なんとなれば，

$$\mathcal{L}\left[\int_0^x f(u)du\right] = \int_0^\infty e^{-tx}\left\{\int_0^x f(u)du\right\}dx$$

$$= \left[-\frac{1}{t}e^{-tx}\int_0^x f(u)du\right]_0^\infty + \frac{1}{t}\int_0^\infty e^{-tx}f(x)dx$$

$$= \frac{1}{t}\int_0^\infty e^{-tx}f(x)dx = \frac{1}{t}\mathcal{L}[f(x)].$$

III. $\quad \mathcal{L}[e^{ax}f(x)] = \mathcal{L}[f(x)]_{t=t-a}.$

なんとなれば，

$$\mathcal{L}[e^{ax}f(x)] = \int_0^{+\infty} e^{-(t-a)x}f(x)dx$$

であることから，われわれの定理の正しいことがわかるであろう．

IV. $\quad \mathcal{L}\left[\int_0^x f(x-y)g(y)dy\right] = \mathcal{L}[f(x)]\mathcal{L}[g(x)].$

なんとなれば，

$$\mathcal{L}[f(x)]\mathcal{L}[g(x)] = \left(\int_0^{+\infty} e^{-tu}f(u)du\right)\left(\int_0^{+\infty} e^{-tv}g(y)dy\right)$$

$$= \int_0^\infty \int_0^\infty e^{-t(u+v)}f(u)g(y)dudy$$

$$= \int_0^\infty g(y)\left[\int_0^\infty f(u)e^{-(t+v)}du\right]dy.$$

この右辺の積分において $u=x-y$ とおくと，$du=dx$ であるから，

$$\int_0^\infty f(u)e^{-t(u+y)}du = \int_y^\infty f(x-y)e^{-tx}dx$$

となるので,

$$\mathcal{L}[f(x)]\mathcal{L}[g(x)] = \int_0^\infty g(y)\left[\int_y^\infty f(x-y)e^{-tx}dx\right]dy$$

$$= \int_0^\infty \left[\int_y^\infty e^{-tx}f(x-y)g(y)dx\right]dy$$

$$= \int_0^\infty \left[\int_0^x f(x-y)g(y)e^{-tx}dy\right]dx$$

$$= \int_0^\infty e^{-tx}\left[\int_0^x f(x-y)g(y)dy\right]dx$$

$$= \mathcal{L}\left[\int_0^x f(x-y)g(y)dy\right].$$

この右辺の積分

$$\int_0^x f(x-y)g(x)dy$$

を f と g との**たたみこみ**といって,$f*g$ と書くことがある.すなわち,

(21.1) $$f*g = \int_0^x f(x-y)g(y)dy.$$

つぎに,$F(t)$ が既知であるときに,

(21.2) $$\mathcal{L}[f(x)] = F(t)$$

を満足する $f(x)$ を求めることが問題となる.この場合に,簡単に

$$f(x) = \mathcal{L}^{-1}[F(t)]$$

と書いて,**逆ラプラス変換**という.ここでは証明しないが,$F(t)$ が与えられているときには,(21.2) が解をもつと,それが単独であることは,レルヒが証明している.[*] ところで,

$$\mathcal{L}[f'(x)] = \int_0^\infty e^{-tx}f'(x)dx$$

$$= e^{-tx}f(x)\Big|_0^\infty + \int_0^\infty te^{-tx}f(x)dx$$

---

[*] この事実をレルヒの定理と名づけている.

§21. ラプラス変換の定義

において $f(0)=0$, $\lim_{x\to\infty} e^{-tx}f(x)=0$ とすると,

$$\mathcal{L}[f'(x)] = t\int_0^\infty f(x)dx = t\mathcal{L}[f(x)]$$

となる. したがって, 次の結果が得られる：

$$f(0)=0, \quad \lim_{x\to\infty} e^{-tx}f(x)=0$$

であると,

(21.3) $$\mathcal{L}^{-1}[t\mathcal{L}[f(x)]] = f'(x)$$

が成り立つ.

例えば, $f(x)=a$, $g(x)=e^{ax}$ とおくと, (20.2) と (20.3) とによって

$$\frac{a}{t}\cdot\frac{1}{t-a} = \mathcal{L}[a]\mathcal{L}[e^{ax}].$$

Ⅳ によって

$$f*g = \int_0^x ae^{ay}dy = e^{ax}-1$$

であるから, また Ⅳ によって

$$\mathcal{L}[a]\mathcal{L}[e^{ax}] = \mathcal{L}[e^{ax}-1].$$

$$\frac{a}{t}\cdot\frac{1}{t-a} = \mathcal{L}[e^{ax}-1]$$

であるから

$$\mathcal{L}^{-1}\left[\frac{a}{t(t-a)}\right] = e^{ax}-1$$

が出てくる.

問 1. $P(x)$ と $Q(x)$ とは有理整函数であって共通因数はなく, $P(x)$, $Q(x)$ の次数はそれぞれ m, n であって, $m<n$ とする. $Q(x)=0$ の根を $a_1, a_2, \cdots, a_n$ とすると,

$$\mathcal{L}^{-1}\left[\frac{P(t)}{Q(t)}\right] = \sum_{k=1}^n \frac{P(a_k)}{Q'(a_k)} e^{a_k x}$$

が成り立つことを示せ.

問 2. $f(x)$ を $x=0$ の近傍で $f(x)=c_0+c_1x+\cdots+c_nx^n+\cdots$ と展開することができたら, t の値が相当に大きいと,

$$\mathcal{L}[f(x)] = \frac{b_0}{t} + \frac{b_1}{t^2} + \cdots + \frac{b_n}{t^{n+1}} + \cdots$$

が成り立つとすれば,

$$C_k = \frac{b_k}{k!} \qquad (k=0, 1, 2, \cdots)$$

が成り立つことを示せ.

§22. 微分方程式への応用

初期条件が与えられている場合に，ラプラス変換を用いると，解を求めやすいことがある．ここでは，理論を抜きに，その方法を，いくつかの例によって示すことにする．

例 1. $(D^2+4)y=e^{3x}$ の解のうちで，$x=0$ のときに，$y=0, y'=1$ となるものを求めよ．

解． 両辺のラプラス変換を求めると，

$$\mathcal{L}[y''+4y]=\mathcal{L}[e^{3x}].$$

(20.3) によって，$t>3$ とすれば，

$$\mathcal{L}[e^{3x}]=\frac{1}{t-3}$$

であるから，性質 I を用いると，

$$\mathcal{L}[y'']+4\mathcal{L}[y]=\frac{1}{t-3}$$

となる．ところが，

$$\mathcal{L}[y'']=\int_0^\infty e^{-tx}y''dx$$

$$=-1+t\int_0^\infty e^{-tx}y'dx$$

$$=-1+t\left\{e^{-tx}y\Big|_0^{+\infty}+t\int_0^\infty e^{-tx}ydx\right\}$$

$$=-1+t^2\mathcal{L}[y]$$

であるから，

$$-1+t^2\mathcal{L}[y]+4\mathcal{L}[y]=\frac{1}{t-3}$$

となり，

$$\mathcal{L}[y]=\frac{1}{(t-3)(t^2+4)}+\frac{1}{t^2+4}$$

$$=\frac{1}{13}\cdot\frac{1}{t-3}-\frac{3}{13}\cdot\frac{t}{t^2+4}+\frac{6}{13}\cdot\frac{2}{t^2+4}$$

となる. ところが,

$$\mathcal{L}[\sin 2x] = \mathcal{L}\left[\frac{e^{i2x}-e^{i2x}}{2i}\right]$$

$$= \frac{1}{2i}\{\mathcal{L}[e^{i2x}]-\mathcal{L}[e^{-i2x}]\}$$

$$= \frac{1}{2i}\left\{\frac{1}{t-2i}-\frac{1}{t+2i}\right\} = \frac{2}{t^2+4}.$$

同じく

$$\mathcal{L}[\cos 2x] = \mathcal{L}\left[\frac{e^{ix}+e^{-ix}}{2}\right] = \frac{t}{t^2+4}$$

であるから,

$$\mathcal{L}[y] = \frac{1}{13}\mathcal{L}[e^{3x}] - \frac{3}{13}\mathcal{L}[\cos 2x] + \frac{6}{13}\mathcal{L}[\sin 2x]$$

$$= \mathcal{L}\left[\frac{e^{3x}}{13} - \frac{3\cos 2x}{13} + \frac{6\sin 2x}{13}\right]$$

となり,

$$y = \frac{1}{13}\{e^{3x} - 3\cos 2x + 6\sin 2x\}$$

が出てくる.

例 2.
$$(3D^2+1)y_1 + (D^2+3)y_2 = e^x,$$
$$(2D^2+1)y_1 + (D^2+2)y_2 = e^{-x}$$

の解で, $x=0$ のときに $y_1 = y_2 = 1$, $y_1' = y_2' = 0$ となるものを求めよ.

解.
$$\mathcal{L}[D^2 u] = \int_0^\infty e^{-tx} u'' dx$$

$$= t\int_0^\infty e^{-tx} u' dx$$

$$= t\left(-1 + t\int_0^\infty e^{-tx} u\, dx\right)$$

$$= -t + t^2 \mathcal{L}[u]$$

であることを用いると, この問題を解くのに都合がよい.

与えられた方程式のラプラス変換を求めると,

$$3\mathcal{L}[D^2y_1] + \mathcal{L}[y_1] + \mathcal{L}[D^2y_2] + 3\mathcal{L}[y_2] = \mathcal{L}[e^x],$$
$$2\mathcal{L}[D^2y_1] + \mathcal{L}[y_1] + \mathcal{L}[D^2y_2] + 2\mathcal{L}[y_2] = \mathcal{L}[e^{-x}]$$

となる．これを計算すると，

$$3(-t + t^2\mathcal{L}[y_1]) + \mathcal{L}[y_1] - t + t^2\mathcal{L}[y_2] + 3\mathcal{L}[y_2] = \frac{1}{t-1},$$
$$2(-t + t^2\mathcal{L}[y_1]) + \mathcal{L}[y_1] - t + t^2\mathcal{L}[y_2] + 2\mathcal{L}[y_2] = \frac{1}{t+1}$$

となり，これらを整頓すると，

$$(3t^2+1)\mathcal{L}[y_1] + (t^2+3)\mathcal{L}[y_2] = \frac{4t^2-4t+1}{t-1},$$
$$(2t^2+1)\mathcal{L}[y_1] + (t^2+2)\mathcal{L}[y_2] = \frac{3t^2+3t+1}{t+1}$$

となる．これを $\mathcal{L}[y_1], \mathcal{L}[y_2]$ について解くと，

$$(t^4-1)\mathcal{L}[y_1] = \frac{t^5-2t^3+2t^2+5}{t^2-1},$$
$$(t^4-1)\mathcal{L}[y_2] = \frac{t^5-t^3-5t^2+t-2}{t^2-1}$$

となるので，

$$\mathcal{L}[y_1] = \frac{t^5-2t^3+2t^2+5}{(t^2+1)(t+1)^2(t-1)^2},$$
$$\mathcal{L}[y_2] = \frac{t^5-t^3-5t^2+t-2}{(t^2+1)(t+1)^2(t-1)^2}$$

を得る．したがって

$$\mathcal{L}[y_1] = \frac{11}{8}\cdot\frac{1}{t+1} + \frac{1}{(t+1)^2} - \frac{9}{8}\frac{1}{t-1} + \frac{3}{4}\frac{1}{(t-1)^2} + \frac{3}{4}\frac{t+1}{t^2+1},$$
$$\mathcal{L}[y_2] = -\frac{3}{8}\cdot\frac{1}{t+1} - \frac{1}{(t+1)^2} + \frac{5}{8}\frac{1}{t-1} - \frac{3}{4}\frac{1}{(t-1)^2} + \frac{3}{4}\cdot\frac{t+1}{t^2+1}$$

である．ところが

$$\mathcal{L}[e^x] = \frac{1}{t-1}, \quad \mathcal{L}[xe^x] = \frac{1}{(t-1)^2}, \quad \mathcal{L}[e^{-x}] = \frac{1}{t+1},$$
$$\mathcal{L}[xe^{-x}] = \frac{1}{(t+1)^2}, \quad \mathcal{L}[\cos x] = \frac{t}{t^2+1}, \quad \mathcal{L}[\sin x] = \frac{1}{t^2+1}$$

であるから，

$$\mathcal{L}[y_1] = \frac{11}{8}\mathcal{L}[e^{-x}] + \mathcal{L}[xe^{-x}] - \frac{9}{8}\mathcal{L}[e^x] + \frac{3}{4}\mathcal{L}[xe^x]$$

$$+ \frac{3}{4}\mathcal{L}[\cos x + \sin x]$$

$$= \mathcal{L}\left[\frac{11}{8}e^{-x} + xe^{-x} - \frac{9}{8}e^x + \frac{3}{4}xe^x + \frac{3}{4}\cos x + \frac{3}{4}\sin x\right].$$

したがって，

$$y_1 = \left(\frac{11}{8} + x\right)e^{-x} - \left(\frac{9}{8} - \frac{3}{4}x\right)e^x + \frac{3}{4}(\cos x + \sin x),$$

同じようにして，

$$y_2 = -\left(\frac{3}{8} + x\right)e^{-x} + \left(\frac{5}{8} - \frac{3}{4}x\right)e^x + \frac{3}{4}(\cos x + \sin x)$$

であることがわかる．

問． ラプラス変換を用いて，つぎの微分方程式を，与えられた初期条件の下で解け：
(i) $(D^2 + 3D + 2)y = x,\quad y(0) = 1,\ y'(0) = -1;$
(ii) $Dy_1 = 7y_1 + 6y_2,\ Dy_2 = 2y_1 + 6y_2,\quad y_1(0) = 1,\ y_2(0) = 2;$
(iii) $(D+1)y_1 + (D+2)y_2 = 0,\ (7D-5)y_1 + (8D-4)y_2 = 0,$
$\quad y_1(0) = y_{10},\ y_2(0) = y_{20};$
(iv) $\dfrac{dx}{dt} - y = e^t,\ \dfrac{dy}{dt} + x = \sin t,\quad x(0) = 1,\ y(0) = 0.$

問題 6

1． つぎの函数のラプラス変換を求めよ：
(i) $\displaystyle\int_0^x e^{-s}\sin(x-s)\,ds,$ (ii) $xe^x \sin 2x,$
(iii) $x^2 e^{-3x},$ (iv) $\sin ax \sin bx.$

2． 区間 $0 < x < \omega$ では $f(x) = F(x)$ であって，$f(x+\omega) = f(x)$ が，すべての x に対して成り立つとすると，$t > 0$ のときには

$$\mathcal{L}[f(x)] = \frac{1}{1 - e^{-t\omega}}\int_0^\omega e^{-tx}F(x)\,dx$$

が成り立つことを示せ．

3． つぎの等式を示せ：

$$\mathcal{L}\left[x^n \frac{d^n y}{dx^n}\right] = (-1)^k \frac{d^k}{dt^k}[t^n \mathcal{L}[y] - t^{n-1}y(0) - \cdots + y^{(n-1)}(0)].$$

4. 積分 $\int_0^x \dfrac{f(x)}{x}dx$ が存在すると，
$$\int_0^\infty \mathcal{L}[f(x)]dx = \int_0^\infty \dfrac{f(x)}{x}dx$$
が成り立つことを示せ．

5. （ i ） $\mathcal{L}[f'(x)] = t\mathcal{L}[f(x)] - f(+0)$ が成り立つことを示せ．

（ii） これを用いて
$$\lim_{t\to 0} t\mathcal{L}[f(x)] = f(0) + \lim_{t\to 0}\int_0^\infty e^{-tx}f'(x)dx$$
が成り立つことを示せ．

6. $(D^2 + 2D + 2)y = \sin x$, $y(0) = 0$, $y'(0) = -1$.

7. u, v が方程式 $f(x)y''' - f'(x)y'' + \phi(x)y = 0$ の互いに独立な解であると，この方程式の解法から，A, B, C を任意定数とすれば，一般解は，$Au + Bv + Cw$ で与えられることを示せ．ただし
$$w = u\int \dfrac{vf(x)dx}{(uv' - u'v)^2} - v\int \dfrac{uf(x)dx}{(uv' - u'v)^2}$$
である．

8. ラプラス変換を用いて，連立方程式
$$\dfrac{dy_1}{dx} + \dfrac{dy_2}{dx} + y_1 = -e^{-x}, \quad -\dfrac{dy_1}{dx} + 2\dfrac{dy_2}{dx} + 2y_1 + 2y_2 = 0$$
を，初期条件：$y_1(0) = -1$, $y_2(0) = 1$ を満足するように解け．

9. $Dx = y$, $Dy = 4x + 3y - 4z$, $Dz = x + 2y - z$
を，$t = 0$ のときに $x = 0$, $y = 0$, $z = 0$, $Dz = 1$ という初期条件の下で解け．

10. 連立微分方程式
$$(2D - 3)y_1 + (3D - 6)y_2 + (D^2 + D + 5)y_3 = 0,$$
$$(7D - 12)y_1 + (11D - 24)y_2 + (3D^2 + 4D + 12)y_3 = 0,$$
$$(D - 3)y_1 + (2D - 6)y_2 + (D^2 + 3D - 1)y_3 = 0$$
を，初期条件：$y_1(0) = y_2(0) = y_3(0) = 0, y_3'(0) = 0$ の下で解け．

第7章 級数による解法

§23. 基本定理

I. まず最初に，第1階微分方程式
(23.1) $$y'=f(x, y)$$
を考える．この場合に，函数 $f(x, y)$ は $|x|\leq a, |y|\leq b$ で冪級数に展開することができるものと仮定する．すなわち，

(23.2) $$\begin{aligned}f(x, y)=&c_{00}+c_{10}x+c_{01}y+c_{20}x^2+c_{11}xy+c_{02}y^2\\&+\cdots+c_{n0}x^n+c_{n-1,1}x^{n-1}y+\cdots+c_{1,n-1}xy^{n-1}+c_{0n}y^n\\&+\cdots\end{aligned}$$

と表わすことができ，$|x|\leq a, |y|\leq b$ を満足する (x, y) に対して収束するとする．このような函数を，簡単に，$x=0, y=0$ の近傍で**解析的**であるということにする．この級数は，$|x|\leq a, |y|\leq b$ で絶対収束するだけではなく，一様収束するから，項別に微分することができる．したがって，

$$c_{k,n-k}=\frac{1}{k!(n-k)!}\frac{\partial^n f(x, y)}{\partial x^k \partial y^{n-k}}\bigg|_{x=0,y=0}$$

となる．他方で，

(23.3) $$\begin{aligned}&|c_{00}|+|c_{10}|a+|c_{01}|b+|c_{20}|a^2+|c_{11}|ab+|c_{02}|b^2\\&+\cdots+|c_{n0}|a^n+|c_{n-1,1}|a^{n-1}b+\cdots+|c_{1,n-1}|ab^{n-1}+|c_{0n}|b^n\\&+\cdots\leq M\end{aligned}$$

となる正数 M が存在するとしよう．

ここで，方程式 (23.1) の冪級数解で，$x=0$ のときに $y=0$ となるものがあるとし，それが，$|x|<\rho, \rho>0$，で収束するとしよう．

(23.4) $$\begin{cases}y''=f_x(x, y)+f_y(x, y)y',\\y'''=f_{xx}(x, y)+2f_{xy}(x, y)y'+f_{yy}(x, y)y'^2+f_y(x, y)y'',\\\cdots\cdots\cdots\cdots\end{cases}$$

であるから，$f(x, y), f_x(x, y), f_y(x, y), \cdots$，が $(0, 0)$ で ≥ 0 であると，y',

y'', … は $x=0$ で $\geqq 0$ である. $x=0, y=0, y'(0)=f(0,0)$ を (23.4) へ代入すると, $y''(0)=f_x(0,0)+f_y(0,0)f(0,0)$, … が出てきて

(23.5) $$y'(0)x+\frac{y''(0)}{2!}x^2+\cdots+\frac{y^{(n)}(0)}{n!}x^n+\cdots$$

となる. ところが, (23.3) によって

$$|c_{ij}|a^i b^j \leqq M$$

であるから,

(23.6) $$|c_{ij}| \leqq \frac{M}{a^i b^j} \qquad (i,j=0,1,2\cdots)$$

が得られる. そして,

$$\sum_{i,j}\frac{M}{a^i b^j}x^i y^j = M\left\{1+\left(\frac{x}{a}+\frac{y}{b}\right)+\left(\frac{x^2}{a^2}+\frac{xy}{ab}+\frac{y^2}{b^2}\right)\right.$$
$$\left.+\cdots+\left(\frac{x^n}{a^n}+\frac{x^{n-1}y}{a^{n-1}b}+\cdots+\frac{xy^{n-1}}{ab^{n-1}}+\frac{y^n}{b^n}\right)+\cdots\right\}$$

において, $|x|<a, |y|<b$ であると,

$$1+\frac{x}{a}+\frac{x^2}{a^2}+\cdots=\frac{1}{1-\frac{x}{a}}, \qquad 1+\frac{y}{b}+\frac{y^2}{b^2}+\cdots=\frac{1}{1-\frac{y}{b}}$$

であり, 級数の積の定義によって

$$\left(\sum_{k=0}^{\infty}\frac{x^k}{a^k}\right)\left(\sum_{k=0}^{\infty}\frac{y^k}{b^k}\right)=1+\left(\frac{x}{a}+\frac{y}{b}\right)+\left(\frac{x^2}{a^2}+\frac{xy}{ab}+\frac{y^2}{b^2}\right)$$
$$+\cdots+\left(\frac{x^n}{a^n}+\frac{x^{n-1}y}{a^{n-1}b}+\cdots+\frac{xy^{n-1}}{ab^{n-1}}+\frac{y^n}{b^n}\right)+\cdots$$

であるから,

$$\sum_{i,j}\frac{M}{a^i b^j}x^i y^j = \frac{M}{\left(1-\frac{x}{a}\right)\left(1-\frac{y}{b}\right)} \equiv G(x,y)$$

となる. そうすると,

$$G(0,0)=M, \quad G_x(0,0)=\frac{M}{a}, \quad G_y(0,0)=\frac{M}{b}, \quad \cdots$$

となる. また, (23.2) より

§23. 基本定理

$$f(0, 0) = c_{00}, \quad f_x(0, 0) = c_{10}, \quad f_y(0, 0) = c_{01}, \quad f_{xx}(0, 0) = 2c_{20},$$
$$f_{xy}(0, 0) = c_{11}, \quad f_{yy}(0, 0) = 2c_{02}, \quad \cdots$$

が出てくるので，(23.6) を考慮に入れて

$$\left|\frac{\partial^{i+j} f(0, 0)}{\partial x^i \partial y^j}\right| \leq \left|\frac{\partial^{i+j} G(0, 0)}{\partial x^i \partial y^j}\right|$$

が出てくる．したがって，方程式

(23.7) $$y' = G(x, y)$$

の解で，$x=0$ のときに $y=0$ となるものを級数で与えると，これの係数は正数であって，(23.1) の級数解の係数の絶対値よりも小さくはない．したがって，(23.7) の級数解が，ある区間で絶対収束すると，(23.1) の級数解もまた同じ区間で絶対収束する．ところが，(23.7) を解くと

$$y^2 - 2by - 2abM \log\left(1 - \frac{x}{a}\right) = 0$$

が出てくるので，$x=0$ のときに $y=0$ となるものを求めると，$|x| < a$ に対して

(23.8) $$y = g(x) \equiv b - b\left\{1 + \frac{2aM}{b}\log\left(1 - \frac{x}{a}\right)\right\}^{1/2}$$

となる．ところが，

$$\log\left(1 - \frac{|x|}{a}\right) = -\frac{|x|}{a} - \frac{1}{2}\left(\frac{|x|}{a}\right)^2 - \cdots - \frac{1}{n}\left(\frac{|x|}{a}\right)^n - \cdots$$

であるから，

$$\left|\log\left(1 - \frac{|x|}{a}\right)\right| = \frac{|x|}{a} + \frac{1}{2}\left(\frac{|x|}{a}\right)^2 + \cdots + \frac{1}{n}\left(\frac{|x|}{a}\right)^n + \cdots,$$

また

$$\left|\log\left(1 - \frac{x}{a}\right)\right| = \left|\frac{x}{a} + \frac{1}{2}\left(\frac{x}{a}\right)^2 + \cdots + \frac{1}{n}\left(\frac{x}{a}\right)^n + \cdots\right|$$

であるから，

$$\left|\log\left(1 - \frac{x}{a}\right)\right| \leq \left|\log\left(1 - \frac{|x|}{a}\right)\right|$$

が成り立つ．したがって，

$$(23.9) \qquad \frac{2aM}{b}\left|\log\left(1-\frac{|x|}{a}\right)\right|<1$$

すなわち，$|x|<a(1-e^{-b/2aM})\equiv\rho$ $(<a)$ を満足するすべての x に対して $\left\{1+\frac{2aM}{b}\log\left(1-\frac{x}{a}\right)\right\}^{1/2}$ は $\frac{2aM}{b}\log\left(1-\frac{x}{a}\right)$ の級数に展開することができる．ところが，$|x|<a$ とすると $\log\left(1-\frac{x}{a}\right)$ を x の冪級数に展開することができる．したがって，(23.8) を $|x|<\rho$ で x の冪級数に展開することができる．ゆえに，方程式 (23.1) の冪級数解は，$|x|<\rho$ で収束する．

(23.1) の級数解を (23.5) とし，これを $\varphi(x)$ とすると，

$$\varphi(x)=y'(0)x+\frac{y''(0)}{2!}x^2+\cdots+\frac{y^{(n)}(0)}{n!}x^n+\cdots.$$

これの係数の絶対値は $g(x)$ の対応する係数よりは大きくない．したがって，$|x|<\rho$ とすれば，$|f(x)|\leq g(x)$ である．(23.8) によって，$|x|<\rho$ なら $g(x)\leq b$ であるから，$|x|<\rho$ なら $|f(x)|<b$ である．また $\rho<a$ であるから，$|x|<\rho$ なら当然に $|x|<a$ である．ゆえに，$|x|<\rho$ のときに，$|x|<a, |y|<b$ が同時に成り立つことを知る．したがって，$f\{x,\varphi(x)\}$ は $|x|<\rho$ で定義されている．そして，(23.2) で示された展開が可能である．$\varphi(x)$ で示された級数を代入して $f\{x,\varphi(x)\}\equiv H(x)$ は x の級数となり，$|x|<\rho$ で収束することがわかる．ところが，

$$H(0)=f\{0,\varphi(0)\}=f(0,0),$$
$$H'(0)=f_x(0,0)+f_y(0,0)\varphi'(0)$$

であり，他方で

$$\varphi'(0)=y'(0)=f(0,0),$$
$$\varphi''(0)=y''(0)=f_x(0,0)+f_y(0,0)y'(0)$$

であるから，

$$\varphi'(0)=H(0), \quad \varphi''(0)=H'(0)$$

が出てくる．これをつづけると

$$\varphi^{(k)}(0)=H^{(k-1)}(0) \qquad (k=2, 3, \cdots)$$

であることがわかる．このことから，$|x|<\rho$ において

§23. 基本定理

$$\varphi'(x) \equiv H(x) \equiv f\{x, \varphi(x)\}$$

であることがわかる．このことは，$\varphi(x)$ が与えられた微分方程式 (23.1) の解であることを示している．

これらのことをまとめると，次の定理となる：

定理 23.1. 方程式 (23.1) において，$|x|\leq a, |y|\leq b$ なら $|f(x,y)|\leq M$ が成り立つときは，初期条件：$x=0$ なら $y=0$ である，を満足する解 $y=\varphi(x)$ はただ一つ定まって，$|x|<\rho$ で x の冪級数に展開することができる．この場合には $\rho = a(1-e^{-b/2aM})$ である．

例 1.
$$y' = \frac{1}{(1-x)(1-y)}.$$

解． $|x|<1, |y|<1$ とすると，

$$\frac{1}{(1-x)(1-y)} = (1+x+x^2+\cdots)(1+y+y^2+\cdots)$$
$$= 1 + (x+y) + (x^2+xy+y^2) + \cdots$$

である．すなわち，右辺の函数は $|x|<1, |y|<1$ で解析的である．それで，とくに $|x|\leq \frac{1}{2}, |y|\leq \frac{1}{2}$ とすると，$|(1-x)^{-1}(1-y)^{-1}|\leq 4$ となる．そうすると，すぐ上の定理によって，$x=0$ のときに $y=0$ となる解はただ一つあって，しかも，これは冪級数で表わすことができる．そして，この展開は $|x|<\rho=\frac{1}{2}(1-e^{-1/8})$ で可能である．

与えられた方程式を直接に解くと，
$$y = 1 \pm \{1+2\log(1-x)\}^{1/2}$$
となるが，$x=0$ のときに $y=0$ となるのであるから，
$$y = 1 - \{1+2\log(1-x)\}^{1/2}$$
が出てくる．

II. 上で述べたことを，連立方程式

(23.10) $\qquad y_k' = f_k(x, y_1, y_2, \cdots, y_n) \qquad (k=1, 2, \cdots, n)$

へ拡張することができる．

この方程式に冪級数

$$(23.11) \qquad y_k = \sum_{j=1}^{\infty} \alpha_j^{(k)} x^j$$

を代入する.この場合に f_k は $|x|\leqq a,\ |y_k|\leqq b\ (k=1,2,\cdots,n)$ において級数に展開することができるとすれば,両方の同冪の項を比較して, $\alpha_j^{(k)}$ を求めることができる.

Ⅰで述べたように, $x=a,\ y_k=b$ における f_k の展開の各項の絶対値でつくった級数もまた収束し,それが $\leqq M_k$ であるような正数 M_k を定めることができる. $\max(M_1, M_2, \cdots, M_n)=M$ とすると, $|x|\leqq a,\ |y_k|\leqq b$ における関数 $f_k(x, y_1, \cdots, y_n)\ (k=1, 2, \cdots, n)$ の優函数は

$$G(x, y_1, y_2, \cdots, y_n) = \frac{M}{\left(1-\frac{x}{a}\right)\left(1-\frac{y_1}{b}\right)\cdots\left(1-\frac{y_n}{b}\right)}$$

であって,方程式

$$(23.12) \qquad \frac{dY_k}{dx} = G(x, Y_1, \cdots, Y_n) \qquad (k=1, 2, \cdots, n)$$

の解で, $x=0$ のときに $Y_k=0\ (k=1, 2, \cdots, n)$ となるものは,方程式 (23.10) の解の優函数になっている.この $Y_k\ (k=1, 2, \cdots, n)$ は

$$\frac{dY_1}{dx} = \frac{dY_2}{dx} = \cdots = \frac{dY_n}{dx}$$

を満足し,かつ $Y_1(0) = Y_2(0) = \cdots = Y_n(0) = 0$ であるから,

$$\frac{dY_k}{dx} = \frac{M}{\left(1-\frac{x}{a}\right)\left(1-\frac{Y_k}{b}\right)^n}$$

となる.これは

$$(23.13) \qquad \left(1-\frac{Y_k}{b}\right)^n dY_k = \frac{M}{1-\frac{x}{a}} dx$$

であるから,これを, $x=0$ のときに $Y_k=0$ であるという条件の下で解くと,

$$\frac{b}{n+1}\left(1-\frac{Y_k}{b}\right)^{n+1} - \frac{b}{n+1} = aM \log\left(1-\frac{x}{a}\right)$$

となる.これを Y_k について解くと,

§23. 基本定理

(23.14) $$Y_k = b\left\{1 - \sqrt[n+1]{1 + \frac{a(n+1)M}{b}\log\left(1 - \frac{x}{a}\right)}\right\}$$

となる.

逆に，この (23.14) は (23.13) と (23.12) とを満足する．この Y_k においては

$$\frac{a(n+1)M}{b}\left|\log\left(1 - \frac{x}{a}\right)\right| \leq \frac{a(n+1)M}{b}\left|\log\left(1 - \frac{|x|}{a}\right)\right| < 1$$

を満足する x, すなわち

$$|x| < a(1 - e^{-b/a(n+1)M}) \equiv \rho$$

を満足する x に対して Y_k は x の冪級数に展開することができ，$|Y_k| < b$ である．この級数を優函数としている級数 (23.11) の収束半径は ρ 以上である．これを (23.10) に代入し，f_k を x の級数に展開して両辺の係数を比較すると，係数 $\alpha_j^{(k)}$ が定まる．ところが，上で述べたことから，$|x| < \rho$ で $|y_k| < b$ である．これをまとめると，つぎのようにいい表わすことができる:

定理 23.2. 連立方程式 (23.10) において，f_k $(k=1, 2, \cdots, n)$ が $|x| < a$, $|y_k| < b$ において解析的であると，これの解は $x=0$ の近傍で冪級数に展開することができ，$|x| < a(1 - e^{-b/a(n+1)M})$ で絶対収束する.

例 2. 連立方程式

$$y_1' = 1 + x^2 + y_1 y_2^2, \qquad y_2' = 2 + xy_1^2 + y_2$$

の解で，$x=0$ のときに $y_1=0, y_2=0$ となるものを求めよ．

解． これは $n=2$ の場合であって，$f_1 = 1 + x^2 + y_1 y_2^2$, $f_2 = 2 + xy_1^2 + y_2$ は多項式である．したがって，a, b は何であってもよい．それで，$a=1, b=1$ とすると $|f_1| \leq 1 + x^2 + |y_1||y_2|^2 \leq 3$, $|f_2| \leq 2 + |x||y_1|^2 + |y_2| \leq 4$ であるから，$M_1 = 3$, $M_2 = 4$ である．したがって，$M=4$ となり，上の定理によって，これの解は $|x| < 1 - e^{-1/12}$ で絶対収束する冪級数で表わすことができることがわかる．

$$y_1 = c_1 x + c_2 x^2 + c_3 x^3 + \cdots, \qquad y_2 = d_1 x + d_2 x^2 + d_3 x^3 + \cdots$$

とすると，

$$c_1 + 2c_2 x + 3c_3 x^2 + 4c_4 x^3 + 5c_5 x^4 + + \cdots$$
$$= 1 + x^2 + (c_1 x + c_2 x^2 + \cdots)(d_1 x + d_2 x^2 + \cdots)^2$$
$$= 1 + x^2 + c_1 d_1^2 x^3 + (c_2 d_1^2 + 2c_1 d_1 d_2) x^4 + \cdots,$$

$$d_1 + 2d_2 x + 3d_3 x^2 + 4d_4 x^3 + 5d_5 x^5 + \cdots$$
$$= 2 + x(c_1 x + c_2 x^2 + \cdots)^2 + (d_1 x + d_2 x^2 + \cdots)$$
$$= 2 + d_1 x + d_2 x^2 + (c_1^2 + d_3) x^3 + (2c_1 c_2 + d_4) x^4 + \cdots$$

となる.これが x について恒等的に成り立つので,同冪の係数を等置すると

$$c_1 = 1, \quad c_2 = 0, \quad c_3 = \frac{1}{3}, \quad c_4 = 1, \quad c_5 = \frac{4}{5}, \quad \cdots,$$

$$d_1 = 2, \quad d_2 = 1, \quad d_3 = \frac{1}{3}, \quad d_4 = \frac{1}{3}, \quad d_5 = \frac{1}{15}, \quad \cdots$$

であるから,

$$y_1 = x + \frac{1}{3} x^3 + x^4 + \frac{4}{5} x^5 + \cdots,$$

$$y_2 = 2x + x^2 + \frac{1}{3} x^3 + \frac{1}{3} x^4 + \frac{1}{15} x^5 + \cdots$$

となる.

例 3. $\quad y'' + xy' + y = e^x, \quad y(0) = c_0, \quad y'(0) = c_1.$

解. これは

$$y' = y_1, \quad y_1' = e^x - y - xy_1$$

と同じである.$f_1 = y_1, f_2 = e^x - y - xy_1$ であるから,例えば,$|x| \leq 1$ とすると $|f_1| \leq M_1, |f_2| \leq M_2$ となる M_1, M_2 を定めることができるので,定理 23.2 によって,級数解の収束範囲を定めることができる.このように,解の存在範囲がわかったので,$x = 0$ の近傍だけを考えることにする.

初期条件によって,解の形は

$$y = c_0 + c_1 x + c_2 x^2 + \cdots + c_n x^n + \cdots$$

である.$x = 0$ の近傍では項別に微分することができて

$$y' = c_1 + 2c_2 x + \cdots + n c_n x^{n-1} + \cdots,$$

$$y'' = 2c_2 + 6c_3 x + \cdots + n(n-1) c_n x^{n-2} + \cdots$$

となるから,これを与えられた方程式に入れると,

$$(c_0 + 2c_2) + 2(c_1 + 3c_3) x + 3(c_2 + 4c_4) x^2 + \cdots$$
$$+ (n+1)\{c_n + (n+2) c_{n+2}\} x^n + \cdots = 1 + x + \frac{x^2}{2!} + \cdots + \frac{x^n}{n!} + \cdots$$

§23. 基本定理

となる. したがって,

$$c_0+2c_2=1, \quad 2(c_1+3c_3)=1, \quad 3(c_2+4c_4)=\frac{1}{2!}, \quad \cdots,$$

$$(n+1)\{c_n+(n+2)c_{n+2}\}=\frac{1}{n!}, \quad \cdots,$$

したがって,

$$c_n+(n+2)c_{n+2}=\frac{1}{(n+1)!}$$

が得られる. これより

$$c_2=\frac{1}{2}-\frac{c_0}{2}, \quad c_4=-\frac{2}{4!}+\frac{c_0}{2\cdot 4}, \quad c_6=\frac{11}{6!}-\frac{c_0}{2\cdot 4\cdot 6}, \quad \cdots,$$

$$c_3=\frac{1}{3!}-\frac{c_1}{1\cdot 3}, \quad c_5=-\frac{3}{5!}+\frac{c_1}{1\cdot 3\cdot 5}, \quad c_7=\frac{19}{7!}-\frac{c_1}{1\cdot 3\cdot 5\cdot 7}, \quad \cdots$$

が出てくるので,

$$y=c_0+\left(\frac{1}{2}-\frac{c_0}{2}\right)x^2+\left(-\frac{2}{4!}+\frac{c_0}{2\cdot 4}\right)x^4+\left(\frac{11}{6!}-\frac{c_0}{2\cdot 4\cdot 6}\right)x^6+\cdots$$

$$+c_1 x+\left(\frac{1}{3!}-\frac{c_1}{1\cdot 3}\right)x^3+\left(-\frac{3}{5!}+\frac{c_1}{1\cdot 3\cdot 5}\right)x^5$$

$$+\left(\frac{19}{7!}-\frac{c_1}{1\cdot 3\cdot 5\cdot 7}\right)x^7+\cdots$$

である. 項の順序を変えてもよいので,

$$y=c_0\left(1-\frac{x^2}{2}+\frac{x^4}{2\cdot 4}-\frac{x^6}{2\cdot 4\cdot 6}+\cdots\right)$$

$$+c_1\left(x-\frac{x^3}{1\cdot 3}+\frac{x^5}{1\cdot 3\cdot 5}-\frac{x^7}{1\cdot 3\cdot 5\cdot 7}+\cdots\right)$$

$$+\frac{x^2}{2!}+\frac{x^3}{3!}-\frac{2x^4}{4!}-\frac{3x^5}{5!}+\frac{11x^6}{6!}-\cdots$$

となる.

問 1. 次の微分方程式の級数解を, 与えられた初期条件の下で求めよ:
 (i) $y'=x+y^2$, $y(0)=0$;
 (ii) $y'=1+\sqrt[3]{xy}$, $y(0)=0$.

問 2. 次の微分方程式の級数解を求めよ:

(i) $y'' + y' + xy = 0,\quad y(0) = 1,\ y'=(0)=0$;
(ii) $y'' - x^2 y = \sin x,\quad y(0) = 0.$

問 3. 次の連立微分方程式の級数解を求めよ:
(i) $y_1' = y_1 y_2,\quad y_2' = y_1 + xy_2,\quad y_1(0)=1,\ y_2=(0)=0$;
(ii) $y_1' = y_1 + xy_2,\quad y_2' = y_1 + (x-1)y_2,\quad y_1(0)=1,\ y_2=(0)=2.$

§24. 特 異 点

線型微分方程式

$$(24.1)\qquad p_0(x)y^{(n)} + p_1(x)y^{(n-1)} + \cdots + p_{n-1}(x)y' + p_n(x)y = 0$$

を考える. $p_0(x_0) \neq 0$ とすると, $x = x_0$ において

$$(24.2)\qquad \frac{p_k(x)}{p_0(x)} = \sum_{j=0}^{\infty} c_{kj}(x-x_0)^j \qquad (k=1,2,\cdots,n)$$

と, テイラー級数に展開することができるときには, (24.1) と連立微分方程式

$$(24.3)\quad \begin{cases} y' = y_1,\quad y_1' = y_2,\quad \cdots,\quad y'_{n-2} = y_{n-1}, \\ y'_{n-1} = -\dfrac{p_n}{p_0}y - \dfrac{p_{n-1}}{p_0}y_1 - \cdots - \dfrac{p_1}{p_0}y_{n-1} \end{cases}$$

とは同じものである. それで, 初期条件を与えると, x_0 の近傍 $|x-x_0|<a$ を定理 23.2 の条件を満足するように, 定めることができる. したがって, 方程式 (24.1) は $x=x_0$ において冪級数で表わすことができる解をもつ. それで, この $x=x_0$ を方程式 (24.1) の**正常点**ということにする.

$p_0(x_0)=0$ となる場合には, (24.2) のような展開はできない. したがって, (24.2) に対して定理 23.2 が成り立つような x_0 の近傍を定めることはできない. それで, $x=x_0$ を (24.1) の**特異点**という. この場合に, 特に展開の形が

$$(24.4)\qquad \frac{p_k(x)}{p_0(x)} = \frac{1}{(x-x_0)^k}\sum_{j=0}^{\infty} c_{kj}(x-x_0)^j \qquad (k=1,2,\cdots,n)$$

で与えられるときには極限値

$$\lim_{x\to x_0}(x-x_0)^k \frac{p_k(x)}{p_0(x)} = c_{k0}$$

が確定するので, **確定特異点**ということにする. これに対して, (24.4) のような展開が不可能であるときには, $x=x_0$ は**不確定特異点**であるという.

§24. 特 異 点

例えば，方程式

$$(1-x^2)y''+2xy'+y=0$$

においては，$x=-1$, $x=1$ に対して $1-x^2=0$ となる．したがって，この2個の値は，われわれの方程式の特異点である．この方程式を書きかえると，

$$y''+\frac{2x}{1-x^2}y'+\frac{1}{1-x^2}y=0$$

となる．$x=1$ の近傍では

$$\frac{2x}{1-x^2}=-\frac{1}{x-1}\left(1+\frac{x-1}{2}-\frac{(x-1)^2}{2^2}+\cdots\right),$$

$$\frac{1}{1-x^2}=-\frac{1}{(x-1)^2}\left(\frac{x-1}{2}-\frac{(x-1)^2}{2^2}+\cdots\right)$$

と書けるので，$x=1$ は確定特異点である．同じようにして，$x=-1$ もまた確定特異点であることがわかる．

$x=x_0$ が (24.1) の正常点であると，前節で示したように，$x=x_0$ で正則な2個の1次独立な解が得られるけれども，特異点の場合には，何ともいえない．それで，ここでは，理論を抜いて，確定特異点の近傍における解を求める**フロベニウスの方法**と呼ばれているものを紹介しておこうと思う．

話を簡単にするために，$x_0=0$ と考えておく．そして，方程式も (24.1) を書きかえた

$$(24.5)\qquad Ly\equiv y^{(n)}+\frac{p_1(x)}{p_0(x)}y^{(n-1)}+\cdots+\frac{p_{n-1}(x)}{p_0(x)}y'+\frac{p_n(x)}{p_0(x)}y=0$$

を考える．これの解が $x=0$ の近傍で

$$(24.6)\qquad y=x^s\sum_{k=0}^{\infty}a_k x^k,\qquad a_0\neq 0,$$

と表わすことができたと仮定しよう．これを (24.5) に代入する．この場合に

$$m(m-1)\cdots(m-k+1)\equiv P(m,k)$$

とおいて整頓すると，

$$Ly\equiv a_0\{P(s,n)+P(s,n-1)c_{10}+P(s,n-2)c_{20}+\cdots$$
$$+P(s,1)c_{n-1,0}+c_{n0}\}x^{s-n}$$
$$+[a_0\{P(s,n-1)c_{11}+P(s,n-2)c_{21}+\cdots+P(s,1)c_{n-1,1}+c_{n1}\}$$
$$+a_1\{P(s+1,n)+P(s+1,n-1)c_{10}+\cdots$$
$$+P(s+1,1)c_{n-1,0}+c_{n0}\}]x^{s-n+1}$$

$$+ [a_0\{P(s, n-1)c_{12}+P(s, n-2)c_{22}+\cdots+P(s,1)c_{n-1,2}+c_{n2}\}$$
$$+a_1\{P(s+1, n-1)c_{11}+P(s+1,n-2)c_{21}+\cdots$$
$$+P(s+1, 1)c_{n-1,1}+c_{n1}\}$$
$$+a_2\{P(s+2, n)+P(s+2, n-1)c_{10}+\cdots$$
$$+P(s+2, 1)c_{n-1,0}+c_{n0}\}]x^{s-n+2}$$
$$+\cdots$$

となる. $Ly=0$ が $x=0$ を含む区間で成り立つためには, これは恒等式でなければならない. したがって, 各項の係数は0とならねばならない. ここで

$$f(s) \equiv P(s, n)+P(s, n-1)c_{10}+\cdots+P(s, 1)c_{n-1,0}+c_{n0},$$
$$g_k(s) \equiv P(s, n-1)c_{1k}+P(s, n-2)c_{2k}+\cdots+P(s, 1)c_{n-1,k}+c_{nk}$$

とおくと,

(24.7)
$$Ly \equiv a_0 f(s)x^{s-n}+\{a_0 g_1(s)+a_1 f(s+1)\}x^{s-n+1}$$
$$+\{a_0 g_2(s)+a_1 g_1(s+1)+a_2 f(s+2)\}x^{s-n+2}$$
$$+\{a_0 g_3(s)+a_1 g_2(s+1)+a_2 g_1(s+2)+a_3 f(s+3)\}x^{s-n+3}$$
$$+\cdots$$
$$+\{a_0 g_k(s)+a_1 g_{k-1}(s+1)+\cdots+a_{k-1}g_1(s+k-1)+a_k f(s+k)\}x^{s-n+k}$$
$$+\cdots.$$

最低冪 x^{s-n} の係数を0とおくと, $a_0 \neq 0$ であることから

$$f(s)=P(s, n)+P(s, n-1)c_{10}+\cdots+P(s, 1)c_{n-1,0}+c_{n0}=0,$$

すなわち

(24.8)
$$s(s-1)\cdots(s-n+1)+s(s-1)\cdots(s-n+2)c_{10}$$
$$+\cdots+s(s-1)\cdots(s-n+k)c_{k-1,0}+\cdots+sc_{n-1,0}+c_{n0}=0$$

を得る. これは s について n 次であるから, 一般には, s の値が n 個ある. これを微分方程式 (24.1) の $x=0$ における**指数**といい, 方程式 (24.8) を**決定方程式**という. この s のそれぞれに対して, x^{s-n+1} の係数が0となるのであるから,

$$a_1 f(s+1) = -a_0 g_1(s)$$

が出てくる. したがって, $f(s+1) \neq 0$ なら, a_1 を a_0 で表わすことができる. つぎに, x^{s-n+2} の係数を0とおくと,

§24. 特異点

$$a_2 f(s+2) = -a_0 g_2(s) - a_1 g_1(s+1)$$

となって, $f(s+2) \not\equiv 0$ なら, a_2 を a_0 と a_1 とで表わすことができる. さらに, 一般に, x^{s-n+k} の係数を0とおくと,

$$(24.9) \qquad a_k f(s+k) = -\sum_{j=1}^{k} a_{k-j} g_j(s+k-j) \qquad (k \geq 1)$$

によって, $f(s+k) \not\equiv 0$ なら, a_k を $a_0, a_1, \cdots, a_{k-1}$ で表わすことができる. したがって, 決定方程式 (24.8) によって, 異なる n 個の s が定められ, それぞれの s に対して $f(s+k) \not\equiv 0$, $(k=1, 2, \cdots)$ が成り立つと, 級数 (24.6) の係数 a_k が定まる.

これは n 階の場合であるが, これからさきに取り扱うのは, $n=2$ の場合, すなわち, 方程式

$$(24.1^*) \qquad p_0(x) y'' + p_1(x) y' + p_2(x) y = 0$$

であるから, (24.4) の記号をそのまま用いると

$$f(s) = P(s, 2) + P(s, 1) c_{10} + c_{20},$$

$$g_k(s) = P(s, 1) c_{1k} + c_{2k}$$

となるので, 決定方程式は

$$(24.8^*) \qquad s^2 + (c_{10} - 1) s + c_{20} = 0$$

となる.

この決定方程式の根の種類によって, 解の性格は異なる. 異なる2根をもつ場合でも, 簡単に取り扱えない場合がある. それの吟味については, 節を改めてやることにして, ここでは $f(s+k) \not\equiv 0$ となる場合だけについて, どのように解くかを, 例をもって, 示すことにしよう.

例. $\qquad 2x^2 y'' + (x^2 - x) y' + y = 0.$

解. これは, $p_0(x) \equiv 2x^2$, $p_1(x) \equiv x^2 - x$, $p_2(x) \equiv 1$ の場合である. $p_0(x) = 0$ となる x の値, すなわち方程式 $2x^2 = 0$ を解いて得られる x の値, すなわち, $x = 0$, が特異点であることはわかるであろう. また, この方程式は $x \not\equiv 0$ とすると,

$$y'' + \frac{x-1}{2x} y' + \frac{1}{2x^2} y = 0$$

と書けるので，$x=0$ は確定特異点である．

$$\frac{p_1(x)}{p_0(x)} = \frac{x-1}{2x} = \frac{1}{x}\left(-\frac{1}{2} + \frac{x}{2}\right),$$

$$\frac{p_2(x)}{p_0(x)} = \frac{1}{2x^2} = \frac{1}{x^2} \cdot \frac{1}{2}$$

であるから，

$$c_{10} = -\frac{1}{2}, \quad c_{11} = \frac{1}{2}, \quad c_{12} = 0, \quad \cdots, \quad c_{1n} = 0, \quad \cdots,$$

$$c_{20} = \frac{1}{2}, \quad c_{21} = 0, \quad c_{22} = 0, \quad \cdots, \quad c_{2n} = 0, \quad \cdots$$

である．決定方程式は

$$f(s) = s(s-1) - \frac{s}{2} + \frac{1}{2} = \left(s - \frac{1}{2}\right)(s-1) = 0$$

であるから，$s = \frac{1}{2}$, $s = 1$ である．

$$g_k(s) = P(s, 1)c_{1k} + c_{2k}$$

であり，$k \geqq 1$ なら $c_{2k} = 0$ であるから

$$g_k(s) = sc_{1k}.$$

これより $k \geqq 2$ なら $g_k(s) = 0$ であることがわかる．そして，

$$g_1(s) = sc_{11} = \frac{s}{2}$$

である．

$s = \frac{1}{2}$ の場合には

$$a_k f\left(k + \frac{1}{2}\right) = -a_{k-1} g_1\left(k - \frac{1}{2}\right)$$

であって，

$$f\left(k + \frac{1}{2}\right) = k\left(k - \frac{1}{2}\right), \quad g_1\left(k - \frac{1}{2}\right) = \frac{1}{2}\left(k - \frac{1}{2}\right)$$

であるから，

$$a_k k\left(k - \frac{1}{2}\right) = -\frac{1}{2}\left(k - \frac{1}{2}\right)a_{k-1}.$$

これより
$$a_k = -\frac{1}{2k} a_{k-1}.$$

これは $k \geq 1$ なら,いつでも成り立つので,
$$a_{k-1} = -\frac{1}{2(k-1)} a_{k-2},$$
$$\dots\dots\dots\dots\dots,$$
$$a_2 = -\frac{1}{2 \cdot 2} a_1,$$
$$a_1 = -\frac{1}{2 \cdot 1} a_0$$

となる.辺々掛け合わせて
$$a_k = (-1)^k \frac{1}{2^k \cdot k!} a_0;$$

したがって,
$$y_1 = a_0 x^{1/2} \sum_{k=0}^{\infty} (-1)^k \frac{x^k}{2^k \cdot k!}$$

が成り立つ.

$s=1$ のときには,
$$a_k f(k+1) = -a_{k-1} g_1(k)$$

であって
$$f(k+1) = P(k+1, 2) + P(k+1, 1) c_{10} + c_{20}$$
$$= (k+1) \cdot k - \frac{k+1}{2} + \frac{1}{2}$$
$$= \frac{k(2k+1)}{2},$$
$$g_1(k) = P(k, 1) c_{11} + c_{21} = \frac{k}{2}$$

であるから,
$$a_k \frac{k(2k+1)}{2} = -\frac{k}{2} a_{k-1};$$

したがって，
$$a_k = -\frac{1}{2k+1} a_{k-1}$$
となり，
$$a_k = (-1)^k \frac{1}{3 \cdot 5 \cdots (2k+1)} a_0$$
が出てくる．ゆえに，
$$y_2 = a_0 x \sum_{k=0}^{\infty} (-1)^k \frac{x^k}{3 \cdot 5 \cdots (2k+1)}$$
である．これらは，与えられた方程式の特別解である．$y_1(x)$ は $x<0$ のときは虚数となるので，$x<0$ のときの実数解は $iy_1(x)$ で与えられる．また，$y_2(x)$ は $x=0$ の場合にも成り立つ．このことから，一般解は
$$y = C_1 y_1(x) + C_2 y_2(x)$$
であって，$x \neq 0$ なら成り立つ．

問． 次の微分方程式の特異点は $x=0$ である．その種類を調べた後に，$x=0$ の近傍における解を求めよ：
(i) $xy'' + (3+x^3)y' + 3x^2 y = 0$,
(ii) $x^2 y'' + x^3 y' - 2y = 0$,
(iii) $xy'' - y' + x^2 y = 0$.

§25. 決定方程式の吟味

$f(s+k) \neq 0$ のときには，a_k を定めることができるけれども，決定方程式の2根が異なるときでも，それを s_1, s_2 とすると，k のある値に対して，$f(s_1+k)$ または $f(s_2+k)$ が 0 となることがあり得る．例えば $f(s_1+K)=0$ になったとすると，(24.9) によって a_K を定めることはできない．$f(s)=(s-s_1)(s-s_2)$ であるから，
$$f(s+k) = (s+k-s_1)(s+k-s_2)$$
と書ける．したがって，
$$f(s_1+k) = k\{k+(s_1-s_2)\}, \quad f(s_2+k) = k\{k-(s_1-s_2)\}$$
となる．

§25. 決定方程式の吟味

（i） s_1 が複素数のときは，c_{10}, c_{20} は実数であるから，$s_2=\bar{s}_1$ である．したがって，s_1-s_2 は純虚数である．ゆえに，$k+(s_1-s_2) \not\approx 0$, $k-(s_1-s_2) \not\approx 0$ である．このことから，$f(s_1+k) \not\approx 0$, $f(s_2+k) \not\approx 0$ が出てくる．

（ii） s_1, s_2 が異なる実数であるときは，

（a） s_1-s_2 が正であって整数でないときには，$s_1-s_2>0$ であるから，$k \geqq 1$ なら，$f(s_1+k)>0$ である．したがって，形が (24.6) の解が得られる．

（b） s_1-s_2 が正の整数であるときには，$k=s_1-s_2$ とすると $f(s_2+k)=0$ となる．それで，$s_1-s_2=K$ とおくと $f(s_2+K)=0$ となる．そして，このときに $f(s+K)=(s-s_2)(s-s_2+K)$ となるから，(24.9) は

$$(25.1) \qquad (s-s_2)(s-s_2+K)a_K = \sum_{j=1}^{K} a_{K-j} g_j(s+K-j)$$

となる．これの左辺は $s=s_2$ のときに 0 となる．したがって，

$1°$. 右辺が 0 となるときには，a_K は不定である．いいかえると，どのような値であってもよい．そうすると，この場合には，形が (24.6) の解が存在し，しかも 2 個の任意定数 a_0, a_K を含むので，これは一般解である．

$2°$. 右辺が 0 とならないときには，$a_0, a_1, a_2, \cdots, a_{K-1}=0$ のときの他には，(25.1) は成り立たない．したがって，形が (24.6) の解をもたない．それで，この場合に，解は

$$(25.2) \qquad y_s(x) = x^s \sum_{k=0}^{\infty} a_k(s) x^k$$

であるとする．$k \geqq 1$ のときに，すべての s に対して (24.9) が成り立つとする．そうすると，a_k は a_0 と s とで表わせる．(25.1) と (24.9) の性質によって，$a_K(s), a_{K+1}(s), \cdots$ は $s-s_2$ を分母に持たねばならぬ．したがって，$s \to s_2$ としたときに $a_K(s), a_{K+1}(s), \cdots$ は有限値とはならない．$(s-s_2)y_s(x)$ を考えると，$s \to s_2$ とすれば，a_k $(k<K)$ は $\to 0$ となり，$k \geqq K$ に対する $a_k(s)$ は $\to A_k(s_2) \not\approx \infty$ となるから，

$$y_s(x) = \sum_{k=0}^{K-1} a_k(s) x^{s+k} + \sum_{k=K}^{+\infty} \frac{A_k(s)}{s-s_2} x^{s+k}$$

と書ける．ところが，(25.2) に対して (24.9) が成り立つので，

$$Ly_s(x) = a_0 f(s) x^{s-2} = a_0(s-s_1)(s-s_2) x^{s-2}$$

となるから,

(25.3) $$L(s-s_2) y_s(x) = a_0(s-s_1)(s-s_2)^2 x^{s-2}$$

となる. ところが, 右辺は $s=s_2$ を2重根としているから,

$$\left[\frac{\partial}{\partial s} L(s-s_2) y_s(x) \right]_{s=s_2} = 0$$

である. したがって,

$$L \left[\frac{\partial}{\partial s}(s-s_2) y_s(x) \right]_{s=s_2} = 0.$$

これから

$$\left[\frac{\partial}{\partial s}(s-s_2) y_s(x) \right]_{s=s_2}$$

は与えられた方程式の一つの解である. それで, われわれは第二の解として

(25.4) $$y_2(x) = \left[\frac{\partial}{\partial s}(s-s_2) y_s(x) \right]_{s=s_2}$$

を採用する. ところが,

$$(s-s_2) y_s(x) = \sum_{k=0}^{K-1} (s-s_2) a_k(s) x^{s+k} + \sum_{k=K}^{+\infty} A_k(s) x^{s+k}$$

であるから,

$$\frac{\partial}{\partial s}(s-s_2) y_s(x)$$

$$= \sum_{k=0}^{K-1} \{ a_k(s) x^{s+k} + (s-s_2) a_k'(s) x^{s+k} + (s-s_2) a_k(s) x^{s+k} \log|x| \}$$

$$+ \sum_{k=K}^{+\infty} \{ A_k'(s) x^{s+k} + A_k(s) x^{s+k} \log|x| \}$$

であるから,

$$\left[\frac{\partial}{\partial s}(s-s_2) y_s(x) \right]_{s=s_2} = \sum_{k=0}^{K-1} a_k(s_2) x^{s_2+k}$$
$$+ \sum_{k=K}^{\infty} \{ A_k'(s_2) + A_k(s_2) \log|x| \} x^{s_2+k}$$

となり,

§25. 決定方程式の吟味

$$(25.5) \quad y_2(x) = \sum_{k=0}^{K-1} a_k(s_2) x^{s_2+k} + \sum_{k=K}^{\infty} \{A_k'(s_2) + \log|x| \sum_{k=K}^{\infty} A_k(s_2)\} x^{s_2+k}$$

となる. s_1 に対応する解は $y_s(x)$ において, $s=s_1$ とおいたものであるから,

$$(25.6) \quad y_1(x) = [y_s(x)]_{s=s_1} = \sum_{k=0}^{+\infty} a_k(s_1) x^{s_1+k} \equiv a_0 u_1(x)$$

となる. ところが, (25.5) の $\log|x|$ の係数をみると,

$$\sum_{k=K}^{\infty} A_k(s_2) x^{s_2+k}$$

であるが, 他方で

$$(s-s_2) \sum_{k=0}^{\infty} a_k(s) x^{s+k} = (s-s_2) \sum_{k=0}^{K-1} a_k(s) x^{s+k} + \sum_{k=K}^{\infty} A_k(s) x^{s+k}$$

であるから,

$$\lim_{s \to s_2} \left[(s-s_2) \sum_{k=0}^{\infty} a_k(s) x^{s+k} \right] = \sum_{k=K}^{\infty} A_k(s_2) x^{s_2+k}$$

となることがわかる. (25.3) によって

$$\lim_{s \to s_2} \left[(s-s_2) \sum_{k=0}^{\infty} a_k(s) x^{s+k} \right]$$

は, 与えられた方程式の解である. したがって,

$$\sum_{k=K}^{\infty} A_k(s_2) x^{s_2+k} = A_K(s_2) x^{s_2+K} + A_{K+1}(s_2) x^{s_2+K+1} + \cdots$$

$$= A_K(s_2) x^{s_1} + A_{K+1}(s_2) x^{s_1+1} + \cdots$$

は, われわれの方程式の解であり, x^{s_1} の項からはじまる. したがって, これは (25.6) の定数倍である. したがって, この両級数の同冪の項の係数は比例し, その比例定数は初項, すなわち x^{s_1} の係数の比 $A_K(s_2)/a_0$ に等しい. したがって,

$$\sum_{k=K}^{\infty} A_k(s_2) x^{s_2+k} = A_K(s_2) u_1(x)$$

となる. これを (25.5) へ代入すると,

$$(25.7) \quad y_2(x) = A_K(s_2) u_1(x) \log|x| + \sum_{k=0}^{K-1} a_k(s_2) x^{s_2+k} + \sum_{k=K}^{\infty} A_k'(s_2) x^{s_2+k}$$

となる.

(iii) $s_2=s_1$ のときには，$f(s_1+k)=k^2$ であるから，$k\geqq 1$ のときには，$f(s_1+k)\neq 0$ である．このときには，形が (24.6) の解をただ一つ持つだけである．したがって，これとは独立な解を，もう一つ見つけねばならない．

これを見つけるために，上の場合と同じようにして，$a_1, a_2, \cdots, a_n, \cdots$ は a_0 と s とで表わされていると仮定する．そうすると，解は (25.2) で表わされる．(24.9) が成り立つのであるから，

$$Ly_s = a_0 f(s) x^{s-2}$$

となる．$f(s)=0$ が $s=s_1$ を重根としてもっているので，$f(s)=(s-s_1)^2$ となる．したがって，

(25.8) $$Ly_s(x) = a_0(s-s_1)^2 x^{s-2}$$

となる．これの右辺は $s=s_1$ とすると 0 となり，$s=s_1$ は右辺の 2 重根であるから，x を定数と考えて s について微分したものは，$s=s_1$ としたときは，上の場合と同じようにして，0 とならねばならない．そして，実際に計算すると

$$\frac{\partial}{\partial s} Ly_s(x) = a_0 \{2(s-s_1)+(s-s_1)^2 \log|x|\} x^{s-2}$$

となる．したがって，

$$\left[\frac{\partial}{\partial s} Ly_s(x)\right]_{s=s_1} = 0$$

となる．

ところが，

$$\frac{\partial}{\partial s} Ly_s(x) = L\left[\frac{\partial}{\partial s} y_s(x)\right]$$

であるから，

$$L\left[\frac{\partial}{\partial s} y_s(x)\right]_{s=s_1} = 0$$

となるが，これは $\left[\frac{\partial}{\partial s} y_s(x)\right]_{s=s_1}$ が与えられた微分方程式の解であることを示している．したがって，$s_2=s_1$ の場合の第 2 の解は

$$y_0(x) = \left[\frac{\partial}{\partial s} y_s(x)\right]_{s=s_1}$$

§25. 決定方程式の吟味

であることがわかるであろう．ところが，

$$y_1(x) = x^{s_1}\sum_{k=0}^{\infty} a_k(s_1)x^k = \sum_{k=0}^{\infty} a_k(s_1)x^{s_1+k}$$

であるから，第2の解は，上述の方法によって

$$y_2(x) = \left[\frac{\partial y_s}{\partial s}\right]_{s=s_1}$$

$$= \left[x^s \log|x| \sum_{k=0}^{\infty} a_k(s)x^k + x^s \sum_{k=1}^{\infty} a_k'(s)x^k\right]_{s=s_1}$$

で与えられている．これは

(25.9) $$y_2(x) = y_1(x)\log|x| + \sum_{k=1}^{\infty} a_k'(s_1)x^{s_1+k}$$

と書くことができる．この場合に

$$a_k'(s_1) = \left[\frac{\partial a_k(s)}{\partial s}\right]_{s=s_1}$$

である．

いままで説明してきたことを，よく理解することができるように，各種の例を考察することにしよう．

例 1. $$x^2 y'' + (x^2 + x)y' - y = 0.$$

解． この方程式においては

$$p_0(x) = x^2, \quad p_1(x) = x^2 + x, \quad p_2(x) = -1$$

である．ゆえに，

$$\frac{p_1(x)}{p_0(x)} = \frac{1}{x}(1+x), \quad \frac{p_2(x)}{p_0(x)} = \frac{1}{x^2}(-1)$$

であるから，

$$c_{10} = 1, \quad c_{11} = 1, \quad c_{1k} = 0 \qquad (k=2, 3, \cdots),$$
$$c_{20} = -1, \quad c_{2k} = 0 \qquad (k=1, 2, \cdots)$$

となる．したがって，決定方程式は

$$f(s) = s(s-1) + sc_{10} + c_{20} = s^2 - 1 = 0$$

であるから，$s_1 = 1, s_2 = -1$ である．したがって，$s_1 - s_2 = 2$ となるので，これは，(ii), (b) の場合である．

$$g_k(s) = P(s,1)c_{1k} + c_{2k} = sc_{1k} + c_{2k}$$

であるから,

$$g_1(s) = sc_{11} + c_{21} = s,$$
$$g_k(s) = 0 \qquad (k \geqq 2)$$

であるから, (25.1) において $K=2$ とすると,

$$(s-s_2)(s-s_2+2)a_2 = a_1 g_1(s+1) + a_0 g_2(s)$$
$$= a_1 g_1(s+1)$$

となるが, $s_2 = -1$ であるから,

$$(s+1)(s+3)a_2 = a_1(s+1)$$

となるので, $s=s_2=-1$ としたときに, この等式は成り立つ. ゆえに, われわれの方程式は $1°$ の場合であることがわかる. したがって, 形が (24.6) の解を2個もっている.

循環公式 (24.9) によって

$$a_k f(s+k) = -a_{k-1} g_1(s+k-1)$$

となるから,

$$a_k\{(s+k)^2 - 1\} = -a_{k-1}(s+k-1),$$

すなわち

$$(s+k-1)\{a_k(s+k+1) + a_{k-1}\} = 0$$

となる. $s = s_1 = 1$ のときには

$$k\{a_k(k+2) + a_{k-1}\} = 0$$

であり, $k \geqq 1$ であるから,

$$a_k = -\frac{a_{k-1}}{k+2} \qquad (k \geqq 1)$$

が出てくる. ここで, $k=1, 2, \cdots, n$ とおいてできた式を, 辺々掛け合わすと,

$$a_n = (-1)^n \frac{a_0}{3 \cdot 4 \cdot 5 \cdots (2+n)}$$

となるので,

$$y_1 = a_0 x \left(1 - \frac{x}{3} + \frac{x^2}{3 \cdot 4} - \cdots + (-1)^n \frac{x^n}{3 \cdot 4 \cdots (2+n)} + \cdots \right)$$

$$= 2a_0\left(\frac{e^{-x}-1+x}{x}\right) = 2a_0\frac{e^{-x}}{x} - 2a_0\frac{1-x}{x}$$

となる. $s=s_2=-1$ のときには，循環公式は

$$(k-2)(ka_k+a_{k-1})=0$$

となり，$k=1$ のときには，$a_1+a_0=0$ であるから $a_1=-a_0$ となる．$k=2$ のときは，上の等式は恒等的に成り立つので，a_2 は何であってもよい．$k\geqq 3$ の場合には

$$a_k = -\frac{a_{k-1}}{k}$$

で，$a_1=-a_0$ であり，$a_2 \neq 0$ を任意であると考えると，$n \geqq 3$ なら

$$a_n = (-1)^{n-2}\frac{a_2}{3\cdot 4\cdots n} = (-1)^n\frac{2a_2}{n!}$$

であるから，

$$y_2 = x^{-1}\left(a_0 - a_0 x + a_2 x^2 + \sum_{n=3}^{\infty}(-1)^n\frac{2a_2}{n!}x^n\right)$$

$$= (a_0 - 2a_2)\frac{1-x}{x} + 2a_2\frac{e^{-x}}{x}$$

となる.

$y_1(x), y_2(x)$ は互いに独立な解であるから，一般解は

$$y = C_1\frac{1-x}{x} + C_2\frac{e^{-x}}{x}$$

となる.

注意. $s_2=-1$ のときには，a_2 は全く任意であるから，$a_2=0$ としてもよい．そうすると，上の循環式によって，$a_3=a_4=\cdots=a_n=\cdots=0$ である．したがって，

$$y_2 = x^{-1}(a_0 - a_0 x) = a_0\frac{1-x}{x}$$

となる．これは y_1 とは独立な解であるから，一般解は

$$y = C_1\frac{1-x}{x} + C_2\frac{e^{-x}}{x}$$

となって，上のものと全く同じであることがわかるであろう.

例 2. $\qquad x^2 y'' + xy' + (x^2-1)y = 0.$

解. これは

$$p_0(x)=x^2, \quad p_1(x)=x, \quad p_2(x)=x^2-1$$

の場合であって

$$\frac{p_1(x)}{p_0(x)}=\frac{1}{x}, \quad \frac{p_2(x)}{p_0(x)}=\frac{x^2-1}{x^2}=\frac{1}{x^2}(-1+x^2)$$

であるから，$x=0$ は確定特異点である．そして，

$$c_{10}=1, \quad c_{1k}=0 \quad (k\geqq 1);\quad c_{20}=-1,\quad c_{21}=0,\quad c_{22}=1,\quad c_{2k}=0 \quad (k\geqq 3)$$

であるから，決定方程式は

$$f(s)=s(s-1)+sc_{10}+c_{20}$$
$$=s(s-1)+s-1=s^2-1=0$$

であるから，$s_1=1, s_2=-1$ であり，$s_1-s_2=2$ である．したがって，(ii), (b) の場合である．

$$g_k(s)=P(s,1)c_{1k}+c_{2k}=sc_{1k}+c_{2k}$$

であるから，

$$g_1(s)=sc_{11}+c_{21}=0,$$
$$g_2(s)=sc_{12}+c_{22}=1,$$
$$g_k(s)=0 \quad (k\geqq 3)$$

である．そして，(25.1) は

$$(s+1)(s+3)a_2=a_1g_1(s+1)+a_0g_2(s)=a_0$$

となるが，$a_0 \neq 0$ であるから，例1の場合とはちがう．すなわち，これは $2°$ の場合である．

循環公式 (24.9) は

$$a_k f(s+k)=-a_{k-2}g_2(s+k-2)=-a_{k-2}$$

となるので，$s=s_1=1$ の場合には

$$a_k f(k+1)=-a_{k-2}$$

となるので，

$$k(k+2)a_k=-a_{k-2}$$

となる．ここで $k=2n$ とおくと，

$$a_{2n}=-\frac{a_{2(n-1)}}{2n(2n+2)}$$

§25. 決定方程式の吟味

となる．したがって，

$$a_{2n} = (-1)^n \frac{a_0}{2\cdot 4^2 \cdot 6^2 \cdots (2n)^2(2n+2)}$$

$$= (-1)^n \frac{a_0}{2^{2n-1}(n!)^2(2n+2)}$$

$$= (-1)^n \frac{a_0}{2^{2n}(n!)^2(n+1)}$$

が出てくる．したがって，

$$y_1 = a_0 x\left[1 - \frac{x^2}{2^2(1!)^2\cdot 2} + \frac{x^4}{2^4(2!)^2\cdot 3} - \cdots + (-1)^n \frac{x^{2n}}{2^{2n}(n!)^2(n+1)} + \cdots\right]$$

$$= a_0\left[x - \frac{x^3}{2^2(1!)^2\cdot 2} + \frac{x^5}{2^4(2!)^2\cdot 3} - \cdots + (-1)^n \frac{x^{2n+1}}{2^{2n}(n!)^2(n+1)} + \cdots\right]$$

$$= a_0 u_1(x).$$

$s = s_2 = -1$ の場合には，上で注意しておいたように，(25.7) を用いねばならない．そして，今の場合には (25.7) は

$$y_2 = A_2(-1)u_1(x)\log|x| + a_0 x^{-1} + \sum_{k=2}^{\infty} A_k'(-1)x^{-1+k}$$

となる．ところが，

$$a_k(s) = -\frac{a_{k-2}(s)}{(s+k-1)(s+k+1)}$$

であるから，$k=2n$ とおくと，

$$a_{2n}(s) = -\frac{a_{2(n-1)}(s)}{(s+2n-1)(s+2n+1)}$$

となる．したがって，

$$a_{2n}(s) = (-1)^n \frac{a_0}{(s+1)(s+3)^2(s+5)^2\cdots(s+2n-1)^2(s+2n+1)}$$

となるで，

$$A_{2n}(s) = (s+1)a_{2n}(s) = (-1)^n \frac{a_0}{(s+3)^2(s+5)^2\cdots(s+2n-1)^2(s+2n+1)}$$

となる．したがって

$$A_2(-1) = -\frac{a_0}{2}$$

となる.また,s について対数微分したものは

$$\frac{A_{2n}'(s)}{A_{2n}(s)} = -\sum_{j=2}^{n}\frac{2}{s+2j-1} - \frac{1}{s+2n-1}$$

となるので

$$A_{2n}'(-1) = -A_{2n}(-1)\left(\sum_{j=2}^{n}\frac{2}{2j-2} + \frac{1}{2n}\right)$$

$$= -A_{2n}(-1)\left(\sum_{j=2}^{n}\frac{1}{j-1} + \frac{1}{2n}\right)$$

$$= -A_{2n}(-1)\left(\sum_{k=1}^{n}\frac{1}{k} - \frac{1}{2n}\right).$$

ここで,

$$\varphi(n) \equiv \sum_{k=1}^{n}\frac{1}{k},$$

とおくと,

$$A_{2n}'(-1) = -A_{2n}(-1)\left(\varphi(n) - \frac{1}{2n}\right)$$

となる.そして,

$$A_{2n}(-1) = (-1)^n \frac{a_0}{2^2 \cdot 4^2 \cdots [2(n-1)]^2 \cdot 2n}$$

$$= (-1)^n \frac{n}{2^{2n-1}(n!)^2} a_0$$

であるから,

$$A_{2n}'(-1) = -(-1)^n \frac{n}{2^{2n-1}(n!)^2}\left(\varphi(n) - \frac{1}{2n}\right)$$

となる.したがって,

$$y_2 = -\frac{a_0}{2} u_1(x)\log|x| + \frac{a_0}{x}$$

$$- a_0 \sum_{n=1}^{\infty}(-1)^n \frac{n}{2^{2n-1}(n!)^2}\left(\varphi(n) - \frac{1}{2n}\right) x^{2n}$$

$$= -a_0\left[\frac{1}{2}u_1(x)\log|x| - \frac{1}{x} + \sum_{n=1}^{\infty}(-1)^n \frac{1}{2^{2n-1}(n!)^2}\left\{\varPhi(n) - \frac{1}{2n}\right\}x^{2n}\right]$$

が出てくる.

したがって, 一般解は

$$y = c_1 y_1(x) + c_2 y_2(x)$$

となる. この場合に, a_0 には $y_1(x), y_2(x)$ の式において, 都合のよい値を与えておいたらよろしい.

例 3. $\quad x^2 y'' + (2x^3 - x)y' + (1+x^2)y = 0.$

解. まず,

$$p_0(x) = x^2, \quad p_1(x) = 2x^3 - x, \quad p_2(x) = 1 + x^2$$

であって,

$$\frac{p_1(x)}{p_0(x)} = \frac{1}{x}(-1 + 2x^2), \qquad \frac{p_2(x)}{p_0(x)} = \frac{1}{x^2}(1 + x^2)$$

であるから, $x=0$ は確定特異点である.

$$c_{10} = -1, \quad c_{11} = 0, \quad c_{12} = 2, \quad c_{1k} = 0 \qquad (k \geqq 3),$$
$$c_{20} = 1, \quad c_{21} = 0, \quad c_{22} = 1, \quad c_{2k} = 0 \qquad (k \geqq 3)$$

となるから, 決定方程式は

$$f(s) = s^2 - 2s + 1 = (s-1)^2 = 0$$

であるから, $s_1 = s_2 = 1$ の場合, すなわち, (iii) の場合である.

$$g_1(s) = sc_{11} + c_{21} = 0,$$
$$g_2(s) = sc_{12} + c_{22} = 2s + 1,$$
$$g_k(s) = sc_{1k} + c_{2k} = 0 \qquad (k \geqq 3)$$

であるから, 循環公式 (24.9) によって

(25.8) $\quad a_k f(1+k) = -a_{k-1} g_1(k) - a_{k-2} g_2(k-1) = -a_{k-2} g_2(k-1),$

すなわち

$$k^2 a_k = -(2k-1) a_{k-2}$$

となる. ここで $k = 2n$ とおくと,

$$a_{2n} = -\frac{4n-1}{(2n)^2} a_{2(n-1)}$$

となる．したがって，

$$a_{2n}=(-1)^n\frac{3\cdot7\cdots(4n-5)(4n-1)}{2^2\cdot4^2\cdots(2n-2)^2(2n)^2}a_0$$

となるので

$$y_1=a_0x\left\{1-\frac{3}{2^2}x^2+\frac{3\cdot7}{2^2\cdot4^2}x^4-\cdots\right.$$
$$\left.+(-1)^n\frac{3\cdot7\cdots(4n-5)(4n-1)}{2^2\cdot4^2\cdots(2n-2)^2(2n)^2}x^{2n}+\cdots\right\}.$$

つぎに，(25.8) より，$k\geqq2$ なら

$$a_k=-\frac{2s+2k-3}{(s+k-1)^2}a_{k-2}$$

となる．$k=2n$ とおけば，$n\geqq1$ なら

$$a_{2n}=-\frac{2s+4n-3}{(s+2n-1)^2}a_{2n-2}$$

となるから，

$$a_{2n}=(-1)^n\frac{(2s+4n-3)(2s+4n-7)\cdots(2s+5)(2s+1)}{(s+2n-1)^2(s+2n-3)^2\cdots(s+3)^2(s+1)^2}a_0$$

を得る．ゆえに，これを s について対数微分すると，

$$\frac{a_{2n}'(s)}{a_{2n}(s)}=2\sum_{j=1}^n\frac{1}{2s+4j-3}-2\sum_{j=1}^n\frac{1}{s+2j-1}$$

となるから，

$$\frac{a_{2n}'(1)}{a_{2n}(1)}=2\left(\sum_{j=1}^n\frac{1}{4j-1}-\sum_{j=1}^n\frac{1}{2j}\right)$$

となり，これより

$$a_{2n}'(1)=(-1)^n\frac{3\cdot7\cdots(4n-1)}{2^2\cdot4^2\cdots(2n)^2}\left(\sum_{j=1}^n\frac{2}{4j-1}-\sum_{j=1}^n\frac{1}{j}\right)a_0$$

となるので，(25.8) によって

$$y_2=y_1(x)\log|x|$$
$$+a_0x\sum_{k=1}^\infty(-1)^k\frac{3\cdot7\cdots(4k-1)}{2^2\cdot4^2\cdots(2k)^2}\left(\sum_{j=1}^k\frac{2}{4j-1}-\sum_{j=1}^k\frac{1}{j}\right)$$

であることがわかる．

問 1. 次の方程式の確定特異点の近傍における級数解を求めよ：
(i) $x^2 y'' - xy' + (1+x^2) y = 0$,
(ii) $x^2 y'' + (x^2 - 3x) y' + (4-2x) y = 0$,
(iii) $xy'' + (x-1) y' - y = 0$,
(iv) $(x^2 + x^5) y'' - (x^4 + 3x) y' - 5y = 0$.

問 2. 微分方程式
$$4x^2 y'' + (4\alpha x^2 + 4\beta x - 3) y = 0$$
を特異点 $x=0$ の近傍で解け．この場合に，α, β について吟味せよ．

§26. 重要な微分方程式

ここでは，前の諸節で述べた方法を用いて，数学や物理学において重要な役割を演じている微分方程式を紹介しておこう．

I．まず，方程式
$$(26.1) \qquad x^2 y'' + xy' + (x^2 - p^2) y = 0$$
を考えよう．$x=0$ は確定特異点である．そして，$x \neq 0$ では
$$y'' + \frac{1}{x} y' + \frac{x^2 - p^2}{x^2} y = 0$$
と書けるので，
$$\frac{p_1(x)}{p_0(x)} = \frac{1}{x}, \qquad \frac{p_2(x)}{p_0(x)} = \frac{1}{x^2}(-p^2 + x^2)$$
となり，
$$c_{10} = 1, \quad c_{1k} = 0 \quad (k \geq 1),$$
$$c_{20} = -p^2, \quad c_{21} = 0, \quad c_{22} = 1, \quad c_{2k} = 0 \quad (k \geq 3)$$
である．したがって，決定方程式は
$$f(s) = s(s-1) + sc_{10} + c_{20} = s(s-1) + s - p^2 = s^2 - p^2 = 0$$
であるから，$s = s_1 = p, \ s = s_2 = -p$ である．

$1°$. p が 0 または正の整数でない場合：
$$g_k(s) = sc_{1k} + c_{2k} = 0 \quad (k \geq 2)$$
であって，$g_1(s) = 0, \ g_2(s) = c_{22} = 1$ であるから，
$$a_k f(s+k) = -a_{k-2}$$

となるので，$s=p$ とすると，
$$f(p+k)=(p+k)^2-p^2=k(2p+k)$$
であるので
$$a_k=-\frac{a_{k-2}}{k(2p+k)}$$
となる．$k=2n$ とおけば，
$$a_{2n}=-\frac{a_{2(n-1)}}{2n(2p+2n)}$$
であるから，
$$a_{2n}=(-1)^n\frac{a_0}{2^{2n}(n!)(p+1)(p+2)\cdots(p+n)}$$
となる．ゆえに，
$$y_1(x)=a_0x^p\left[1+\sum_{n=1}^{\infty}(-1)^n\frac{x^{2n}}{2^2(n!)(p+1)(p+2)\cdots(p+n)}\right]$$
$$=a_0 2^p\sum_{n=0}^{\infty}(-1)^n\frac{\left(\dfrac{x}{2}\right)^{2n+p}}{n!(p+1)(p+2)\cdots(p+n)}.$$

$p>0$ とすると，ガンマ函数の性質によって
$$\Gamma(p+n+1)=(p+n)(p+n-1)\cdots(p+1)\Gamma(p+1)$$
が成り立つので，
$$y_1(x)=a_0 2^p\,\Gamma(p+1)\sum_{n=0}^{\infty}(-1)^n\frac{\left(\dfrac{x}{2}\right)^{2n+p}}{n!\,\Gamma(p+n+1)}.$$

p が正の整数でなくともここでは $\Gamma(p+n+1)=(p+n)!$ と書いているから，
$$y_1(x)=a_0 2^p\Gamma(p+1)\sum_{n=0}^{\infty}(-1)^n\frac{\left(\dfrac{x}{2}\right)^{2n+p}}{n!(p+n)!}$$
と書くことができる．この場合に

(26.2) $$J_p(x)\equiv\sum_{n=0}^{\infty}(-1)^n\frac{\left(\dfrac{x}{2}\right)^{2n+p}}{n!(p+n)!}$$

と書き，**p 位の第1種ベッセル函数**という．そうすると，

§26. 重要な微分方程式

$$y_1(x) = a_0 2^p \Gamma(p+1) J_p(x)$$

となる.

いまの場合には, $s_1 - s_2 = 2p$ は, 一般には, 正の整数ではないから, $s_2 = -p$ に対しては

$$a_{2n} = (-1)^n \frac{a_0}{2^{2n}(n!)(1-p)(2-p)\cdots(n-p)}$$

が成り立つので,

$$y_2(x) = a_0 x^{-p} \left[1 + \sum_{n=1}^{\infty} (-1)^n \frac{x^{2n}}{2^{2n}(n!)(1-p)(2-p)\cdots(n-p)} \right]$$

$$= a_0 2^{-p} \sum_{n=0}^{\infty} (-1)^n \frac{\left(\dfrac{x}{2}\right)^{2n-p}}{n!(1-p)(2-p)\cdots(n-p)}$$

となるが, $\Gamma(n-p+1) = (1-p)(2-p)\cdots(n-p)\Gamma(1-p)$ であるから,

$$y_2(x) = a_0 2^{-p} \Gamma(1-p) \sum_{n=0}^{\infty} (-1)^n \frac{\left(\dfrac{x}{2}\right)^{2n+p}}{n!\,\Gamma(n-p+1)}$$

となるので, $\Gamma(n-p+1) = (n-p)!$ と書き,

(26.3) $$J_{-p}(x) = \sum_{n=0}^{\infty} (-1)^n \frac{\left(\dfrac{x}{2}\right)^{2n-p}}{n!(n-p)!}$$

とおくと

$$y_2(x) = a_0 2^{-p} \Gamma(1-p) J_{-p}(x)$$

と書ける. ゆえに, C_1, C_2 を任意定数とすれば, 一般解は,

$$y = C_1 J_p(x) + C_2 J_{-p}(x)$$

と書くことができる.

なお, 特別な函数として, 後で役立つものに

(26.4) $$J_0(x) = 1 - \frac{x^2}{2^2} + \frac{x^4}{2^4(2!)^2} - \frac{x^6}{2^6(3!)^2} + \cdots + (-1)^n \frac{x^{2n}}{2^{2n}(n!)^2} + \cdots,$$

(26.5) $$J_1(x) = \frac{x}{2} - \frac{x^3}{2^3 2!} + \frac{x^5}{2^4(n!)^2} + \cdots + (-1)^n \frac{x^{2n}}{2^{2n+1} n!(n+1)!} + \cdots$$

がある.

$2°$. $p=0$ のときには, (25.8) を用いたらよいことは, すぐにわかるであろ

う．この場合には，

$$a_k f(k) = -a_{k-2} \quad \text{すなわち} \quad a_k k^2 = -a_{k-2}$$

となるので，これより

$$a_{2n} = (-1)^n \frac{a_0}{2^{2n}} \frac{1}{(n!)^2}$$

が出てくる．したがって，

(26.6) $\quad y_1(x) = a_0 \sum_{n=0}^{\infty} (-1)^n \frac{x^{2n}}{2^{2n}(n!)^2} = a_0 J_0(x)$

となる．もう一つの解を求めるために (25.6) を用いる．

$$a_{2n}(s) = -\frac{a_{2(n-1)}}{(s+2n)^2} = (-1)^n \frac{a_0}{(s+2)^2(s+2\cdot2)^2\cdots(s+2n)^2}$$

であるから，

$$\frac{a_{2n}'(s)}{a_{2n}(s)} = -\sum_{j=1}^{n} \frac{2}{s+2j}$$

となる．したがって，

$$a_{2n}'(0) = -a_n(0) \sum_{j=1}^{n} \frac{1}{j} = (-1)^{n+1} \frac{a_0}{(2\cdot4\cdots2n)^2} \sum_{j=1}^{n} \frac{1}{j}$$

を得る．これを (25.6) へあてはめて

(26.7) $\quad y_2(x) = a_0 \left[J_0(x) \log|x| + \sum_{n=1}^{\infty} (-1)^{n+1} \frac{\sum_{j=1}^{n} \frac{1}{j}}{(2\cdot4\cdot6\cdots2n)^2} x^{2n} \right]$

を得る．

p が正の整数の場合も，同じようにして，行なうことができる．この場合には (25.5) を用いたらよい．〔§25 の例 2 を見られたい．〕

II．つぎに，方程式

(26.8) $\quad (1-x^2)y'' - 2xy' + p(p+1)y = 0$

を考えよう．これを**ルジャンドルの方程式**と呼んでいる．

$x = 0$ はこれの特異点ではない．それで，解は $x = 0$ の近傍で

$$y = c_0 + c_1 x + c_2 x^2 + \cdots + c_n x^n + \cdots$$

と表わされたとすると，収束円の内部では，項別に微分することができるから，

§26. 重要な微分方程式

$$y' = c_1 + 2c_2 x + \cdots + nc_n x^{n-1} + \cdots,$$
$$y'' = 2c_2 + 2\cdot 3 c_3 x + \cdots + n(n-1)c_n x^{n-2} + \cdots$$

となる．これをもとの方程式へ代入すると，

$$(1-x^2)(2c_2 + 2\cdot 3 c_3 x + \cdots + n(n-1)c_n x^{n-2} + \cdots)$$
$$-2x(c_1 + 2c_2 x + \cdots + nc_n x^{n-1} + \cdots)$$
$$+ p(p+1)(c_0 + c_1 x + c_2 x^2 + \cdots c_n x^n + \cdots) = 0$$

となるので，これを整頓すると，

$$2c_2 + p(p+1)c_0 + [\{p(p+1)-2\}c_1 + 3\cdot 2 c_3]x$$
$$+ [\{p(p+1) - 2\cdot 2 - 1\cdot 2\}c_2 + 3\cdot 4 c_4]x^2 + \cdots$$
$$+ [\{p(p+1) - 2(n-2) - (n-3)(n-2)\}c_{n-2} + (n-1)nc_n]x^{n-2} + \cdots = 0$$

となる．したがって，

$$c_2 = -\frac{p(p+1)}{2}c_0, \quad c_3 = -\frac{p(p+1)-2}{3!}c_1 = -\frac{(p-1)(p+2)}{3!}c_1,$$

$$c_4 = -\frac{p(p+1)-4-2}{4\cdot 3}c_2 = -\frac{(p-2)(p+3)}{3\cdot 4}c_2$$
$$= \frac{p(p+1)(p-2)(p+3)}{4!}c_0,$$

$$\cdots\cdots\cdots\cdots\cdots\cdots\cdots\cdots\cdots\cdots\cdots\cdots\cdots\cdots,$$

$$c_n = -\frac{p(p+1)-(n-1)(n-2)}{(n-1)n}c_{n-2} = -\frac{(p-n+2)(p+n-1)}{(n-1)n}c_{n-2}.$$

ここで $n = 2k$ とすると，

$$c_{2k} = -\frac{(p-2k+2)(p+2k-1)}{(2k-1)\cdot 2k}c_{2(k-1)}$$

となるので，

$$c_{2k} = (-1)^k \frac{p(p-2)\cdots(p-2k+2)(p+1)(p+3)\cdots(p+2k-1)}{(2k)!}c_0$$

となる．また，$n = 2k+1$ とおくと，

$$c_{2k+1} = -\frac{(p-2k+1)(p+2k)}{2k\cdot(2k+1)}c_{2k-1}$$

であるから，

$$c_{2k+1} = (-1)^k \frac{(p-1)(p-3)\cdots(p-2k+1)(p+2)(p+4)\cdots(p+2k)}{(2k+1)!} c_1$$

となる. これより

$$y = c_0 \left[1 - \frac{p(p+1)}{2!} x^2 + \frac{p(p-2)(p+1)(p+3)}{4!} x^4 - \cdots \right.$$
$$\left. + (-1)^n \frac{p(p-2)\cdots(p-2n+2)(p+1)(p+3)\cdots(p+2n-1)}{(2n)!} x^{2n} + \cdots \right]$$
$$+ c_1 \left[x - \frac{(p-1)(p+2)}{3!} x^3 + \cdots \right.$$
$$\left. + (-1)^n \frac{(p-1)(p-3)\cdots(p-2n+1)(p+2)(p+4)\cdots(p+2n)}{(2n+1)!} x^{2n+1} + \cdots \right]$$

となるが, これは2個の任意定数 c_0, c_1 を含んでいるので, 一般解である.

ここで

$$u_p(x) = 1 - \frac{p(p+1)}{2!} x^2 + \frac{p(p-2)(p+1)(p+3)}{4!} x^4 + \cdots$$
$$+ (-1)^n \frac{p(p-2)\cdots(p-2n+2)(p+1)(p+3)\cdots(p+2n-1)}{(2n)!} x^{2n} + \cdots,$$

$$v_p(x) = x - \frac{(p-1)(p+2)}{3!} x^3 - \cdots$$
$$+ (-1)^n \frac{(p-1)(p-3)\cdots(p-2n+1)(p+2)(p+4)\cdots(p+2n)}{(2n+1)!} x^{2n+1} + \cdots$$

とおく. N が0または正の偶数であると $u_N(x)$ は多項式であり, N が正の奇数であると $v_N(x)$ は x の多項式である. N が0または正の偶数であると $P_N(x) \equiv u_N(x)/u_N(1)$ は $x=1$ とすると値が1となる. また, N が正の奇数であると $v_N(x)$ は多項式であって, $P_N(x) \equiv v_N(x)/v_N(1)$ は $x=1$ のときに1となる多項式である. この $P_N(x)$ を N 次のルジャンドル多項式という.

$$u_0(1) = 1,$$
$$u_2(1) = 1 - \frac{2 \cdot 3}{2!} = 1 - \frac{3}{1} = -\frac{2}{1},$$
$$u_4(1) = 1 - \frac{4 \cdot 5}{2!} + \frac{4 \cdot 2 \cdot 5 \cdot 7}{4!} = \frac{2 \cdot 4}{1 \cdot 3} = (-1)^2 \frac{2 \cdot 4}{1 \cdot 3},$$

§26. 重要な微分方程式

$$u_6(1) = 1 - \frac{6\cdot 7}{2!} + \frac{6\cdot 4\cdot 7\cdot 9}{4!} - \frac{6\cdot 4\cdot 2\cdot 7\cdot 9\cdot 11}{6!}$$

$$= -\frac{2\cdot 4\cdot 6}{1\cdot 2\cdot 5} = (-1)^3 \frac{2\cdot 4\cdot 6}{1\cdot 3\cdot 5}$$

であるから,

$$u_N(1) = (-1)^{N/2} \frac{2\cdot 4\cdot 6\cdots N}{1\cdot 3\cdot 5\cdots (N-1)} \qquad (N=2, 4, 6, \cdots)$$

であることが帰納されるであろう. 同じようにして,

$$v_N(1) = (-1)^{(N-1)/2} \frac{2\cdot 4\cdot 6\cdots (N-1)}{1\cdot 3\cdot 5\cdots N} \qquad (N=3, 5, 7, \cdots)$$

であることがわかる. したがって, N が偶数であって $N \geqq 2$ であると

$$(26.10) \qquad P_N(x) = (-1)^{N/2} \frac{1\cdot 3\cdot 5\cdots (N-1)}{2\cdot 4\cdot 6\cdots N} u_N(x)$$

であり, N が正の奇数であると

$$(26\cdot 11) \qquad P_N(x) = (-1)^{(N-1)/2} \frac{1\cdot 3\cdot 5\cdots N}{2\cdot 4\cdot 6\cdots (N-1)} v_N(x)$$

となることがわかるであろう.

N が偶数であると, $v_N(x)$ は無限級数であり, N が奇数であると, $u_N(x)$ は無限級数であって, これらは $|x|<1$ のときに収束する. それで, $|x|<1$ で定義された函数

$$(26.12) \qquad Q_N(x) = \begin{cases} -v_N(1)u_N(x) & (N は奇数), \\ u_N(1)v_N(x) & (N は偶数) \end{cases}$$

を第2種のルジャンドル函数という. そうすると, ルジャンドルの方程式において, (i) p が正の奇数であるときは,

$$P_p(x) = \frac{v_p(x)}{v_1(1)}, \qquad Q_p(x) = -v_p(1)u_p(x)$$

であるから, 一般解は

$$y = c_0 u_p(x) + c_1 v_p(x) = C_1 P_p(x) + C_2 Q_p(x)$$

となる. (ii) p が正の偶数であるときは,

$$P_p(x) = \frac{u_p(x)}{u_p(1)}, \qquad Q_p(x) = u_p(1)v_p(x)$$

であるから，一般解は

$$y = K_1 P_p(x) + K_2 Q_p(x)$$

となる．したがって，p が正の整数 n であるときは，一般解は

(26.13) $$y = c_1 P_n(x) + c_2 Q_n(x)$$

で与えられることがわかるであろう．

$x = \infty$ における状態を考えよう．この場合には $x = \dfrac{1}{\xi}$ とおいて，$\xi = 0$ における状態を調べたらよい．

$\dfrac{d\xi}{dx} = -\dfrac{1}{x^2} = -\xi^2$ であるから，

$$y' = \frac{dy}{d\xi} \frac{d\xi}{dx} = -\xi^2 \frac{dy}{d\xi},$$

$$y'' = -\frac{d}{d\xi}\left(\xi^2 \frac{dy}{d\xi}\right)\frac{d\xi}{dx} = 2\xi^3 \frac{dy}{d\xi} + \xi^4 \frac{d^2y}{d\xi^2}$$

となるので，方程式は

$$\xi^2(\xi^2-1)\frac{d^2y}{d\xi^2} + 2\xi^3 \frac{dy}{d\xi} + p(p+1)y = 0$$

となる．$\xi = 0$ の近傍をみるために，これを書きかえると，

$$\frac{d^2y}{d\xi^2} + \frac{2\xi}{\xi^2-1}\frac{dy}{d\xi} + \frac{p(p+1)}{\xi^2(\xi^2-1)}y = 0$$

となるので，

$$\frac{p_1(\xi)}{p_0(\xi)} = -\frac{2\xi}{1-\xi^2} = \frac{1}{\xi}(-2\xi^2 - 2\xi^4 - 2\xi^6 - \cdots),$$

$$\frac{p_2(x)}{p_0(x)} = -\frac{p(p+1)}{\xi^2(1-\xi^2)} = \frac{1}{\xi^2}[-p(p+1) - p(p+1)\xi^2 - \cdots]$$

であるから $\xi = 0$ は確定特異点である．

$c_{10} = 0$ であるが

$$c_{1k} = \begin{cases} 0 & (k \text{ は奇数}), \\ -2 & (k \text{ は偶数で} \geq 2) \end{cases}$$

であり，

§26. 重要な微分方程式

$$c_{2k} = \begin{cases} 0 & (k \text{ は奇数}), \\ -p(p+1) & (k \text{ は偶数で} \geqq 0) \end{cases}$$

であるから，決定方程式は

$$f(s) = s(s-1) + sc_{10} + c_{20} = s(s-1) - p(p+1) = 0$$

となるが，これは

$$\{s-(p+1)\}\{s+p\} = 0$$

のことであるから，$s = s_1 = p+1$, $s = s_2 = -p$ となるので $s_1 - s_2 = 2p+1$ となる．p の値によって，いろいろの場合が出てくるが，ここでは，p が正の整数である場合を考えることにしよう．

$$g_k(s) = sc_{1k} + c_{2k} = \begin{cases} 0 & (k \text{ は奇数}), \\ -2s - p(p+1) & (k \text{ は偶数}) \end{cases}$$

であって

$$a_1 f(s+1) = -a_0 g_1(s) = 0$$

$f(s+1) = f(p+2) = 2p+2 \not= 0$ であるから，$a_1 = 0$ となる．ゆえに，

$$a_2 f(s+2) = -a_1 g_1(s+1) - a_0 g_2(s) = -a_0 g_2(s).$$

したがって，

$$a_2 f(p+3) = -a_0 g_2(p+1)$$

となるので，

$$2a_2(2p+3) = (p+1)(p+2)a_0$$

となる．したがって，

$$a_2 = \frac{(p+1)(p+2)}{2(2p+3)} a_0,$$

$$a_3 f(s+3) = -a_2 g_1(s+2) - a_1 g_2(s+1) - a_0 g_3(s) = 0.$$

$f(s+3) = f(p+4) = 3(2p+5) \not= 0$ であるから，$a_3 = 0$ となる．

$$a_4 f(s+4) = -a_3 g_1(s+3) - a_2 g_2(s+2) - a_1 g_3(s+1) - a_0 g_4(s)$$
$$= -a_2 g_2(s+2) - a_0 g_4(s).$$

ゆえに，

$$a_4 f(p+5) = -a_2 g_2(p+3) - a_0 g_4(p+1),$$

第7章 級数による解法

$$4a_4(2p+5) = a_2\{2(p+3)+p(p+1)\} + a_0\{2(p+1)+p(p+1)\}$$

$$= a_2(p^2+3p+6) + a_0(p+1)(p+2)$$

$$= \frac{(p+1)(p+2)(p^2+3p+6)}{2(2p+3)} a_0 + a_0(p+1)(p+2)$$

$$= a_0 \frac{(p+1)(p+2)}{2(2p+3)} \{p^2+3p+6+2(2p+3)\}$$

$$= a_0 \frac{(p+1)(p+2)(p+3)(p+4)}{2(2p+3)},$$

したがって,

$$a_4 = \frac{(p+1)(p+2)(p+3)(p+4)}{2 \cdot 4 \cdot (2p+3)(2p+5)} a_0.$$

$$a_5 f(s+5) = -a_4 g_1(s+4) - a_3 g_2(s+3) - a_2 g_3(s+2) - a_1 g_4(s+1)$$
$$- a_0 g_5(s)$$
$$= 0.$$

$f(s+5) = f(p+6) = 5(2p+6) \neq 0$ であるから,$a_5 = 0$ となる.

$$a_6 f(s+6) = -a_5 g_1(s+5) - a_4 g_2(s+4) - a_3 g_3(s+3)$$
$$- a_2 g_4(s+2) - a_1 g_5(s+1) - a_0 g_6(s)$$
$$= -a_4 g_2(s+4) - a_2 g_4(s+2) - a_0 g_6(s),$$

これより

$$a_6 f(p+7) = -a_4 g_2(p+5) - a_2 g_4(p+3) - a_0 g_6(p+1)$$
$$= a_4\{2(p+5)+p(p+1)\} + a_2\{2(p+3)+p(p+1)\}$$
$$+ a_0\{2(p+1)+p(p+1)\}$$
$$= a_4(p^2+3p+10) + a_2(p^2+3p+6) + a_0(p+1)(p+2)$$
$$= a_0 \frac{(p+1)(p+2)(p+3)(p+4)}{2 \cdot 4 \cdot (2p+3)(2p+5)}(p^2+3p+10)$$
$$+ a_0 \frac{(p+1)(p+2)}{2(2p+3)}(p^2+3p+6) + a_0(p+1)(p+2)$$
$$= a_0 \frac{(p+1)(p+2)}{2(2p+3)} \left[\frac{(p+3)(p+4)}{4(2p+5)}(p^2+3p+10) \right.$$

§26. 重要な微分方程式

$$+p^2+3p+6+2(2p+3)\Big]$$

$$=a_0\frac{(p+1)(p+2)}{2(2p+3)}\Big[\frac{(p+3)(p+4)}{4(2p+5)}(p^2+3p+10)$$

$$+(p+3)(p+4)\Big]$$

$$=a_0\frac{(p+1)(p+2)(p+3)(p+4)}{2(2p+3)\cdot 4(2p+5)}\{p^2+3p+10+4(2p+5)\}$$

$$=a_0\frac{(p+1)(p+2)(p+3)(p+4)(p+5)(p+6)}{2\cdot 4\cdot(2p+3)(2p+5)}$$

となる. $f(p+7)=6(2p+7)$ であるから,

$$a_6=a_0\frac{(p+1)(p+2)(p+3)(p+4)(p+5)(p+6)}{2\cdot 4\cdot 6\cdot(2p+3)(2p+5)(2p+7)}$$

が出てくる. これをつづけると

$$a_{2n+1}=0 \qquad (n=0,1,2,\cdots),$$

$$a_{2n}=a_0\frac{\prod_{k=1}^{n}(p+k)}{2^n(n!)\prod_{k=1}^{n}(2p+2k+1)} \qquad (n=1,2,\cdots)$$

となるので,

$$y_1=a_0 x^{p+1}\Big[1+\sum_{n=1}^{\infty}\frac{\prod_{k=1}^{n}(p+k)}{2^n(n!)\prod_{k=1}^{n}(2p+2k+1)}\Big]$$

が得られる.

y_2 を求めるのであるが, 今の場合には, $s_1=p+1$, $s_2=-p$ であるから $s_1-s_2=2p+1$ となるので, 吟味をせねばならない. (25.1) によって

$$(s+p)(s+3p+1)=-\sum_{j=1}^{2p+1}a_{2p+1-j}g_j(s+2p+1-j)$$

であるが, $j=2m$ とすると $2p+1-j=2(p-m)+1$ となるので $a_{2p+1-j}=0$ となり, $j=2m+1$ とすると $g_j(s)=0$ であるから, 解の形が (24.6) で与えられることがわかるであろう.

$$a_2 f(s+2) = -a_0 g_2(s), \quad \text{すなわち} \quad a_2 f(2-p) = -a_0 g_2(-p)$$

であるから,

$$a_2 \cdot 2 \cdot (2p-1) = -p(p-1)$$

すなわち,

$$a_2 = -\frac{p(p-1)}{2(2p-1)} a_0$$

となる. つぎに

$$a_4 f(s+4) = -a_2 g_2(s+2) - a_0 g_4(s)$$

であるから,

$$a_4 f(4-p) = -a_2 g(2-p) - a_0 g_4(-p).$$

ゆえに

$$-4(2p-3)a_4 = a_2\{2(2-p)+p(p+1)\} - a_0\{2p-p(p+1)\}$$

となり, これより

$$a_4 = \frac{p(p-1)(p-2)(p-3)}{2 \cdot 4 \cdot (2p-1)(2p-3)} a_0.$$

また,

$$a_6 f(s+6) = -a_4 g_2(s+4) - a_2 g_4(s+2) - a_0 g_6(s)$$

であるから, $s = -p$ とおくと,

$$a_6 = -\frac{p(p-1)(p-2)(p-3)(p-4)(p-5)}{2 \cdot 4 \cdot 6 \cdot (2p-1)(2p-3)(2p-5)} a_0$$

となる. これから, 一般的に

$$a_{2n} = (-1)^n \frac{\prod_{k=0}^{n}(p-k)}{2^n(n!)\prod_{k=1}^{n}(2p-2k+1)} a_0$$

となる. したがって

$$y_2 = a_0 x^{-p}\left[1 + \sum_{n=1}^{\infty}(-1)^n \frac{\prod_{k=0}^{n}(p-k)}{2^n(n!)\prod_{k=1}^{n}(2p-2k+1)} x^{2n}\right]$$

が出てくる.

§26. 重要な微分方程式

III. 最後に，方程式
$$x(1-x)y'' + [\gamma - (\alpha+\beta+1)x]y' - \alpha\beta y = 0$$
と考えよう．この微分方程式の解は**超幾何函数**と呼ばれているものであって，解析学において重要な役割を果している函数である．

$x=0$ は特異点であって，
$$y'' + \frac{\gamma - (\alpha+\beta+1)x}{x(1-x)} y' - \frac{\alpha\beta}{x(1-x)} y = 0$$
と書けるから，
$$\frac{p_1(x)}{p_0(x)} = \frac{\gamma - (\alpha+\beta+1)x}{x(1-x)} = \frac{1}{x}[\gamma + (\gamma-\alpha-\beta-1)x + (\gamma-\alpha-\beta-1)x^2 + \cdots],$$
$$\frac{p_2(x)}{p_0(x)} = \frac{-\alpha\beta}{x(1-x)} = \frac{1}{x^2}(-\alpha\beta x - \alpha\beta x^2 - \alpha\beta x^3 - \cdots),$$
$$c_{10} = \gamma, \quad c_{1k} = \gamma - \alpha - \beta - 1 \qquad (k \geqq 1),$$
$$c_{20} = 0, \quad c_{2k} = -\alpha\beta \qquad (k \geqq 1)$$
であるから，決定方程式は
$$f(s) = s(s-1) + sc_{10} + c_{20} = s(s-1) + s\gamma = s(s-1+\gamma) = 0$$
となり，これより $s=0, s=1-\gamma$ が出てくる．話を簡単にするために，γ は正数であるが，整数ではない，とする．そうすると，$s_1 - s_2 = \gamma - 1$ (≒整数) であるから，$y_1(x), y_2(x)$ を別々に計算したらよい．

$s = s_1 = 0$ の場合:
$$a_1 f(s+1) = -a_0 g_1(s) \quad \text{より} \quad a_1 f(1) = -a_0 g_1(0).$$
これより
$$a_1 \gamma = a_0 \alpha\beta, \quad \text{すなわち} \quad a_1 = \frac{\alpha \cdot \beta}{1 \cdot \gamma} a_0.$$
$a_2 f(s+2) = -a_1 g_1(s+1) - a_0 g_2(s)$ より $a_2 f(2) = -a_1 g_1(1) - a_0 g_2(0)$ となる．これより
$$2(\gamma+1)a_2 = -a_1(\gamma - \alpha - \beta - 1 - \alpha\beta) + a_0 \alpha\beta$$
$$= -a_0 \frac{\alpha \cdot \beta}{1 \cdot \gamma}[\gamma - (\alpha+1)(\beta+1)] + a_0 \alpha\beta$$

$$= -a_0 \frac{\alpha \cdot \beta}{1 \cdot \gamma}[\gamma - (\alpha+1)(\beta+1) - \gamma]$$

$$= a_0 \frac{\alpha \cdot \beta \cdot (\alpha+1)(\beta+1)}{1 \cdot \gamma}.$$

したがって,

$$a_2 = \frac{\alpha(\alpha+1)\beta(\beta+1)}{2\gamma(\gamma+1)} a_0$$

となる.

$$a_3 f(s+3) = -a_2 g_1(s+2) - a_1 g_2(s+1) - a_0 g_3(s)$$

であるから,

$$a_3 f(3) = -a_2 g_1(2) - a_1 g_2(1) - a_0 g_3(0)$$

となる. したがって,

$$3(\gamma+2)a_3 = -a_2[2(\gamma-\alpha-\beta-1) - \alpha\beta] - a_1(\gamma-\alpha-\beta-1-\alpha\beta) + a_0 \alpha\beta$$

$$= -\frac{\alpha(\alpha+1)\beta(\beta+1)}{2\gamma(\gamma+1)}[2(\gamma-\alpha-\beta-1) - \alpha\beta]a_0$$

$$\quad -\frac{\alpha \cdot \beta}{1 \cdot \gamma}(\gamma-\alpha-\beta-1-\alpha\beta)a_0 + a_0 \alpha\beta$$

$$= a_0 \frac{\alpha(\alpha+1)(\alpha+2)\beta(\beta+1)(\beta+2)}{2\gamma \cdot (\gamma+1)}.$$

これより

$$a_3 = \frac{\alpha(\alpha+1)(\alpha+2)\beta(\beta+1)(\beta+2)}{1 \cdot 2 \cdot 3 \cdot \gamma(\gamma+1)(\gamma+2)} a_0$$

が出てくる. これを一般化して

$$a_n = \frac{\alpha(\alpha+1)\cdots(\alpha+n-1)\beta(\beta+1)\cdots(\beta+n-1)}{n!\gamma(\gamma+1)\cdots(\gamma+n-1)} a_0$$

であることがわかるであろう. したがって, $s=0$ に対応する解は

$$y_1(x) = a_0 \left[1 + \sum_{n=1}^{\infty} \frac{\alpha(\alpha+1)\cdots(\alpha+n-1)\beta(\beta+1)\cdots(\beta+n-1)}{n!\gamma(\gamma+1)\cdots(\gamma+n-1)} x^n \right]$$

となる. ここで

$$y_1(x) = a_0 u_1(x)$$

§26. 重要な微分方程式

と書く．この場合に

$$(26.14) \quad u_1(x) = 1 + \sum_{n=1}^{\infty} \frac{\alpha(\alpha+1)\cdots(\alpha+n-1)\beta(\beta+1)\cdots(\beta+n-1)}{n!\gamma(\gamma+1)\cdots(\gamma+n-1)} x^n$$

を**超幾何函数**という．また，この級数を，**超幾何級数**という．超幾何函数 (26.7) を，通例は，$F(\alpha, \beta, \gamma; x)$ と書く．すなわち

$$(26.15) \quad F(\alpha, \beta, \gamma; x) = 1 + \sum_{n=1}^{\infty} \frac{\alpha(\alpha+1)\cdots(\alpha+n-1)\beta(\beta+1)\cdots(\beta+n-1)}{n!\gamma(\gamma+1)\cdots(\gamma+n-1)} x^n.$$

$s = 1-\gamma$ の場合：

$$a_1 f(s+1) = -a_0 g_1(s) \quad \text{より} \quad a_1 f(2-\gamma) = -a_0 g_1(1-\gamma)$$

となるので，

$$\begin{aligned} a_1(2-\gamma) &= -a_0[(1-\gamma)(\gamma-\alpha-\beta-1) - \alpha\beta] \\ &= a_0[(\gamma-1)^2 - (\alpha+\beta)(\gamma-1) + \alpha\beta] \\ &= a_0(\gamma-1-\alpha)(\gamma-1-\beta); \end{aligned}$$

したがって，

$$a_1 = a_0 \frac{(\alpha-\gamma+1)(\beta-\gamma+1)}{2-\gamma}$$

となる．つぎに，

$$a_2 f(s+2) = -a_1 g_1(s+1) - a_0 g_2(s)$$

であるから，

$$a_2 f(3-\gamma) = -a_1 g_1(2-\gamma) - a_0 g_2(1-\gamma)$$

となる．ゆえに，

$$\begin{aligned} 2(3-\gamma)a_2 &= -a_1[(2-\gamma)(\gamma-\alpha-\beta-1) - \alpha\beta] \\ &\quad - a_0[(1-\gamma)(\gamma-\alpha-\beta-1) - \alpha\beta] \\ &= -a_0 \frac{(\alpha-\gamma+1)(\beta-\gamma+1)}{2-\gamma}[(2-\gamma)(\gamma-\alpha-\beta-1) - \alpha\beta] \\ &\quad + a_0(\alpha-\gamma+1)(\beta-\gamma+1) \\ &= -a_0 \frac{(\alpha-\gamma+1)(\beta-\gamma+1)}{2-\gamma}[(2-\gamma)(\gamma-\alpha-\beta-1) - \alpha\beta - 2 + \gamma] \end{aligned}$$

$$= a_0 \frac{(\alpha-\gamma+1)(\beta-\gamma+1)}{2-\gamma}[(\gamma-2)^2-(\gamma-2)(\alpha+\beta)+\alpha\beta]$$

$$= a_0 \frac{(\alpha-\gamma+1)(\beta-\gamma+1)(\alpha-\gamma+2)(\beta-\gamma+2)}{2-\gamma}$$

となり，これより

$$a_2 = a_0 \frac{(\alpha-\gamma+1)(\alpha-\gamma+2)(\beta-\gamma+1)(\beta-\gamma+2)}{1 \cdot 2 \cdot (2-\gamma)(3-\gamma)}$$

となる．これを一般化して

$$a_n = a_0 \frac{\prod_{k=1}^{n}(\alpha-\gamma+k)\prod_{k=1}^{n}(\beta-\gamma+k)}{n! \prod_{k=1}^{n}(k+1-\gamma)}$$

が出てくる．したがって，

$$y_2(x) = a_0 x^{1-\gamma}\left[1+\sum_{n=1}^{\infty}\frac{\prod_{k=1}^{n}(\alpha-\gamma+k)\prod_{k=1}^{n}(\beta-\gamma+k)}{n! \prod_{k=1}^{n}(k+1-\gamma)}x^n\right]$$

となる．これを上で示した記号を用いて表わすと，

$$y_2(x) = a_0 x^{1-\gamma} F(\alpha-\gamma+1, \beta-\gamma+1, 2-\gamma; x)$$

となる．したがって，γ が零や整数でないと，与えられた方程式の一般解は

$$y = C_1 F(\alpha, \beta, \gamma; x) + C_2 x^{1-\gamma} F(\alpha-\gamma+1, \beta-\gamma+1, 2-\gamma; x)$$

で与えられることがわかる．

問 1. 次の方程式を解け：
 (i) $xy''+y=0$,　　　　　　(ii) $2x(1-x)y''+(1-x)y'+3y=0$,
 (iii) $x^2y''+xy'+(x^2-4)y=0$,　(iv) $xy''-y'+x^2y=0$.

問 2. 方程式 $x^2y''+xy'+(x^2-1)y=0$ の解のうちで，$\lim_{x\to 0}2\pi xy(x)=c$ となるものの最も一般なものを求めよ．ただし，c は与えられた定数である．

§27. 係数が定数でない連立微分方程式

係数が定数の場合は，前に取り扱った [第6章 §17—§18] から，ここでは，一般的な方法のない微分方程式の場合に，級数による解法が，いかに有用なも

§27. 係数が定数でない連立微分方程式

のであるかを，例によって示そうと思う．

まず第一に，係数が x の函数である連立線型微分方程式

(27.1) $\quad \dfrac{dy_1}{dx}=p_{11}(x)y_1+p_{12}(x)y_2, \quad \dfrac{dy_2}{dx}=p_{21}(x)y_1+p_{22}(x)y_2$

の解法を考えよう．

係数 $p_{11}(x), p_{12}(x), p_{21}(x), p_{22}(x)$ が $x=0$ で解析的である場合に，$x=0$ は微分方程式 (27.1) の**正常点**であるという．このとき解は

(27.2) $\quad \begin{cases} y_1(x)=a_0+a_1x+\cdots+a_nx^n+\cdots, \\ y_2(x)=b_0+b_1x+\cdots+b_nx^n+\cdots \end{cases}$

で与えられる．ここで

(27.3) $\quad \begin{cases} p_{11}(x)=c_{10}+c_{11}x+c_{12}x^2+\cdots+c_{1n}x^n+\cdots, \\ p_{12}(x)=c_{20}+c_{21}x+c_{22}x^2+\cdots+c_{2n}x^n+\cdots, \\ p_{21}(x)=d_{10}+d_{11}x+d_{12}x^2+\cdots+d_{1n}x^n+\cdots, \\ p_{22}(x)=d_{20}+d_{21}x+d_{22}x^2+\cdots+d_{2n}x^n+\cdots \end{cases}$

と考える．(27.2) と (27.3) とを (27.1) へ代入すると，

$$a_1+2a_2x+3a_3x^2+\cdots+(n+1)a_{n+1}x^n+\cdots$$
$$=(c_{10}+c_{11}x+c_{12}x^2+\cdots)(a_0+a_1x+a_2x^2+\cdots)$$
$$+(c_{20}+c_{21}x+c_{22}x^2+\cdots)(b_0+b_1x+b_2x^2+\cdots),$$
$$b_1+2b_2x+3b_3x^2+\cdots+(n+1)b_{n+1}x^n+\cdots$$
$$=(d_{10}+d_{11}x+d_{12}x^2+\cdots)(a_0+a_1x+a_2x^2+\cdots)$$
$$+(d_{20}+d_{21}x+d_{22}x^2+\cdots)(b_0+b_1x+b_2x^2+\cdots);$$

したがって，

$$a_1+2a_2x+3a_3x^2+\cdots+(n+1)a_{n+1}x^n+\cdots$$
$$=(c_{10}a_0+c_{20}b_0)+(c_{10}a_1+c_{11}a_0+c_{20}b_1+c_{21}b_0)x$$
$$+\cdots+(c_{10}a_n+c_{11}a_{n-1}+c_{1,n-1}a_1+c_{1n}a_0$$
$$+c_{20}b_n+c_{21}b_{n-1}+\cdots+c_{2,n-1}b_1+c_{2n}b_0)x^n+\cdots,$$
$$b_1+2b_2x+3b_3x^2+\cdots+(n+1)b_{n+1}x^n+\cdots$$
$$=(d_{10}a_0+d_{20}b_0)+(d_{10}a_1+d_{11}a_0+d_{20}b_1+d_{21}b_0)x$$

$$+\cdots+(d_{10}a_n+d_{11}a_{n-1}+\cdots+d_{1,n-1}a_1+d_{1n}a_0$$
$$+d_{20}b_n+d_{21}b_{n-1}+\cdots+d_{2,n-1}b_1+d_{2n}b_0)x^n+\cdots$$

となり，同じ冪の係数を比較すると

$$a_1=c_{10}a_0+c_{20}b_0, \qquad b_1=d_{10}a_0+d_{20}b_0,$$
$$2a_2=c_{10}a_1+c_{11}a_0+c_{20}b_1+c_{21}b_0,$$
$$2b_2=d_{10}a_1+d_{11}a_0+d_{20}b_1+d_{21}b_0,$$
$$\cdots\cdots\cdots\cdots\cdots\cdots\cdots\cdots\cdots,$$
$$(n+1)a_{n+1}=c_{10}a_n+c_{11}a_{n-1}+\cdots c_{1,n-1}a_1+c_{1n}a_0$$
$$+c_{20}b_n+c_{21}b_{n-1}+\cdots+c_{2,n-1}b_1+c_{2n}b_0,$$
$$(n+1)b_{n+1}=d_{10}a_n+d_{11}a_{n-1}+\cdots+d_{1,n-1}a_1+d_{1n}a_0$$
$$+d_{20}b_n+d_{21}b_{n-1}+\cdots+d_{2,n-1}b_1+d_{2n}b_0$$

が得られる．これから，a_1, b_1; a_2, b_2; $\cdots$, a_n, b_n; $\cdots$ が，順々に，a_0, b_0 によって表わされる．

例 1. $\qquad y_1'=y_1+xy_2, \qquad y_2'=2xy_1+y_2.$

解． 上で述べたことから，これは $x=0$ の近傍で，級数解を持つ．それを

$$y_1=a_0+a_1x+a_2x^2+\cdots+a_nx^n+\cdots,$$
$$y_2=b_0+b_1x+b_2x^2+\cdots+b_nx^n+\cdots$$

としよう．これは $x=0$ の近傍で一様に絶対収束するから，項別微分はもとより，項の順序を変えても，和は不変である．そうすると，

$$a_1+2a_2x+\cdots+(n+1)a_{n+1}x^n+\cdots$$
$$=a_0+a_1x+\cdots+a_nx^n+\cdots+b_0x+b_1x^2+\cdots+b_nx^{n+1}+\cdots$$
$$=a_0+(a_1+b_0)x+\cdots+(a_n+b_{n-1})x^n+\cdots,$$
$$b_1+2b_2x+\cdots+(n+1)b_{n+1}x^n+\cdots$$
$$=2a_0x+2a_1x^2+\cdots+2a_{n-1}x^n+\cdots+b_0+b_1x+b_2x^2+\cdots$$
$$=b_0+(2a_0+b_1)x+\cdots+(2a_{n-1}+b_n)x^n+\cdots$$

となるので，

$$a_1=a_0, \quad 2a_2=a_1+b_0, \quad \cdots, \quad (n+1)a_{n+1}=a_n+b_{n-1}, \quad \cdots,$$
$$b_1=b_0, \quad 2b_2=2a_0+b_1, \quad \cdots, \quad (n+1)b_{n+1}=2a_{n-1}+b_n, \quad \cdots$$

が得られる．これより

$$a_1 = a_0, \quad a_2 = \frac{a_0}{2!} + \frac{b_0}{2}, \quad a_3 = \frac{a_0}{3!} + \frac{3b_0}{3!}, \quad a_4 = \frac{7a_0}{4!} + \frac{6b_0}{4!}, \quad \cdots,$$

$$b_1 = b_0, \quad b_2 = a_0 + \frac{b_0}{2}, \quad b_3 = a_0 + \frac{b_0}{3!}, \quad b_4 = \frac{a_0}{2} + \frac{7b_0}{4!}, \quad \cdots$$

が得られるので，

$$y_1 = a_0\left(1 + x + \frac{x^2}{2!} + \frac{x^3}{3!} + \frac{7x^4}{4!} + \cdots\right) + b_0\left(\frac{x^2}{2!} + \frac{3x^3}{3!} + \frac{6x^4}{4!} + \cdots\right)$$

$$y_2 = a_0\left(x^2 + x^3 + \frac{x^4}{2} + \frac{x^5}{3!} + \frac{3x^6}{4!} + \cdots\right) + b_0\left(1 + x + \frac{x^2}{2!} + \frac{x^3}{3!} + \frac{7x^4}{4!} + \cdots\right)$$

となる．この a_0 と b_0 とは，任意定数である．

こんどは，非線型の場合を考えることにする．この場合には，級数解法は有力な武器である．例えば，非線型方程式

$$\frac{dy}{dx} = f(x, y, z), \qquad \frac{dz}{dx} = g(x, y, z)$$

を考えよう．この例に出ている y, z は独立変数 x の函数であるから，もし $f(x, y, z), g(x, y, z)$ が x, y, z についてテイラー級数に展開することができたら，この解もまた x の冪級数に展開される．それで，求める解を

$$y = a_1 x + a_2 x^2 + \cdots + a_n x^n + \cdots,$$
$$z = b_1 x + b_2 x^2 + \cdots + b_n x^n + \cdots$$

とする．そして，$f(x, y, z)$ と $g(x, y, z)$ とのテイラー展開を，それぞれ

$$f(x, y, z) = \sum_{k=0}^{\infty} \sum_{l=0}^{\infty} \sum_{m=0}^{\infty} A_{klm} x^k y^l z^m,$$

$$g(x, y, z) = \sum_{k=0}^{\infty} \sum_{l=0}^{\infty} \sum_{m=0}^{\infty} B_{klm} x^k y^l z^m$$

とする．この場合に

$$A_{klm} = \frac{1}{k!l!m!}\left[\frac{\partial^{k+l+m} f}{\partial x^k \partial y^l \partial z^m}\right]_{x=y=z=0}$$

$$B_{klm} = \frac{1}{k!l!m!}\left[\frac{\partial^{k+l+m} g}{\partial x^k \partial y^l \partial z^m}\right]_{x=y=z=0}$$

である．そうすると，

$$\sum_{j=1}^{\infty} j a_j x^{j-1} = \sum_{k=0}^{\infty} \sum_{l=0}^{\infty} \sum_{m=0}^{\infty} A_{klm} x^k \left(\sum_{j=1}^{\infty} a_j x^j\right)^l \left(\sum_{j=1}^{\infty} b_j x^j\right)^m,$$

$$\sum_{j=1}^{\infty} j b_j x^{j-1} = \sum_{k=0}^{\infty} \sum_{l=0}^{\infty} \sum_{m=0}^{\infty} B_{klm} x^k \left(\sum_{j=1}^{\infty} a_j x^j\right)^l \left(\sum_{j=1}^{\infty} b_j x^j\right)^m$$

となるので，これらを整頓して，同じ冪の係数を比較したらよい．

例 2. $\quad y' = 1 + x^2 + yz^2, \qquad z' = 2 + xy^2 + z$

を $y(0)=0, z(0)=0$ という条件をつけて，解いてみよう．

上で述べたように，$1+x^2+yz^2, 2+xy^2+z$ は $x=0, y=0, z=0$ の近傍で正則であるから，

$$y = \sum_{k=1}^{\infty} a_k x^k, \qquad z = \sum_{k=1}^{\infty} b_k x^k$$

とすると，

$$\sum_{k=1}^{\infty} k a_k x^{k-1} = 1 + x^2 + \left(\sum_{k=1}^{\infty} a_k x^k\right) \left(\sum_{k=1}^{\infty} b_k x^k\right)^2,$$

$$\sum_{k=1}^{\infty} k b_k x^{k-1} = 2 + x \left(\sum_{k=1}^{\infty} a_k x^k\right)^2 + \sum_{k=1}^{\infty} b_k x^k$$

が成り立つ．

これらを整頓すると

$$a_1 + 2a_2 x + 3a_3 x^2 + 4a_4 x^3 + 5a_5 x^4 + \cdots$$
$$= 1 + x^2 + a_1 b_1^2 x^3 + (2a_1 b_1 b_2 + a_2 b_1^2) x^4 + \cdots,$$
$$b_1 + 2b_2 x + 3b_3 x^2 + 4b_4 x^3 + 5b_5 x^4 + \cdots$$
$$= 2 + b_1 x + b_2 x^2 + (a_1^2 + b_3) x^3 + (2a_1 a_2 + b_4) x^4 + \cdots$$

となる．したがって，この両等式より

$$a_1 = 1, \quad 2a_2 = 0, \quad 3a_3 = 1, \quad 4a_4 = a_1 b_1^2,$$
$$5a_5 = 2a_1 b_1 b_2 + a_2 b_1^2, \quad \cdots;$$
$$b_1 = 2, \quad 2b_2 = b_1, \quad 3b_3 = b_2, \quad 4b_4 = a_1^2 + b_3,$$
$$5b_5 = 2a_1 a_2 + b_4, \quad \cdots$$

が得られるから，

$$a_1 = 1, \quad a_2 = 0, \quad a_3 = \frac{1}{3}, \quad a_4 = 1, \quad a_5 = \frac{4}{5}, \quad \cdots,$$

§27. 係数が定数でない連立微分方程式

$$b_1=2, \quad b_2=1, \quad b_3=\frac{1}{3}, \quad b_4=\frac{1}{3}, \quad b_5=\frac{1}{15}, \quad \cdots$$

となる.したがって,求める解は,$x=0$ の近傍で

$$y=x+\frac{x^3}{3}+x^4+\frac{4x^5}{5}+\cdots,$$

$$z=2x+x^2+\frac{x^3}{3}+\frac{x^4}{3}+\frac{x^5}{15}+\cdots$$

と表わすことができる.

最後に,連立方程式の特異点の近傍における解の級数解を求めよう.連立方程式が

(27.3) $\quad xy_1'=p_1(x)y_1+p_2(x)y_2, \quad xy_2'=q_1(x)y_1+q_2(x)y_2$

で与えられている場合を考える.

$$p_k(x)=c_{k0}+c_{k1}x+c_{k2}x^2+\cdots+c_{kn}x^n+\cdots,$$
$$q_k(x)=d_{k0}+d_{k1}x+d_{k2}x^2+\cdots+d_{kn}x^n+\cdots$$

と展開することができるとする.

第1の方程式を x について微分すると

$$xy_1''+y_1'=p_1(x)y_1'+p_1'(x)y_1+p_2(x)y_2'+p_2'(x)y_2$$

となるので,y_2' の値として第2式を代入すると,

$$xy_1''+[1-p_1(x)]y_1'-p_1'(x)y_1=\frac{p_2(x)}{x}[q_1(x)y_1+q_2(x)y_2]+p_2'(x)y_2$$

となる.これを整頓すると,

$$xy_1''+[1-p_1(x)]y_1'-\frac{1}{x}[xp_1'(x)+q_1(x)p_2(x)]y_1$$

$$=\frac{1}{x}[p_2(x)q_2(x)+xp_2'(x)]y_2$$

となる.ここへ第1式から y_2 を求めて代入すると,

$$xy_1''+[1-p_1(x)]y_1'-\frac{1}{x}[xp_1'(x)+q_1(x)p_2(x)]y_1$$

$$=\frac{1}{x}[p_2(x)q_2(x)+xp_2'(x)]\frac{xy_1'-p_1(x)y_1}{p_2(x)}$$

となる.これを整頓すれば,

$$xy_1'' + \left[1 - p_1(x) - q_2(x) - \frac{xp_2'(x)}{p_2(x)}\right]y_1'$$
$$+ \frac{1}{x}\left[p_1(x)q_2(x) - q_1(x)p_2(x) - xp_1'(x) + \frac{xp_2'(x)p_1(x)}{p_2(x)}\right]y_1 = 0$$

となる．したがって，

$$y_1'' + \frac{1}{x}\left[1 - p_1(x) - q_2(x) - \frac{xp_2'(x)}{p_2(x)}\right]y_1'$$
$$+ \frac{1}{x^2}\left[p_1(x)q_2(x) - q_1(x)p_2(x) - xp_1'(x) + \frac{xp_2'(x)p_1(x)}{p_2(x)}\right]y_1 = 0$$

となる．ところが，

$$1 - p_1(x) - q_2(x) - \frac{xp_2'(x)}{p_2(x)} = 1 - c_{10} - d_{20} - \left(c_{11} + c_{21} + \frac{c_{21}}{c_{20}}\right)x + \cdots,$$

$$p_1(x)q_2(x) - q_1(x)p_2(x) - xp_1'(x) + \frac{xp_2'(x)p_1(x)}{p_2(x)} = c_{10}d_{20} - d_{10}c_{20}$$
$$+ \left(c_{10}d_{21} + c_{11}d_{20} - d_{10}c_{21} - d_{11}c_{20} - c_{11} + \frac{c_{21}c_{10}}{c_{20}}\right)x + \cdots$$

であるから，§25 で述べたように，$x=0$ は確定特異点である．そして，決定方程式は

$$s(s-1) + (1 - c_{10} - d_{20})s + c_{10}d_{20} - d_{10}c_{20} = 0,$$

すなわち

(27.4) $$s^2 - (c_{10} + d_{20})s + c_{10}d_{20} - d_{10}c_{20} = 0$$

となる．

例 3. $\qquad xy' = 2y + z, \qquad xz' = 3y + 2z.$

解． これは $x=0$ を確定特異点としていて，$c_{10}=2, c_{1k}=0 \ (k \geqq 1); c_{20}=1,$ $c_{2k}=0 \ (k \geqq 1); d_{10}=3, d_{1k}=0 \ (k \geqq 1); d_{20}=2, d_{2k}=0 \ (k \geqq 1)$ であるから，決定方程式は，(27.4) によって

$$s^2 - 4s + 1 = 0$$

である．したがって，$s = 2 + \sqrt{3}, s = 2 - \sqrt{3}$ である．$s_1 = 2 + \sqrt{3}, s_2 = 2 - \sqrt{3}$ とすると，$s_1 - s_2 = 2\sqrt{3}$ の場合であるから，$x=0$ の近傍における解は (24.6) で与えられる．この場合に (24.9) によって

$$a_k f(s+k) = -\sum_{j=1}^{k} a_{k-j} g_j(s+k-j), \qquad k \geq 1$$

であるが，$k \geq 1$ なら $g_k(s)=0$ であることは，容易に算出できるので，今の場合には，

$$a_k = 0 \qquad (k=1, 2, \cdots)$$

となることがわかる．したがって，

$$y_1 = a_0 x^{2+3\sqrt{3}}, \qquad y_2 = a_0 x^{2-3\sqrt{3}}$$

となる．したがって，

$$y_2 = C_1 x^{2+\sqrt{3}} + C_2 x^{2-\sqrt{3}} = x^2(C_1 x^{\sqrt{3}} + C_2 x^{-\sqrt{3}})$$

が一般解である．これを与えられた連立方程式の第1式に代入すると，

$$z = \sqrt{3}\, x^2(C_1 x^{\sqrt{3}} - C_2 x^{-\sqrt{3}})$$

となる．

問 1. 次の連立方程式を解け：
 (i) $y' = xy + 3x^2 z$, $z' = (1+x)y$.
 (ii) $y' = e^x y + z$, $z' = y + z$.

問 2. 次の連立方程式に対して，$x=0$ は特異点である．$x=0$ の近傍における解を求めよ：
 (i) $xy' = 2y + z$, $xz' = 4y + 2z$;
 (ii) $xy' = y\sin x + z\cos x$, $xz' = x^2 y + e^x z$.

問 3. 次の非線型連立方程式を，与えられた初期条件の下で解け：
 (i) $y' = 1 + y + z^2$, $z' = 2 + \dfrac{x}{2} + y$, $y(0) = z(0) = 0$;
 (ii) $y' = 2 + x + z$, $z' = 1 + y^2$, $y(0) = z(0) = 0$;
 (iii) $y' = 1 + y + z^2$, $z' = 2 + x + y$, $y(1) = 1$, $z(1) = 2$.

問 題 7

1. 次の微分方程式の $x=0$ の近傍における級数解を求めよ：
 (i) $y'' - xy = 0$.
 (ii) $y'' + xy' - y = 0$.
 (iii) $xy'' - y' - 4x^3 y = 0$.

2. 次の微分方程式に対して，$x=0$ は特異点である．$x=0$ の近傍における2個の1次独立な解を求めよ：
 (i) $xy'' - y' + x^2 y = 0$.

(ii)　$2xy'' + (3+2x)y' - 2y = 0,$

(iii)　$x^2 y'' + xy' + \left(x^2 - \dfrac{1}{4}\right) y = 0,$

(iv)　$3(x^2 + x^3)y'' - (x + 6x^2)y' + y = 0,$

(v)　$x(1-x)y'' - 2y' + 2y = 0.$

3. 線型方程式
$$9x^2 y''' + 27xy'' + 8y' - y = 0$$
の 3 個の 1 次独立な級数解を求めよ．

4. 線型方程式
$$4x(1-x)y'' + 4(1-2x)y' - y = 0$$
は $x = 0$ の近傍で 2 個の解
$$\sum_{k=0}^{\infty} a_k x^k, \qquad \sum_{k=0}^{\infty} a_k \left(\dfrac{1}{4} \log|x| + 1 - \dfrac{1}{2} + \dfrac{1}{3} - \cdots - \dfrac{1}{2n} \right) x^k$$
をもつことを示せ．ただし，
$$a_k = \left[\dfrac{\Gamma(k+1/2)}{\Gamma(k+1)} \right]^{1/2}$$
である．

5. 微分方程式
$$x^4 y'' + 2x^3 y' + y = 0$$
に対して，無限遠点 $x = \infty$ は正常点であることを示し，そこにおける 2 個の独立な解を級数の形で示せ．

6. ルジャンドルの微分方程式
$$(1-x^2)y'' - 2xy' + n(n+1)y = 0$$
の確定特異点 $x = 1$ の近傍における解を求めよ．

7. 次の連立方程式の $x = 0$ における級数解を求めよ：

(i)　$(1-x)y' = z, \quad z' = 2y - z;$

(ii)　$xy' + z = 0, \quad z' - xy = 0;$

(iii)　$xy' = 2y + z, \quad xz' = 4y + 2z;$

(iv)　$y + t \dfrac{dx}{dt} = 0, \quad t \dfrac{dy}{dt} + x = 0.$

8. 連立微分方程式
$$y' = 1 + z, \quad z' = y^2 + x + z$$
を，初期条件 $y(1) = 2, z(1) = 4$ を与えて，$x = 1$ の近傍で，級数を用いて解け．

第8章 第1階偏微分方程式

§28. 多変数の連立常微分方程式

第1階偏微分方程式を解く準備として,連立常微分方程式

(28.1) $$\frac{dx_1}{P_1}=\frac{dx_2}{P_2}=\cdots=\frac{dx_n}{P_n}=\frac{dz}{R}$$

を考察する.この場合に,$x_1, x_2, \cdots, x_n$ は独立変数であり,z は $x_1, x_2, \cdots, x_n$ の函数であって,$P_1, P_2, \cdots, P_n, R$ は $x_1, x_2, \cdots, x_n, z$ の函数であるとする.この連立方程式の1次独立な解を

$$u_k(x_1, x_2, \cdots, x_n, z) = c_k \qquad (k=1, 2, \cdots, n)$$

とするとき,F を任意の函数として,$F(u_1, u_2, \cdots, u_n)=0$ を方程式 (28.1) の**一般積分**という.これを求めるのに,特殊の方法があるわけではないから,例によって,取扱い方の一端を示すことにしよう.

例 1. $$\frac{dx}{mz-ny}=\frac{dy}{nx-lz}=\frac{dz}{ly-mx}.$$

解. 上の各式は

$$\frac{xdx}{mzx-nyx}=\frac{ydy}{nxy-lzy}=\frac{zdz}{lyz-mxz}$$

$$=\frac{xdx+ydy+zdz}{0}$$

に等しいから

$$xdx+ydy+zdz=0 \quad \text{すなわち} \quad 2xdx+2ydy+2zdz=0$$

となる.したがって,

$$x^2+y^2+z^2=c_1$$

を得る.また

$$\frac{ldx}{lmz-lny}=\frac{mdy}{mnx-mlz}=\frac{ndz}{lny-mnx}=\frac{ldx+mdy+ndz}{0}$$

であるから,

$$ldx+mdy+ndz=0$$

となり，これより
$$lx+my+nz=c_2$$
が得られる．したがって，与えられた方程式の一般積分は，F を任意の函数とすると，
$$F(x^2+y^2+z^2,\ lx+my+nz)=0$$
である．

例 2.
$$\frac{dx}{1}=\frac{dy}{m}=\frac{dz}{x\sin(y-mx)}.$$

解. まず，
$$\frac{dx}{1}=\frac{dy}{m}$$
より $dy-mdx=0$ が出てくるから，ただちに，$y-mx=c_1$ となる．この関係の下で方程式を解くのであるから，
$$\frac{dx}{1}=\frac{dz}{x\sin c_1}$$
となる．したがって，
$$dz=x\sin c_1 dx$$
となり，これを積分して
$$z=\frac{1}{2}x^2\sin c_1+c_2$$
を得る．したがって，
$$z-\frac{x^2}{2}\sin(y-mx)=c_2$$
となり，求める一般積分は，F を任意函数とすると，
$$F\left(z-\frac{x^2}{2}\sin(y-mx),\ y-mx\right)=0$$
で与えられることがわかる．

一般積分は，また，φ を任意函数とすると
$$z-\frac{x^2}{2}\sin(y-mx)=\varphi(y-mx)$$

または
$$z = \frac{x^2}{2}\sin(y-mx) + \varphi(y-mx)$$
と表わすことができる.

問 1. 次の連立方程式の一般積分を求めよ:

(i) $\dfrac{dx}{x} = \dfrac{dy}{y} = \dfrac{dz}{z}$,

(ii) $\dfrac{dx}{z(x+y)} = \dfrac{dy}{z(x-y)} = \dfrac{dz}{x^2+y^2}$,

(iii) $\dfrac{dx}{1} = \dfrac{dy}{-5} = \dfrac{dz}{z+\cos(y+5x)}$,

(iv) $\dfrac{dx}{y^3y-2x^4} = \dfrac{dy}{2y^4-x^3y} = \dfrac{dz}{9z(x^3-y^3)}$.

問 2. 次の連立方程式の一般解を求めよ:
$$\frac{dy}{dx} = z, \qquad \frac{dz}{dx} = y.$$

§29. 全微分方程式

前節の形の連立方程式と密接な関係のある**全微分方程式**

(29.1) $\qquad P_1 dx_1 + P_2 dx_2 + \cdots + P_n dx_n = 0$

を考える.この方程式を，**パッフの方程式**ともいう.

この方程式の解の一つを $F(x_1, x_2, \cdots, x_n) = c$ とすると,
$$\frac{\partial F}{\partial x_1}dx_1 + \frac{\partial F}{\partial x_2}dx_2 + \cdots + \frac{\partial F}{\partial x_n}dx_n = 0$$
が成り立つ.これは (29.1) と同一のものであるから,
$$\frac{\frac{\partial F}{\partial x_1}}{P_1} = \frac{\frac{\partial F}{\partial x_2}}{P_2} = \cdots = \frac{\frac{\partial F}{\partial x_n}}{P_n} = \lambda$$
が成り立つ.したがって,
$$\frac{\partial F}{\partial x_1} = \lambda P_1, \quad \frac{\partial F}{\partial x_2} = \lambda P_2, \quad \cdots, \quad \frac{\partial F}{\partial x_n} = \lambda P_n$$
となる.われわれの場合には
$$\frac{\partial^2 F}{\partial x_i \partial x_j} = \frac{\partial^2 F}{\partial x_j \partial x_i}$$

が成り立つと考えているので，
$$\frac{\partial}{\partial x_i}(\lambda P_j) = \frac{\partial}{\partial x_j}(\lambda P_i)$$
が成り立つ．したがって，
$$\frac{\partial \lambda}{\partial x_i} P_j + \lambda \frac{\partial P_j}{\partial x_i} = \frac{\partial \lambda}{\partial x_j} P_i + \lambda \frac{\partial P_i}{\partial x_j}$$
となる．これを整頓すると，
$$\lambda \left(\frac{\partial P_i}{\partial x_j} - \frac{\partial P_j}{\partial x_i} \right) = P_j \frac{\partial \lambda}{\partial x_i} - P_i \frac{\partial \lambda}{\partial x_j}$$
となる．全く同じようにして
$$\lambda \left(\frac{\partial P_j}{\partial x_k} - \frac{\partial P_k}{\partial x_j} \right) = P_k \frac{\partial \lambda}{\partial x_j} - P_j \frac{\partial \lambda}{\partial x_k},$$
$$\lambda \left(\frac{\partial P_k}{\partial x_i} - \frac{\partial P_i}{\partial x_k} \right) = P_i \frac{\partial \lambda}{\partial x_k} - P_k \frac{\partial \lambda}{\partial x_i}$$
が出てくるので，上から順々に P_k, P_i, P_j を掛けて加えると，
$$(29.2) \quad P_i \left(\frac{\partial P_j}{\partial x_k} - \frac{\partial P_k}{\partial x_j} \right) + P_j \left(\frac{\partial P_k}{\partial x_i} - \frac{\partial P_i}{\partial x_k} \right) + P_k \left(\frac{\partial P_i}{\partial x_j} - \frac{\partial P_j}{\partial x_i} \right) = 0$$
が出てくる．ここに (i, j, k) は $1, 2, \cdots, n$ から任意の3個を取り出した組である．特に $n=3$ の場合には，次の定理が成り立つ：

定理 29.1. パッフの方程式
$$(29.3) \qquad\qquad Pdx + Qdy + Rdz = 0$$
が積分できるために，必要でかつ十分な条件は，
$$(29.4) \quad P\left(\frac{\partial Q}{\partial z} - \frac{\partial R}{\partial y} \right) + Q\left(\frac{\partial R}{\partial x} - \frac{\partial P}{\partial z} \right) + R\left(\frac{\partial P}{\partial y} - \frac{\partial Q}{\partial x} \right) = 0$$
が成り立つことである．

証明． これが必要条件であることは，(29.2) を導き出したことから，すぐにわかるであろう．

これが十分条件であることを証明するために，まず，次の補助定理を示しておかねばならない：

補助定理． P, Q, R が (29.4) を満足するなら，$\lambda P = P_1, \lambda Q = Q_1, \lambda R = R_1$

§29. 全 微 分 方 程 式

(λ は x, y, z の函数で,x, y, z について,偏微分可能である)とすると,

(29.4*) $\quad P_1\left(\dfrac{\partial Q_1}{\partial z}-\dfrac{\partial R_1}{\partial x}\right)+Q_1\left(\dfrac{\partial R_1}{\partial x}-\dfrac{\partial P_1}{\partial z}\right)+R_1\left(\dfrac{\partial P_1}{\partial y}-\dfrac{\partial Q_1}{\partial x}\right)=0$

が成り立つ.

なんとなれば,

$$P_1\left(\dfrac{\partial Q_1}{\partial z}-\dfrac{\partial R_1}{\partial y}\right)=\lambda P\left(\dfrac{\partial \lambda}{\partial z}Q+\lambda\dfrac{\partial Q}{\partial z}-\dfrac{\partial \lambda}{\partial y}R-\lambda\dfrac{\partial R}{\partial y}\right)$$

$$=\lambda^2 P\left(\dfrac{\partial Q}{\partial z}-\dfrac{\partial R}{\partial y}\right)+\lambda\left(PQ\dfrac{\partial \lambda}{\partial z}-RP\dfrac{\partial \lambda}{\partial y}\right)$$

であるから,他の二つも同様に計算すると,

$$P_1\left(\dfrac{\partial Q_1}{\partial z}-\dfrac{\partial R_1}{\partial y}\right)+Q_1\left(\dfrac{\partial R_1}{\partial x}-\dfrac{\partial P_1}{\partial z}\right)+R_1\left(\dfrac{\partial P_1}{\partial y}-\dfrac{\partial Q_1}{\partial x}\right)$$
$$=\lambda^2\left\{P\left(\dfrac{\partial Q}{\partial z}-\dfrac{\partial R}{\partial y}\right)+Q\left(\dfrac{\partial R}{\partial x}-\dfrac{\partial P}{\partial z}\right)+R\left(\dfrac{\partial P}{\partial y}-\dfrac{\partial Q}{\partial x}\right)\right\}=0.$$

これだけの準備をしておいて,定理の証明へもどろう.

(29.3) において,z は定数であると考えると,方程式は

$$Pdx+Qdy=0$$

となる.これの解を $F(x, y, z)=C$ としよう.ここで,z は変数と考える.この場合に,C は z の函数であると考えて,

(29.5) $\qquad F(x, y, z)=g(z)$

とおく.この $g(z)$ の形が定められたら,問題は解決されるのであるが,これより

$$\dfrac{\partial F}{\partial x}dx+\dfrac{\partial F}{\partial y}dy+\dfrac{\partial F}{\partial z}dz=g'(z)dz$$

が得られる.これを書きかえると,

(29.6) $\qquad \dfrac{\partial F}{\partial x}dx+\dfrac{\partial F}{\partial y}dy+\left\{\dfrac{\partial F}{\partial z}-g'(z)\right\}dz=0$

となる.(29.5) が (29.3) の解となるように $g(z)$ を定めるのが目的であるから,(29.6) と (29.3) とは,同じものであると考えてよい.したがって,

$$\dfrac{\dfrac{\partial F}{\partial x}}{P}=\dfrac{\dfrac{\partial F}{\partial y}}{Q}=\dfrac{\dfrac{\partial F}{\partial z}-g'(z)}{R}=\lambda$$

となる.これより

$$\frac{\partial F}{\partial x}=\lambda P=P_1, \quad \frac{\partial F}{\partial y}=\lambda Q=Q_1, \quad \frac{\partial F}{\partial z}-g'(z)=\lambda R=R_1$$

を得る. P, Q, R に対して (29.4) が成り立つのであるから,補助定理によって P_1, Q_1, R_1 に対して (29.4*) が成り立つ.したがって,

$$\frac{\partial F}{\partial x}\left(\frac{\partial^2 F}{\partial z \partial y}-\frac{\partial R_1}{\partial y}\right)+\frac{\partial F}{\partial y}\left(\frac{\partial R_1}{\partial x}-\frac{\partial^2 F}{\partial z \partial x}\right)+R_1\left(\frac{\partial^2 F}{\partial y \partial x}-\frac{\partial^2 F}{\partial x \partial y}\right)=0$$

が成り立つ.われわれの場合には

$$\frac{\partial^2 F}{\partial x \partial y}=\frac{\partial^2 F}{\partial y \partial x}$$

であるから,

$$\frac{\partial F}{\partial x}\left(\frac{\partial^2 F}{\partial z \partial y}-\frac{\partial R_1}{\partial y}\right)+\frac{\partial F}{\partial y}\left(\frac{\partial R_1}{\partial x}-\frac{\partial^2 F}{\partial z \partial x}\right)=0$$

となる.これを書きかえると,

$$\frac{\partial F}{\partial x}\cdot\frac{\partial}{\partial y}\left(\frac{\partial F}{\partial z}-R_1\right)-\frac{\partial F}{\partial y}\cdot\frac{\partial}{\partial x}\left(\frac{\partial F}{\partial z}-R_1\right)=0$$

となるが,これは

$$\left|\begin{array}{cc} \dfrac{\partial F}{\partial x} & \dfrac{\partial F}{\partial y} \\ \dfrac{\partial}{\partial x}\left(\dfrac{\partial F}{\partial z}-R_1\right) & \dfrac{\partial}{\partial y}\left(\dfrac{\partial F}{\partial z}-R_1\right) \end{array}\right|=0$$

と書けるから,函数行列式の理論によって,F と $\dfrac{\partial F}{\partial z}-R_1$ との間に,函数関係が成り立つはずである.その函数関係を

$$\frac{\partial F}{\partial z}-R_1=\phi(F)$$

と表わすことができる.ここへ,上で求めておいた関係式を代入すると,

$$g'(z)=\frac{\partial F}{\partial z}-R_1\equiv\phi(F)$$

となる.したがって

$$g'(z)=\phi\{g(z)\}$$

§29. 全微分方程式

が出てくる．この微分方程式を解いたときの解を $\chi(z)$ とすると，

$$F(x, y, z) = \chi(z)$$

が，与えられた方程式の一般解である．すなわち，(29.4) を P, Q, R が満足すると，われわれの方程式 (29.3) は積分することができるのである．すなわち (29.4) は十分条件である．

例. $\quad 2yz\,dx + zx\,dy - xy(1+z)dz = 0.$

解. まず，$P=2yz, Q=zx, R=-xy(1+z)$ が，(29.4) を満足するかどうかを，調べておかなければならない．ところが，

$$P\left(\frac{\partial Q}{\partial z} - \frac{\partial R}{\partial y}\right) + Q\left(\frac{\partial R}{\partial x} - \frac{\partial P}{\partial z}\right) + R\left(\frac{\partial P}{\partial y} - \frac{\partial Q}{\partial x}\right)$$
$$= 2yz(x + x(1+z)) + zx(-y(1+z) - 2y) - xy(1+z)(2z-z)$$

であるから，これを整頓すると，この右辺が 0 となることは，すぐにわかる．ゆえに，与えられた方程式は積分することができる．

それで，z は定数であると考えると，

$$2yz\,dx + zx\,dy = 0$$

となる．したがって，

$$\frac{2}{x}dx + \frac{1}{y}dy = 0$$

となる．これを解いて

$$x^2 y = C$$

が得られる．ここで，

$$x^2 y = g(z)$$

とおく．引きつづいて，z は定数ではなく，変数であると考えると，

$$2xy\,dx + x^2\,dy - g'(z)dz = 0$$

となる．これは，与えられた方程式と同一でなければならないから

$$\frac{2xy}{2yz} = \frac{x^2}{zx} = \frac{g'(z)}{xy(1+z)}$$

となる．これを整頓して

$$\frac{x}{z} = \frac{x}{z} = \frac{g'(z)}{xy(1+z)}$$

を得る．これより
$$x^2 y(1+z) = g'(z)z$$
したがって，
$$g'(z)z = g(z)(1+z)$$
となり，これより
$$\frac{g'(z)}{g(z)} = 1 + \frac{1}{z}$$
が出てくる．これを積分すると，
$$\log|g(z)| = z + \log z$$
となる．これより
$$g(z) = C_1 e^{z + \log z} = C_1 z e^z$$
が得られる．

問 1. 次の全微分方程式を解け：
 (i) $yz \log z \, dx - zx \log z \, dy + xy \, dz = 0$.
 (ii) $(x^2 y - y^3 - y^2 z) dx + (xy^2 - x^2 z - x^3) dy + (xy^2 + x^2 y) dz = 0$,
 (iii) $z^2 dx + (z^2 - 2yz) dy + (2y^2 - yz - zx) dz = 0$.

問 2. 全微分方程式
$$2 dz = (x+z) dx + y \, dy$$
を満足し，放物面 $3z = x^2 + y^2$ の上にある曲線の xz 平面上への正射影を求めよ．

問 3. $$f(y) dx - zx \, dy - xy \log y \, dz = 0$$
が積分できるように $f(y)$ を定め，さらに，この方程式を解け．

§30. 線型方程式

連立微分方程式

(30.1) $$\frac{dx_1}{P_1} = \frac{dx_2}{P_2} = \cdots = \frac{dx_n}{P_n} = \frac{dz}{R}$$

の1次独立な解を $u_1 = c_1, u_2 = c_2, \cdots, u_n = c_n$ とし，一般積分を $F(u_1, u_2, \cdots, u_n) = 0$ とする．これを x_k について偏微分すると，z が $x_1, x_2, \cdots, x_n$ の関数であることを考慮に入れて，

$$\frac{\partial F}{\partial u_1}\left(\frac{\partial u_1}{\partial x_k} + \frac{\partial u_1}{\partial z}\frac{\partial z}{\partial x_k}\right) + \frac{\partial F}{\partial u_2}\left(\frac{\partial u_2}{\partial x_k} + \frac{\partial u_2}{\partial z}\frac{\partial z}{\partial x_k}\right)$$

§30. 線型方程式

$$+\cdots+\frac{\partial F}{\partial u_n}\left(\frac{\partial u_n}{\partial x_k}+\frac{\partial u_n}{\partial z}\frac{\partial z}{\partial x_k}\right)=0$$

となる．ここで

$$\frac{\partial z}{\partial x_k}=p_k \qquad (k=1,2,\cdots,n)$$

とおくと，上の式は

$$\frac{\partial F}{\partial u_1}\left(\frac{\partial u_1}{\partial x_k}+\frac{\partial u_1}{\partial z}p_k\right)+\frac{\partial F}{\partial u_2}\left(\frac{\partial u_2}{\partial x_k}+\frac{\partial u_2}{\partial z}p_k\right)$$

$$+\cdots+\frac{\partial F}{\partial u_n}\left(\frac{\partial u_n}{\partial x_k}+\frac{\partial u_n}{\partial z}p_k\right)=0$$

となる．この式において，$k=1,2,\cdots,n$ とおくと，n 個の方程式

$$\sum_{j=1}^{n}\frac{\partial F}{\partial u_j}\left(\frac{\partial u_j}{\partial x_1}+\frac{\partial u_j}{\partial z}p_1\right)=0,$$

$$\sum_{j=1}^{n}\frac{\partial F}{\partial u_j}\left(\frac{\partial u_j}{\partial x_2}+\frac{\partial u_j}{\partial z}p_2\right)=0,$$

$$\cdots\cdots\cdots\cdots\cdots\cdots\cdots\cdots\cdots\cdots\cdots,$$

$$\sum_{j=1}^{n}\frac{\partial F}{\partial u_j}\left(\frac{\partial u_j}{\partial x_n}+\frac{\partial u_j}{\partial z}p_n\right)=0$$

が得られる．この n 個の式から $\dfrac{\partial F}{\partial u_1}, \dfrac{\partial F}{\partial u_2}, \cdots, \dfrac{\partial F}{\partial u_n}$ を消去すると，

$$\begin{vmatrix} \dfrac{\partial u_1}{\partial x_1}+\dfrac{\partial u_1}{\partial z}p_1 & \dfrac{\partial u_2}{\partial x_1}+\dfrac{\partial u_2}{\partial z}p_1 & \cdots & \dfrac{\partial u_n}{\partial x_1}+\dfrac{\partial u_n}{\partial z}p_1 \\ \dfrac{\partial u_1}{\partial x_2}+\dfrac{\partial u_1}{\partial z}p_2 & \dfrac{\partial u_2}{\partial x_2}+\dfrac{\partial u_2}{\partial z}p_2 & \cdots & \dfrac{\partial u_n}{\partial x_2}+\dfrac{\partial u_n}{\partial z}p_2 \\ \cdots\cdots\cdots\cdots\cdots\cdots\cdots\cdots\cdots\cdots\cdots\cdots \\ \dfrac{\partial u_1}{\partial x_n}+\dfrac{\partial u_1}{\partial z}p_n & \dfrac{\partial u_2}{\partial x_n}+\dfrac{\partial u_2}{\partial z}p_n & \cdots & \dfrac{\partial u_n}{\partial x_n}+\dfrac{\partial u_n}{\partial z}p_n \end{vmatrix}=0$$

となる．左辺の行列式で行と列とを入れかえる．このようにしても，行列式の値が変らないことは，すでに，代数学で学んでいるであろう．この行列式の知識のないひとは，本講座の第1巻「代数学」の第7章を見られたい．ここに詳しく解説されているので，この講義では省略する．それによって，

$$\begin{vmatrix} \dfrac{\partial u_1}{\partial x_1}+\dfrac{\partial u_1}{\partial z}p_1 & \dfrac{\partial u_1}{\partial x_2}+\dfrac{\partial u_1}{\partial z}p_2 & \cdots & \dfrac{\partial u_1}{\partial x_n}+\dfrac{\partial u_1}{\partial z}p_n \\ \dfrac{\partial u_2}{\partial x_1}+\dfrac{\partial u_2}{\partial z}p_1 & \dfrac{\partial u_2}{\partial x_2}+\dfrac{\partial u_2}{\partial z}p_2 & \cdots & \dfrac{\partial u_2}{\partial x_n}+\dfrac{\partial u_2}{\partial z}p_n \\ \cdots\cdots\cdots\cdots\cdots\cdots\cdots\cdots\cdots\cdots\cdots\cdots\cdots \\ \dfrac{\partial u_n}{\partial x_1}+\dfrac{\partial u_n}{\partial z}p_1 & \dfrac{\partial u_n}{\partial x_2}+\dfrac{\partial u_n}{\partial z}p_2 & \cdots & \dfrac{\partial u_n}{\partial x_n}+\dfrac{\partial u_n}{\partial z}p_n \end{vmatrix}=0$$

となるので，この行列式を書きかえると，

(30.2)
$$\begin{aligned}&\frac{\partial(u_1, u_2, \cdots, u_n)}{\partial(z, x_2, \cdots, x_n)}p_1+\frac{\partial(u_1, u_2, \cdots, u_n)}{\partial(x_1, z, \cdots, x_n)}p_2+\cdots \\ &+\frac{\partial(u_1, \cdots, u_{k-1}, u_k, u_{k+1}, \cdots, u_n)}{\partial(x_1, \cdots, x_{k-1}, z, x_{k+1}, \cdots, x_n)}p_k+\cdots \\ &+\frac{\partial(u_1, u_2, \cdots, u_n)}{\partial(x_1, x_2, \cdots, x_{n-1}, z)}p_n+\frac{\partial(u_1, u_2, \cdots, u_n)}{\partial(x_1, x_2, \cdots, x_n)}=0\end{aligned}$$

となる．この場合に

$$\frac{\partial(u_1, u_2, \cdots, u_{k-1}, u_k, u_{k+1}, \cdots, u_n)}{\partial(x_1, x_2, \cdots, x_{k-1}, z, x_{k+1}, \cdots, x_n)}$$

$$=\begin{vmatrix} \dfrac{\partial u_1}{\partial x_1} & \dfrac{\partial u_1}{\partial x_2} & \cdots & \dfrac{\partial u_1}{\partial x_{k-1}} & \dfrac{\partial u_1}{\partial z} & \dfrac{\partial u_1}{\partial x_{k+1}} & \cdots & \dfrac{\partial u_1}{\partial x_n} \\ \dfrac{\partial u_2}{\partial x_1} & \dfrac{\partial u_2}{\partial x_2} & \cdots & \dfrac{\partial u_2}{\partial x_{k-1}} & \dfrac{\partial u_2}{\partial z} & \dfrac{\partial u_2}{\partial x_{k+1}} & \cdots & \dfrac{\partial u_2}{\partial x_n} \\ \cdots\cdots\cdots\cdots\cdots\cdots\cdots\cdots\cdots\cdots\cdots\cdots\cdots \\ \dfrac{\partial u_n}{\partial x_1} & \dfrac{\partial u_n}{\partial x_2} & \cdots & \dfrac{\partial u_n}{\partial x_{k-1}} & \dfrac{\partial u_n}{\partial z} & \dfrac{\partial u_n}{\partial x_{k+1}} & \cdots & \dfrac{\partial u_n}{\partial x_n} \end{vmatrix}$$

であって，**ヤコビの行列式**と呼ばれているものである．他方で，われわれの場合には，$u_k(x_1, x_2, \cdots, x_n, z)=c_k$ であるから，これの微分を考えると，

$$\frac{\partial u_k}{\partial x_1}dx_1+\frac{\partial u_k}{\partial x_2}dx_2+\cdots+\frac{\partial u_k}{\partial x_n}dx_n+\frac{\partial u_k}{\partial z}dz=0 \quad (k=1, 2, \cdots, n)$$

となる．ところが，$u_k(x_1, x_2, \cdots, x_n, z)=c_k$ が (30.1) の解であることから

(30.3) $$\sum_{j=1}^{n}\frac{\partial u_k}{\partial x_j}P_j+\frac{\partial u_k}{\partial z}R=0 \quad (h=1, 2, \cdots, n)$$

§30. 線型方程式

が得られる．また，$u_k(x_1, x_2, \cdots, x_n, z) = c_k$ は独立な解であるから

$$\Delta \equiv \frac{\partial(u_1, u_2, \cdots, u_n)}{\partial(x_1, x_2, \cdots, x_n)} \neq 0$$

である．したがって，(30.3) を $P_1, P_2, \cdots, P_n$ について解くと

$$P_k \Delta = -R \frac{\partial(u_1, \cdots, u_{k-1}, u_k, u_{k+1}, \cdots, u_n)}{\partial(x_1, \cdots, x_{k-1}, z, x_{k+1}, \cdots, x_n)}$$

が得られる．これより

$$\frac{\partial(u_1, \cdots, u_{k-1}, u_k, u_{k+1}, \cdots, u_n)}{\partial(x_1, \cdots, x_{k-1}, z, x_{k+1}, \cdots, x_n)} = -\frac{P_k}{R} \Delta$$

となり，これを (30.2) に代入すると，

$$-\frac{P_1}{R} \Delta \cdot p_1 - \frac{P_2}{R} \Delta \cdot p_2 - \cdots - \frac{P_k}{R} \Delta \cdot p_k - \cdots - \frac{P_n}{R} \Delta \cdot p_n + \Delta = 0$$

となる．したがって，

(30.4) $$P_1 p_1 + P_2 p_2 + \cdots + P_n p_n = R$$

が出てくる．ゆえに，**連立方程式 (30.1) の一般積分は，(30.4) の一般解である**．この，形が (30.4) の偏微分方程式において，$P_1, P_2, \cdots, P_n$ が z を含まず，R が z について 1 次であるときには，(30.4) は**第 1 階線型偏微分方程式**であるというが，そうでない場合には，(30.4) は**第 1 階準線型偏微分方程式**であるという．つぎに，方程式 (30.4) の一般解を

$$f(u_1, u_2, \cdots, u_n) = 0$$

とする．この場合に，$u_k = u_k(x_1, x_2, \cdots, x_n, z)$ $(k = 1, 2, \cdots, n)$ とする．そうすると，上で計算したように，(30.2) が出てくる．これと (30.4) とを比較して

(30.5) $$P_k = \lambda \frac{\partial(u_1, \cdots, u_{k-1}, u_k, u_{k+1}, \cdots, u_n)}{\partial(x_1, \cdots, x_{k-1}, z, x_{k+1}, \cdots, x_n)} \quad (k = 1, 2, \cdots, n),$$

(30.6) $$-R = \lambda \Delta$$

が成り立つことを知る．$u_k(x_1, x_2, \cdots, x_n, z) = c_k$ $(k = 1, 2, \cdots, n)$ の微分は

(30.7) $$\frac{\partial u_k}{\partial x_1} dx_1 + \frac{\partial u_k}{\partial x_2} dx_2 + \cdots + \frac{\partial u_k}{\partial x_n} dx_n + \frac{\partial u_k}{\partial z} dz = 0 \quad (k = 1, 2, \cdots, n)$$

となり，$u_k = c_k$ $(k = 1, 2, \cdots, n)$ が独立な解であることから，$\Delta \neq 0$ である．したがって，(30.7) を $dx_1, dx_2, \cdots, dx_n$ に関する連立方程式であると考える

と，クラーメルの公式によって解くことができて，

(30.8) $$\Delta \cdot dx_k = -dz \cdot \frac{\partial(u_1, \cdots, u_k, \cdots, u_n)}{\partial(x_1, \cdots, x_{k-1}, z, x_{k+1}, \cdots, x_n)}$$

となる．(30.5) と (30.6) と (30.8) とによって

$$\frac{R}{\lambda} dx_k = \frac{P_k}{\lambda} dz \qquad (k=1, 2, \cdots, n)$$

が出てくる．したがって，

$$\frac{dx_k}{P_k} = \frac{dz}{R} \qquad (k=1, 2, \cdots, n)$$

が得られる．これより

$$\frac{dx_1}{P_1} = \frac{dx_2}{P_2} = \cdots = \frac{dx_n}{P_n} = \frac{dz}{R}$$

が出てきて，"方程式 (30.4) の解はまた (30.1) の解である"ことがわかる．

これだけのことを知っていると，第1階線型偏微分方程式や，第1階準線型偏微分方程式を解くことができる．

例1. 第1階線型偏微分方程式

$$x\frac{\partial z}{\partial x} + y\frac{\partial z}{\partial y} = az \quad (a \text{ は定数})$$

を解け．

解． 上で示しておいたように，この方程式と連立方程式

$$\frac{dx}{x} = \frac{dy}{y} = \frac{dz}{az}$$

とは同じ解をもつ．

$$\frac{dx}{x} = \frac{dy}{y} \quad \text{より} \quad \frac{y}{x} = c_1,$$

また

$$\frac{dx}{x} = \frac{dz}{az} \quad \text{より} \quad \frac{z}{x^a} = c_2$$

が出てくるので，一般解は，f を任意の函数として

$$f\left(\frac{y}{x}, \frac{z}{x^a}\right) = 0$$

§30. 線型方程式

と表わせる. また, φ を任意の函数として

$$\frac{z}{x^a}=\varphi\left(\frac{y}{x}\right) \quad \text{すなわち} \quad z=x^a\varphi\left(\frac{y}{x}\right)$$

と書いてもよい.

例 2. 第1階準線型偏微分方程式

$$(y^2+z^2-x^2)\frac{\partial z}{\partial x}-2xy\frac{\partial z}{\partial y}+2xz=0$$

を解け.

解. この方程式の解は

$$\frac{dx}{y^2+z^2-x^2}=\frac{dy}{-2xy}=\frac{dz}{-2xz}$$

の解と同じである.

$$\frac{dy}{-2xy}=\frac{dz}{-2xz} \quad \text{より} \quad \frac{dy}{y}=\frac{dz}{z}$$

が出てくる. これより $z=c_1 y$ が得られるので, この関係を元の方程式へ代入すると, 方程式は

$$\frac{dx}{(1+c_1^2)y^2-x^2}=\frac{dy}{-2xy}=\frac{dz}{-2xz}$$

となる. したがって,

$$\frac{2ydx}{2(1+c_1^2)y^3-2x^2y}=\frac{xdy}{-2x^2y}=\frac{2ydx-xdy}{2(1+c_1^2)y^3}$$

となる. これより

$$\frac{2ydx-xdy}{2(1+c_1^2)y^3}=\frac{dy}{-2xy}.$$

したがって,

$$dy=-\frac{2xydx-x^2dy}{(1+c_1^2)y^2}=-\frac{1}{1+c_1^2}d\left(\frac{x^2}{y}\right)$$

すなわち

$$d\left((1+c_1^2)y+\frac{x^2}{y}\right)=0$$

となるので,

$$(1+c_1{}^2)y+\frac{x^2}{y}=c_2$$

が出てくる．したがって，c_1 をもとへもどすと

$$\frac{x^2+y^2+z^2}{y}=c_2$$

となる．これより，一般解は

$$F\!\left(\frac{x^2+y^2+z^2}{y},\ \frac{z}{y}\right)=0$$

あるいは

$$x^2+y^2+z^2=y\varphi\!\left(\frac{z}{y}\right)$$

である．

問． 次の線型または準線型偏微分方程式の一般解を求めよ：

(i) $\dfrac{\partial z}{\partial x}-\dfrac{\partial z}{\partial y}=\sqrt{z}$，

(ii) $z\!\left(\dfrac{\partial z}{\partial x}-\dfrac{\partial z}{\partial y}\right)=z^2+(x+y)^2$，

(iii) $p_1-p_2-p_3+1=0$，

(iv) $x_1p_1+2x_2p_2+3x_3p_3+4x_4p_4=0$，

(v) $p_1+p_2+p_3\{1+\sqrt{z-x_1-x_2-x_3}\}=3$．

§31. 一般な第1階方程式

独立変数が2個の場合と，3個以上の場合とに，分けて取り扱う．

Ⅰ．独立変数が2個の場合，すなわち x, y の場合には，

$$\frac{\partial z}{\partial x}=p, \qquad \frac{\partial z}{\partial y}=q$$

とおくと，一般な第1階微分方程式は

(31.1) $$F(x, y, z, p, q)=0$$

で与えられる．これだけでは，一般には，この方程式を解くことはできない．それで，方程式

(31.2) $$dz=pdx+qdy$$

§31. 一般な第1階方程式

が積分できるように p, q を定めるための補助方程式

(31.3) $$f(x, y, z, p, q) = 0$$

を見つけねばならない．これに対しては，**ラグランジュ・シャルピの方法**といわれているものがあるので，それを紹介しておこう．実際には，この方法を完全に樹立したのはシャルピで，1784年にパリのアカデミへ提出したけれども，この論文が印刷されないうちに死去した，というエピソードのあるものである．

(31.2) が積分できるのであるから，定理 29.1 によって，

(31.4) $$p\frac{\partial q}{\partial z} - q\frac{\partial p}{\partial z} - \frac{\partial p}{\partial y} + \frac{\partial q}{\partial x} = 0$$

が成り立たねばならない．補助の函数 (31.3) が見つかったとして，(31.1) と (31.3) とを，y, z を定数と考えて，x について微分すると，

$$\frac{\partial F}{\partial x} + \frac{\partial F}{\partial p}\frac{\partial p}{\partial x} + \frac{\partial F}{\partial q}\frac{\partial q}{\partial x} = 0,$$

$$\frac{\partial f}{\partial x} + \frac{\partial f}{\partial p}\frac{\partial p}{\partial x} + \frac{\partial f}{\partial q}\frac{\partial q}{\partial x} = 0$$

となる．ヤコビの行列式を J とおくと

$$J = \frac{\partial(F, f)}{\partial(p, q)}$$

となるので，クラーメルの公式によって

$$J\frac{\partial q}{\partial x} = \frac{\partial(F, f)}{\partial(x, p)}$$

が出てくる．また，x, z を定数と考えて y について偏微分すると，

$$\frac{\partial F}{\partial y} + \frac{\partial F}{\partial p}\frac{\partial p}{\partial y} + \frac{\partial F}{\partial q}\frac{q}{\partial y} = 0,$$

$$\frac{\partial f}{\partial y} + \frac{\partial f}{\partial p}\frac{\partial p}{\partial y} + \frac{\partial f}{\partial q}\frac{\partial q}{\partial y} = 0$$

となるので，

$$J \cdot \frac{\partial p}{\partial y} = -\frac{\partial(F, q)}{\partial(y, q)}$$

を得る．最後に，x, y を定数と考えて z について偏微分すると，

$$\frac{\partial F}{\partial z}+\frac{\partial F}{\partial p}\frac{\partial p}{\partial z}+\frac{\partial F}{\partial q}\frac{\partial q}{\partial z}=0,$$

$$\frac{\partial f}{\partial z}+\frac{\partial f}{\partial p}\frac{\partial p}{\partial z}+\frac{\partial f}{\partial q}\frac{\partial q}{\partial z}=0$$

が出てくるので，これから

$$J\cdot\frac{\partial p}{\partial z}=-\frac{\partial (F,f)}{\partial (z,q)}, \qquad J\cdot\frac{\partial q}{\partial z}=\frac{\partial (F,f)}{\partial (z,p)}$$

が得られる．これらの値を (31.4) へ入れて整頓すると，

$$-\frac{\partial F}{\partial p}\frac{\partial f}{\partial x}-\frac{\partial F}{\partial q}\frac{\partial f}{\partial y}-\left(p\frac{\partial F}{\partial p}+q\frac{\partial F}{\partial q}\right)\frac{\partial f}{\partial z}$$
$$+\left(p\frac{\partial F}{\partial z}+\frac{\partial F}{\partial x}\right)\frac{\partial f}{\partial p}+\left(q\frac{\partial F}{\partial z}+\frac{\partial F}{\partial y}\right)\frac{\partial f}{\partial q}=0$$

が得られる．したがって，この方程式を解くことは，連立方程式

(31.5)
$$\frac{dx}{-\dfrac{\partial F}{\partial p}}=\frac{dy}{-\dfrac{\partial F}{\partial q}}=\frac{dz}{-p\dfrac{\partial F}{\partial p}-q\dfrac{\partial F}{\partial q}}$$
$$=\frac{dp}{p\dfrac{\partial F}{\partial z}+\dfrac{\partial F}{\partial x}}=\frac{dq}{q\dfrac{\partial F}{\partial z}+\dfrac{\partial F}{\partial y}}=\frac{df}{0}$$

を解くことに帰着された．そして，この方程式の解のうちで，p,q のどちらかあるいは両方を含むものを求めたら，それが (31.3) である．そうすると，(31.1) と (31.3) とで定められた p,q を (31.1) へ入れると，これは積分することができる．この解は，2個の任意定数を含んでいるので，**完全解**という．

この方法を用いる例として，方程式

$$2xz-px^2-2qxy+pq=0$$

を考えてみよう．

この場合には

$$F(x,y,z,p,q)\equiv 2xz-px^2-2qxy+pq$$

であるから，

$$\frac{\partial F}{\partial x}=2z-2px-2qy, \quad \frac{\partial F}{\partial y}=-2qx, \quad \frac{\partial F}{\partial z}=2x,$$
$$\frac{\partial F}{\partial p}=-x^2+q, \quad \frac{\partial F}{\partial q}=-2xy+p$$

§31. 一般な第1階方程式

が得られる．したがって，

$$\frac{dx}{x^2-q} = \frac{dy}{2xy-p} = \frac{dz}{px^2+2qxy-2fq} = \frac{dp}{2z} = \frac{dq}{0} = \frac{df}{0}$$

となり，

$$dq=0 \text{ より } q=c_1$$

となる．これが

$$f(x, y, z, p, q) \equiv q-c_1 = 0$$

である．これと原方程式とより

$$2xz - px^2 - 2c_1xy + c_1p = 0$$

が出てくるので，これより

$$p = \frac{2x(z-c_1y)}{x^2-c_1}$$

が得られる．したがって，

$$dz = pdx + qdy$$
$$= \frac{2x(z-c_1y)}{x^2-c_1}dx + c_1dy$$

となる．これより

$$\frac{d(z-c_1y)}{z-c_1y} = \frac{2x}{x^2-c_1}dx$$

が出てくるので，

$$z - c_1y = c_2(x^2 - c_1)$$

すなわち

$$z = c_2(x^2 - c_1) + c_1y$$

が得られるが，これが完全解である．

II. 独立変数が3個以上の場合には，上で示したラグランジュ・シャルピの方法は，役に立たない．しかし，特に方程式が

(31.6) $$F(x_1, x_2, x_3, p_1, p_2, p_3) = 0$$

のように，z を含まないときには，**ヤコビの方法**を用いるとよい．ここでは，3個の独立変数の場合について説明するが，この方法は，そのまま，3個よりも沢山の独立変数の場合へ適用することができる．

ラグランジュ・シャルピの方法の場合と同じようにして，補助の方程式

(31.7) $$f_1(x_1, x_2, x_3, p_1, p_2, p_3) = a_1,$$

(31.8) $$f_2(x_1, x_2, x_3, p_1, p_2, p_3) = a_2$$

をさがす．(31.6), (31.7), (31.8) を用いて，p_1, p_2, p_3 を求めて

(31.9) $$dz = p_1 dx_1 + p_2 dx_2 + p_3 dx_3$$

が積分可能であるようにする.

(31.6) を x_1 について偏微分する. この場合に x_2, x_3 は定数であると考え, p_1, p_2, p_3 は x_1, x_2, x_3 の函数であると考えて偏微分する. そうすると,

$$\frac{\partial F}{\partial x_1} + \frac{\partial F}{\partial p_1}\frac{\partial p_1}{\partial x_1} + \frac{\partial F}{\partial p_2}\frac{\partial p_2}{\partial x_1} + \frac{\partial F}{\partial p_3}\frac{\partial p_3}{\partial x_1} = 0$$

となる. (31.7) についても同様のことを行なうと,

$$\frac{\partial f_1}{\partial x_1} + \frac{\partial f_1}{\partial p_1}\frac{\partial p_1}{\partial x_1} + \frac{\partial f_1}{\partial p_2}\frac{\partial p_2}{\partial x_1} + \frac{\partial f_1}{\partial p_3}\frac{\partial p_3}{\partial x_1} = 0$$

が得られる. この二式から $\dfrac{\partial p_1}{\partial x_1}$ を消去すると,

(31.10) $$\frac{\partial(F, f_1)}{\partial(x_1, p_1)} + \frac{\partial(F, f_1)}{\partial(p_2, p_1)}\frac{\partial p_2}{\partial x_1} + \frac{\partial(F, f_1)}{\partial(p_3, p_1)}\frac{\partial p_3}{\partial x_1} = 0$$

が出てくる. (31.6), (31.7) を x_2 について偏微分すると,

$$\frac{\partial F}{\partial x_2} + \frac{\partial F}{\partial p_1}\frac{\partial p_1}{\partial x_2} + \frac{\partial F}{\partial p_2}\frac{\partial p_2}{\partial x_2} + \frac{\partial F}{\partial p_3}\frac{\partial p_3}{\partial x_2} = 0,$$

$$\frac{\partial f_1}{\partial x_2} + \frac{\partial f_1}{\partial p_1}\frac{\partial p_1}{\partial x_2} + \frac{\partial f_1}{\partial p_2}\frac{\partial p_2}{\partial x_2} + \frac{\partial f_1}{\partial p_3}\frac{\partial p_3}{\partial x_2} = 0$$

となるから, これから $\dfrac{\partial p_2}{\partial x_2}$ を消去すると,

(31.11) $$\frac{\partial(F, f_1)}{\partial(x_2, p_2)} + \frac{\partial(F, f_1)}{\partial(p_1, p_2)}\frac{\partial p_1}{\partial x_2} + \frac{\partial(F, f_1)}{\partial(p_3, p_2)}\frac{\partial p_3}{\partial x_2} = 0$$

が得られる. さらに, (31.6), (31.7) を x_3 について偏微分すると,

$$\frac{\partial F}{\partial x_3} + \frac{\partial F}{\partial p_1}\frac{\partial p_1}{\partial x_3} + \frac{\partial F}{\partial p_2}\frac{\partial p_2}{\partial x_3} + \frac{\partial F}{\partial p_3}\frac{\partial p_3}{\partial x_3} = 0,$$

$$\frac{\partial f_1}{\partial x_3} + \frac{\partial f_1}{\partial p_1}\frac{\partial p_1}{\partial x_3} + \frac{\partial f_1}{\partial p_2}\frac{\partial p_2}{\partial x_3} + \frac{\partial f_1}{\partial p_3}\frac{\partial p_3}{\partial x_3} = 0$$

であるから, これから $\dfrac{\partial p_3}{\partial x_3}$ を消去すると,

(31.12) $$\frac{\partial(F, f_1)}{\partial(x_3, p_3)} + \frac{\partial(F, f_1)}{\partial(p_1, p_3)}\frac{\partial p_1}{\partial x_3} + \frac{\partial(F, f_1)}{\partial(p_2, p_3)}\frac{\partial p_2}{\partial x_3} = 0$$

が出てくる. (31.10), (31.11), (31.12) を加え合わすと,

§31. 一般な第1階方程式

$$\sum_{k=1}^{3} \frac{\partial(F,f_1)}{\partial(x_k,p_k)} + \frac{\partial(F,f_1)}{\partial(p_2,p_1)}\frac{\partial p_2}{\partial x_1} + \frac{\partial(F,f_1)}{\partial(p_1,p_2)}\frac{\partial p_1}{\partial x_2}$$

$$+ \frac{\partial(F,f_1)}{\partial(p_1,p_3)}\frac{\partial p_1}{\partial x_3} + \frac{\partial(F,f_1)}{\partial(p_3,p_1)}\frac{\partial p_3}{\partial x_1}$$

$$+ \frac{\partial(F,f_1)}{\partial(p_3,p_2)}\frac{\partial p_3}{\partial x_2} + \frac{\partial(F,f_1)}{\partial(p_2,p_3)}\frac{\partial p_2}{\partial x_3} = 0$$

となる．ところが，

$$\frac{\partial p_2}{\partial x_1} = \frac{\partial p_1}{\partial x_2}, \quad \frac{\partial p_3}{\partial x_1} = \frac{\partial p_1}{\partial x_3}, \quad \frac{\partial p_3}{\partial x_2} = \frac{\partial p_2}{\partial x_3}$$

であるから，

$$\sum_{k=1}^{3} \frac{\partial(F,f_1)}{\partial(x_k,p_k)} + \left(\frac{\partial(F,f_1)}{\partial(p_2,p_1)} + \frac{\partial(F,f_1)}{\partial(p_1,p_2)}\right)\frac{\partial p_1}{\partial x_2}$$

$$+ \left(\frac{\partial(F,f_1)}{\partial(p_1,p_3)} + \frac{\partial(F,f_1)}{\partial(p_3,p_1)}\right)\frac{\partial p_3}{\partial x_1}$$

$$+ \left(\frac{\partial(F,f_1)}{\partial(p_2,p_3)} + \frac{\partial(F,f_1)}{\partial(p_3,p_2)}\right)\frac{\partial p_2}{\partial x_3} = 0$$

となる．ところが，行列式の性質によって

$$\frac{\partial(F,f_1)}{\partial(p_i,p_j)} + \frac{\partial(F,f_1)}{\partial(p_j,p_i)} = 0$$

であるから，上の式は，結局は

(31.13) $$\sum_{k=1}^{3} \frac{\partial(F,f_1)}{\partial(x_k,p_k)} = 0$$

となる．全く同じようにして

(31.14) $$\sum_{k=1}^{3} \frac{\partial(F,f_2)}{\partial(x_k,p_k)} = 0,$$

(31.15) $$\sum_{k=1}^{3} \frac{\partial(f_1,f_2)}{\partial(x_k,p_k)} = 0$$

が出てくる．(31.13) を書きかえると

$$\begin{vmatrix} \frac{\partial F}{\partial x_1} & \frac{\partial F}{\partial p_1} \\ \frac{\partial f_1}{\partial x_1} & \frac{\partial f_1}{\partial p_1} \end{vmatrix} + \begin{vmatrix} \frac{\partial F}{\partial x_2} & \frac{\partial F}{\partial p_2} \\ \frac{\partial f_1}{\partial x_2} & \frac{\partial f_1}{\partial p_2} \end{vmatrix} + \begin{vmatrix} \frac{\partial F}{\partial x_3} & \frac{\partial F}{\partial p_3} \\ \frac{\partial f_1}{\partial x_3} & \frac{\partial f_1}{\partial p_3} \end{vmatrix} = 0$$

となるから，これを展開すると

$$-\frac{\partial F}{\partial p_1}\frac{\partial f_1}{\partial x_1}-\frac{\partial F}{\partial p_2}\frac{\partial f_1}{\partial x_2}-\frac{\partial F}{\partial p_3}\frac{\partial f_1}{\partial x_3}+\frac{\partial F}{\partial x_1}\frac{\partial f_1}{\partial p_1}+\frac{\partial F}{\partial x_2}\frac{\partial f_1}{\partial p_2}+\frac{\partial F}{\partial x_3}\frac{\partial f_1}{\partial p_3}=0$$

となる．これは準線型偏微分方程式であるから，これの解は方程式

$$(31.16) \quad \frac{dx_1}{-\frac{\partial F}{\partial p_1}}=\frac{dx_2}{-\frac{\partial F}{\partial p_2}}=\frac{dx_3}{-\frac{\partial F}{\partial p_3}}=\frac{dp_1}{\frac{\partial F}{\partial x_1}}=\frac{dp_2}{\frac{\partial F}{\partial x_2}}=\frac{dp_3}{\frac{\partial F}{\partial x_3}}$$

の解と同じである.

同じように, (31.14) から出発しても, 結局は, 連立方程式 (31.16) を解くことに帰着することを知る. したがって, つぎの結果が得られた:

"連立方程式 (31.16) を解いて, 2個の独立な解 $f_1=c_1, f_2=c_2$ を求め, これらが (31.15) を満足するなら

$$F=0, \quad f_1-c_1=0, \quad f_2-c_2=0$$

より, p_1, p_2, p_3 を x_1, x_2, x_3 の函数として表わして

$$dz=p_1dx_1+p_2dx_2+p_3dx_3$$

に代入すれば, これは積分することができて, 完全解が得られる".

例 1. $\quad 2p_1x_1x_3+3p_2x_3{}^2+p_2{}^2p_3=0.$

解. まず,

$$F(x_1, x_2, x_3, p_1, p_2, p_3)\equiv 2p_1x_1x_3+3p_2x_3{}^2+p_2{}^2p_3=0$$

とおくと, (31.16) によって

$$\frac{dx_1}{-2x_1x_3}=\frac{dx_2}{-3x_3{}^2-2p_2p_3}=\frac{dx_3}{-p_2{}^2}=\frac{dp_1}{2p_1x_3}=\frac{dp_2}{0}=\frac{dp_3}{2p_1x_1+6p_2x_3}$$

が得られる. これより

$$\frac{dx_1}{-2x_1x_3}=\frac{dp_1}{2p_1x_3}$$

が出てくる. これは

$$\frac{dx_1}{-x_1}=\frac{dp_1}{p_1}$$

のことであるから, これより

$$f_1\equiv x_1p_1=c_1$$

§31. 一般な第1階方程式

が出てくる。また，

$$dp_2 = 0$$

より

$$f_2 \equiv p_2 = c_2$$

が出てくる。そして

$$\sum_{k=1}^{3} \frac{\partial(f_1, f_2)}{\partial(x_k, p_k)} = \begin{vmatrix} p_1 & x_1 \\ 0 & 0 \end{vmatrix} + \begin{vmatrix} 0 & 0 \\ 0 & 1 \end{vmatrix} + \begin{vmatrix} 0 & 0 \\ 0 & 0 \end{vmatrix} = 0$$

であるから，

$$2p_1 x_1 x_3 + 3p_2 x_3^2 + p_2^2 p_3 = 0,$$
$$x_1 p_1 - c_1 = 0,$$
$$p_2 - c_2 = 0$$

の三式から p_1, p_2, p_3 を算出すると

$$p_1 = c_1 x_1^{-1},$$
$$p_2 = c_2,$$
$$p_3 = -c_2^{-2}(2c_1 x_3 + 3c_2 x_3^2)$$

となるから，

$$dz = c_1 x_1^{-1} dx_1 + c_2 dx_2 - c_2^{-2}(2c_1 x_3 + 3c_2 x_3^2) dx_3$$

となる。これを積分すると，

$$z = c_1 \log|x_1| + c_2 x_2 - c_2^{-2}(c_1 x_3^2 + c_2 x_3^3) + c_3$$

が出てくる。これが求める完全解である．

例 2. $\qquad p_1^2 + p_2 p_3 - z(p_2 + p_3) = 0.$

解． これは z を含んでいるから，ヤコビの方法を用いることはできない．これを適用することができるようにするためには，つぎのように工夫する．

$z = x_4$ とおき，この方程式の解を $u = 0$ とすると，

$$\frac{\partial u}{\partial x_k} + \frac{\partial u}{\partial x_4} \frac{\partial x_4}{\partial x_k} = 0 \qquad (k=1, 2, 3)$$

であるから，

$$\frac{\partial x_4}{\partial x_k} = -\frac{\partial u}{\partial x_k} \Big/ \frac{\partial u}{\partial x_4}.$$

となる．ここで $\dfrac{\partial u}{\partial x_k} \equiv \pi_k$ $(k=1, 2, 3, 4)$ とおくと，

$$p_k = \dfrac{\partial x_4}{\partial x_k} = -\dfrac{\pi_k}{\pi_4} \qquad (k=1, 2, 3)$$

となる．これを与えられた方程式へ代入すると，

$$\left(\dfrac{\pi_1}{\pi_4}\right)^2 + \dfrac{\pi_2}{\pi_4} \cdot \dfrac{\pi_3}{\pi_4} + x_4\left(\dfrac{\pi_2}{\pi_4} + \dfrac{\pi_3}{\pi_4}\right) = 0$$

となる．これを整頓すれば，

$$\pi_1{}^2 + \pi_2\pi_3 + \pi_4(\pi_2+\pi_3)x_4 = 0$$

となる．ここで

$$F(x_1, x_2, x_3, x_4, \pi_1, \pi_2, \pi_3, \pi_4) \equiv \pi_1{}^2 + \pi_2\pi_3 + x_4\pi_4(\pi_2+\pi_3) = 0$$

とおくと，ヤコビの方法を用いることができて，

$$\dfrac{dx_1}{-2\pi_1} = \dfrac{dx_2}{-\pi_3 - x_4\pi_4} = \dfrac{dx_3}{-\pi_2 - x_4\pi_4} = \dfrac{dx_4}{-x_4(\pi_2+\pi_3)}$$

$$= \dfrac{d\pi_1}{0} = \dfrac{d\pi_2}{0} = \dfrac{d\pi_3}{0} = \dfrac{d\pi_4}{(\pi_2+\pi_3)\pi_4}$$

が出てくる．

$d\pi_1 = 0$ であるから，$\pi_1 = c_1$，すなわち，$f_1 \equiv \pi_1 = c_1$ が出てくる．

$d\pi_2 = 0$ であるから，$\pi_2 = c_2$，すなわち，$f_2 \equiv \pi_2 = c_2$ が出てくる．

さらに，

$$\dfrac{dx_4}{-x_4(\pi_2+\pi_3)} = \dfrac{d\pi_4}{(\pi_2+\pi_3)\pi_4}$$

であるから，

$$\dfrac{dx_4}{-x_4} = \dfrac{d\pi_4}{\pi_4}$$

となり，これより $x_4\pi_4 = c_4$ が出てくるので，$f_4 \equiv x_4\pi_4 = c_4$ が得られる．したがって，

$$c_1{}^2 + c_2\pi_3 + c_4(c_2+\pi_3) = 0$$

となり，これより

$$\pi_3 = -\dfrac{c_1{}^2 + c_2c_4}{c_2+c_4}, \quad \text{すなわち} \quad f_3 \equiv \pi_3 = -\dfrac{c_1{}^2 + c_2c_4}{c_2+c_4}$$

§31. 一般な第1階方程式

が得られる.

$$\frac{\partial(f_1, f_2)}{\partial(x_1, \pi_1)} + \frac{\partial(f_1, f_2)}{\partial(x_2, \pi_2)} + \frac{\partial(f_1, f_2)}{\partial(x_3, \pi_3)} + \frac{\partial(f_1, f_2)}{\partial(x_4, \pi_4)} = 0,$$

$$\frac{\partial(f_1, f_3)}{\partial(x_1, \pi_1)} + \frac{\partial(f_1, f_3)}{\partial(x_2, \pi_2)} + \frac{\partial(f_1, f_3)}{\partial(x_3, \pi_3)} + \frac{\partial(f_1, f_3)}{\partial(x_4, \pi_4)} = 0,$$

$$\frac{\partial(f_1, f_4)}{\partial(x_1, \pi_1)} + \frac{\partial(f_1, f_4)}{\partial(x_2, \pi_2)} + \frac{\partial(f_1, f_4)}{\partial(x_3, \pi_3)} + \frac{\partial(f_1, f_4)}{\partial(x_4, \pi_4)} = 0,$$

$$\frac{\partial(f_2, f_3)}{\partial(x_1, \pi_1)} + \frac{\partial(f_2, f_3)}{\partial(x_2, \pi_2)} + \frac{\partial(f_2, f_3)}{\partial(x_3, \pi_3)} + \frac{\partial(f_2, f_3)}{\partial(x_4, \pi_4)} = 0,$$

$$\frac{\partial(f_2, f_4)}{\partial(x_1, \pi_1)} + \frac{\partial(f_2, f_4)}{\partial(x_2, \pi_2)} + \frac{\partial(f_2, f_4)}{\partial(x_3, \pi_3)} + \frac{\partial(f_2, f_4)}{\partial(x_4, \pi_4)} = 0,$$

$$\frac{\partial(f_3, f_4)}{\partial(x_1, \pi_1)} + \frac{\partial(f_3, f_4)}{\partial(x_2, \pi_2)} + \frac{\partial(f_3, f_4)}{\partial(x_3, \pi_3)} + \frac{\partial(f_3, f_4)}{\partial(x_4, \pi_4)} = 0.$$

したがって,

$$du = c_1 dx_1 + c_2 dx_2 - \frac{c_1^2 + c_2 c_4}{c_2 + c_4} dx_3 + \frac{c_4}{x_4} dx_4$$

となる. これより

$$u = c_1 x_1 + c_2 x_2 - \frac{c_1^2 + c_2 c_4}{c_2 + c_4} x_3 + c_4 \log|x_4| + c_5 = 0.$$

整頓するために,

$$-c_4 \log|x_4| = c_1 \left(x_1 + \frac{c_2}{c_1} x_2 - \frac{c_1^2 + c_2 c_4}{c_1(c_2 + c_4)} x_3 + \frac{c_5}{c_1} \right)$$

と書きかえ, ここで

$$\frac{c_2}{c_1} = a_1, \quad -\frac{c_1^2 + c_2 c_4}{c_1(c_2 + c_4)} = a_2, \quad \frac{c_5}{c_1} = a_3$$

とおくと,

$$a_2 = -\frac{1 + \dfrac{c_2}{c_1} \cdot \dfrac{c_4}{c_1}}{\dfrac{c_2}{c_1} + \dfrac{c_4}{c_1}} = -\frac{1 + a_1 \dfrac{c_4}{c_1}}{a_1 + \dfrac{c_4}{c_1}}$$

であるから,

$$\frac{c_4}{c_1} = -\frac{1+a_1a_2}{a_1+a_2}$$

が得られる. また, $x_4=z$ であることを思い出せば,

$$-\frac{1+a_1a_2}{a_1+a_2}\log|z| = x_1+a_1x_2+a_2x_3+a_3$$

すなわち

$$(1+a_1a_2)\log|z| = (a_1+a_2)(x_1+a_1x_2+a_2x_3+a_3)$$

が完全解であることがわかるであろう.

問. 次の方程式の完全解を求めよ:
(i) $pxy+qy+pq-yz=0$, (ii) $3p^2-q=0$,
(iii) $z-px-qy-p^2-q^2=0$, (iv) $p_1x_1+p_2x_2-p_1{}^2=0$,
(v) $(p_1+x_1)^2+(p_2+x_2)^2+(p_3+x_3)^2-3(x_1+x_2+x_3)=0$,
(vi) $p_1{}^2+p_2p_3=(p_2+p_3)z$, (vii) $2x_1x_3zp_1p_3+x_2p_2=0$.

§32. 特 異 解

　第1階常微分方程式の場合に, 特異解のことを述べておいた. そのときに, 幾何学の言葉を用いると, 完全解は曲線群を与えるので, それの包絡線は与えられた微分方程式を満足するけれども, これを特異解と名づけて, 特殊の取扱いをしておいた.

　今の場合にも, 完全解は曲面群を与えるので, これについても, 常微分方程式の場合と同じようにして, これが包絡面をもつときに, これを**特異解**ということにする. したがって, この特異解を求めるには, 包絡面を求める方法に従わねばならない. すなわち, (i) まず完全解を求め, (ii) これを任意定数について偏微分した方程式をつくり, (iii) これらの方程式から任意定数を消去する.

　しかし, この3操作によって得たものが, 包絡面でないことがある. したがって, われわれは, この操作で求めたものが, はたして, 包絡面であるかどうか, を確めておかねばならない.

　上で述べたように, 原理はきわめて簡単であるが, 実際に見つける場合にはいま述べたような吟味をせねばならないので, かなり面倒な手続をやらねばな

§32. 特 異 解

らない．それで，実例によって，どのようにやるかを，その方法を具体的に示すことにする．

例 1. $\qquad z = px + qy + p^2 + q^2.$

解． まず，完全解を見つける．
$$F(x, y, z, p, q) \equiv px + qy + p^2 + q^2 - z$$
とおいて，補助の函数を見つける．

ラグランジュ・シャルピの方法によって
$$\frac{dx}{-x-2p} = \frac{dy}{-y-2q} = \frac{dz}{-px-qy-2p^2-2q^2} = \frac{dp}{0} = \frac{dq}{0} = \frac{df}{0}$$
が得られる．したがって，
$$dp = 0, \text{ すなわち } p = c_1$$
を得るので，これを補助の函数とする：
$$f \equiv p = c_1.$$
これと $F=0$ より q を求める．すなわち $p=c_1$ を $F=0$ へ代入すると，
$$q^2 + qy + c_1 x + c_1^2 - z = 0$$
が出てくるので，これを解いて
$$q = \frac{-y \pm \sqrt{y^2 - 4(c_1 x + c_1^2 - z)}}{2}$$
$$= -\frac{y}{2} \pm \sqrt{\left(\frac{y}{2}\right)^2 - c_1 x - c_1^2 + z}$$
となり，
$$dz = c_1 dx + \left(-\frac{y}{2} \pm \sqrt{\left(\frac{y}{2}\right)^2 - c_1 x - c_1^2 + z}\right) dy$$
が得られる．したがって，
$$d\left(z - c_1 x + \frac{y^2}{4}\right) = \pm \sqrt{z - c_1 x + \frac{y^2}{4} - c_1^2} \, dy$$
となり，これより

$$\frac{d\left(z-c_1 x+\frac{y^2}{4}-c_1{}^2\right)}{2\sqrt{z-c_1 x+\frac{y^2}{4}-c_1{}^2}}=\pm\frac{dy}{2}$$

が得られる．したがって，

$$\sqrt{z-c_1 x+\frac{y^2}{4}-c_1{}^2}=\pm\left(\frac{y}{2}+c_2\right)$$

となり，これより

$$z=c_1 x+c_2 y+c_1{}^2+c_2{}^2$$

が出てくる．これが完全解であるから，

$$F(x,y,z,p,q)\equiv c_1 x+c_2 y+c_1{}^2+c_2{}^2-z=0$$

とおくと，

$$\frac{\partial F}{\partial c_1}=x+2c_1=0,$$

$$\frac{\partial F}{\partial c_2}=y+2c_2=0$$

が得られるので，これらの3式から c_1, c_2 を消去すると，

$$z=-\frac{x^2+y^2}{4}$$

となる．これが与えられた微分方程式を満足することは，容易にわかる．これが包絡面であり，同時に特異解である．

この例において，φ を全く任意な函数であると考えて，$c_2=\varphi(c_1)$ とおくと

$$z=c_1 x+\varphi(c_1)y+c_1{}^2+\{\varphi(c_1)\}^2$$

となる．これを c_1 について偏微分すると，

$$0=x+y\varphi'(c_1)+2c_1+2\varphi(c_1)\varphi'(c_1)$$

が得られる．これらの2式から c_1 を消去したものを，与えられた方程式の**一般解**という．

例 2. $\quad z^2(p^2 z^2+q^2)=1.$

解． この場合には

$$F(x,y,z,p,q)\equiv z^2(p^2 z^2+q^2)-1=0$$

§32. 特異解

とおくと，ラグランジュ・シャルピの方法によって

$$\frac{dx}{-2pz^4}=\frac{dy}{-2qz^2}=\frac{dz}{-2p^2z^4-2q^2z^2}=\frac{dp}{4p^3z^3+2pq^2z}$$

$$=\frac{dq}{4p^2qz^3+2q^3z}=\frac{df}{0}$$

が得られるから，

$$\frac{dp}{2pz(2p^2z^2+q^2)}=\frac{dq}{2qz(2p^2z^2+q^2)}$$

となり，

$$\frac{dp}{p}=\frac{dq}{q}, \quad \text{すなわち} \quad q=c_1p$$

が得られる．これより

$$f\equiv q-c_1p=0$$

となるので，これと与えられた方程式とから

$$p=\pm\frac{1}{z\sqrt{z^2+c_1^2}}$$

および

$$q=\pm\frac{c_1}{z\sqrt{z^2+c_1^2}}$$

が出てくる．この2式における複号は同順である．

これより

$$dz=pdx+qdy=\pm\frac{1}{z\sqrt{z^2+c_1^2}}(dx+c_1dy),$$

したがって，

$$z\sqrt{z_1^2+c_1^2}\,dz=\pm(dx+c_1dy)$$

となり，これより

$$\frac{1}{3}(z^2+c_1^2)^{3/2}=\pm(x+c_1y+c_2)$$

が出てくる．ゆえに，

$$9(x+c_1y+c_2)^2=(z^2+c_1^2)^3$$

が出てきて，これが完全解である．それで

(32.1) $\quad F(x, y, z, c_1, c_2) \equiv 9(x+c_1y+c_2)^2-(z^2+c_1{}^2)^3=0$

とおくと,

(32.2) $\quad \dfrac{\partial F}{\partial c_1}=18y(x+c_1y+c_2)-6c_1(z^2+c_1{}^2)^2=0,$

(32.3) $\quad \dfrac{\partial F}{\partial c_2}=18(x+c_1y+c_2)=0$

となるので，(32.3) を (32.2) へ代入して，$c_1=0$ が出てくる．この値と (32.3) とを (32.1) へ代入すると，$z=0$ が出てくる．

しかし，$z=0$ であると，$p=0, q=0$ が出てきて，これらの値が，微分方程式を満足しないことがわかる．

したがって，$z=0$ は特異解ではない．

問. 次の方程式の完全解と特異解とを求めよ：
 (i) $z=px+qy+p^2+pq+q^2$, (ii) $z=px+qy-p^2q$,
 (iii) $4z-pq=0$. (iv) $p^3+q^3-27z=0$, (v) $p_1{}^2+p_2{}^2+p_3{}^2-4z=0$.

問 題 8

1. 次の全微分方程式を解け：
 (i) $(z+z^3)\cos x\,dx-(z+z^3)dy+(1-z^2)(y-\sin x)dz=0$.
 (ii) $(2xz-yz)dx+(2yz-xz)dy-(x^2-xy+y^2)dz=0$.
 (iii) $(x^2-y^2-z^2+2xy+2xz)dx+(y^2-z^2-x^2+2yz+2yx)dy$
  $\qquad +(z^2-x^2-y^2+2zx+2zy)dz=0,$
 (iv) $x_2\sin x_4 dx_1+x_1\sin x_4 dx_2-x_1x_2\sin x_4 dx_3-x_1x_2\cos x_4 dx_4=0$.
 (v) $(x_1{}^3-x_2x_3x_4)dx_1+(x_2{}^3-x_1x_3x_4)dx_2$
  $\qquad +(x_3{}^3-x_1x_2x_4)dx_3+(x_4{}^3-x_1x_2x_3)dx_4=0$.

2. 次の第1階偏微分方程式の一般解を求めよ：
 (i) $yzp+zxq=xy,$ (ii) $p+3q=5z+\sin(y-3x).$
 (iii) $x_2x_3p_1+x_3x_1p_2+x_1x_2p_3+x_1x_2x_3=0,$
 (iv) $p_1{}^2+p_2p_3-(p_2+p_3)z=0,$ (v) $3p^2-q=0,$
 (vi) $p_3x_3(p_1+p_2)+x_1+x_2=0,$ (vii) $9x_1zp_1(p_2+p_3)-4=0.$

3. 次の第1階偏微分方程式の特異解を求めよ：
 (i) $z=px+qy+\log|pq|,$ (ii) $z=px+qy+\dfrac{1}{2}p^2q^2,$
 (iii) $z^2=1+p^2+q^2,$ (iv) $q^2=z^2p^2(1-p^2),$ (v) $p^2=zq.$

4. p_1, p_2 が独立変数 x_1, x_2 の函数であって

$$F_1(x_1, x_2, p_1, p_2)=0, \quad F_2(x_1, x_2, p_1, p_2)=0$$

を満足するとき

$$(F_1, F_2)+\left(\frac{\partial p_1}{\partial x_2}-\frac{\partial p_2}{\partial x_1}\right)\frac{\partial(F_1, F_2)}{\partial(p_1, p_2)}=0$$

が成り立つことを示せ.

5. 方程式 $F(x_1, x_2, x_3, p_1, p_2, p_3)=0$ は特異点をもたないことを示せ.

6. 準線型偏微分方程式

$$z(x+2y)\frac{\partial z}{\partial x}-z(y+2x)\frac{\partial z}{\partial y}=y^2-x^2$$

の一般解を求め,さらに,$z=0$ に平行な平面による切口が,(ⅰ) 円,(ⅱ) 直角双曲線であるような特別解を求めよ.

7. 第 2 章 §5 の問題を,もう一度考える:

(ⅰ) $(x^3+xy^4)dx+2y^3dy=0$,

(ⅱ) $(y^3-2x^2y)dx+(2xy^2-x^3)dy=0$,

(ⅲ) $(\sin y+x^2+2x)dx+\cos y\,dy=0$,

(ⅳ) $(5x^2y^3+4xy^2+3y)dx+(4x^3y^2+3x^2y+2x)dy=0$.

第9章　第2階偏微分方程式

§33. 定係数の同次線型方程式

$\dfrac{\partial}{\partial x} \equiv D$, $\dfrac{\partial}{\partial y} \equiv D'$ とおくと，第 n 階同次偏微分方程式

$$\frac{\partial^n z}{\partial x^n} + a_1 \frac{\partial^n z}{\partial x^{n-1} \partial y} + a_2 \frac{\partial^n z}{\partial x^{n-2} \partial y^2} + \cdots + a_{n-1} \frac{\partial^n z}{\partial x \partial y^{n-1}} + a_n \frac{\partial^n z}{\partial y^n} = 0$$

は

(33.1) $\quad (D^n + a_1 D^{n-1} D' + a_2 D^{n-2} D'^2 + \cdots + a_{n-1} DD'^{n-1} + a_n D'^n) z = 0$

と書くことができる．そこで，係数 $a_1, a_2, \cdots, a_{n-1}, a_n$ がすべて実数であると仮定して，(33.1) を，いろいろの場合について考察しよう．

Ⅰ．最も簡単な場合は

$$(D - aD') z = 0$$

である．これは第8章で取り扱った第1階線型方程式であるから，これの一般解は

$$\varphi(ax + y, z) = 0 \quad \text{または} \quad z = F(ax + y)$$

であることは，すぐにわかるであろう．

一般の場合を取り扱う前に，$n = 2$ の場合を考えよう．このときには，方程式は

(33.2) $\qquad\qquad (aD^2 + bDD' + cD'^2) z = 0$

であるので，これの一般解が

$$z = F(y + rx)$$

であると考えると，

$$Dz = rF'(y + rx), \quad D'z = F'(y + rx), \quad D^2 z = r^2 F''(y + rx),$$
$$DD'z = rF''(y + rx), \quad D'^2 z = F''(y + rx)$$

であるから，これらを (33.2) へ代入すると，r についての2次方程式

(33.3) $\qquad\qquad ar^2 + br + c = 0$

が出てくる．これも，常微分方程式のときの言葉を用いて，**特有方程式**という

§33. 定係数の同次線型方程式

ことにする．この特有方程式の根の性状にもとづいて，三つの場合を区別する．

（i） $b^2-4ac>0$ なら，方程式 (33.3) は2個の実根をもつ．この実根を r_1, r_2 とすると，$z=F_1(y+r_1x)$ も $z=F_2(y+r_2x)$ も，ともに (33.2) を満足する．そうすると，

(33.4) $$z=F_1(y+r_1x)+F_2(y+r_2x)$$

は2個の任意函数を含んでいるので，一般解である．この場合に，方程式 (33.2) は**双曲型**であるという．

（ii） $b^2-4ac<0$ の場合には，2個の虚根をもつ．このときには，方程式 (33.2) は**楕円型**であるという．そして，この場合には，r_1, r_2 が複素数であるだけで，一般解は (33.4) と同じ形である．

（iii） $b^2-4ac=0$ の場合には，方程式 (33.3) は重根をもつので，方程式 (33.2) は**放物型**であるという．この場合には，$r_2 \to r_1$ とした極根の場合であると考えてよい．r_1, r_2 が異なる実根であるとすれば，$F(y+r_1x), F(y+r_2x)$ は解であるから，

(33.5) $$\frac{F(y+r_2x)-F(y+r_1x)}{r_2-r_1}$$

もまた解である．r_2 は r_1 にどのように近くとも，これは解である．それで，$r_2=r_1+h$ とおくと，(33.5) は

$$\frac{F\{y+(r_1+h)x\}-F(y+r_1x)}{h}=\frac{F\{(y+r_1x)+hx\}-F(y+r_1x)}{hx}\cdot x$$

となるので，$h \to 0$ とすると $xF'(y+r_1x)$ となる．したがって，$F'=f$ と書けば，この場合の一般解は

(33.6) $$z=F(y+r_1x)+xf(y+r_1x)$$

であることがわかるであろう．

例 1. $$\frac{\partial^2 z}{\partial x^2}-2\frac{\partial^2 z}{\partial x \partial y}-3\frac{\partial^2 z}{\partial y^2}=0.$$

解． この方程式は

$$(D^2-2DD'-3D'^2)z=0$$

であるから，特有方程式は

$$r^2-2r-3=(r-3)(r+1)=0$$

となる．つまり双曲型である．ゆえに，一般解は

$$z=F_1(y-x)+F_2(y+3x)$$

となる．

例 2. $\dfrac{\partial^2 z}{\partial x^2}+\dfrac{\partial^2 z}{\partial y^2}=0.$

解． 特有方程式は

$$r^2+1=0$$

であるから，与えられた方程式は楕円型であり，根は $-i, i$ である．したがって，方程式は

$$(D+iD')(D-iD')z=0$$

となる．$(D-iD')z=0$ は

$$\frac{dx}{1}=\frac{dy}{-i}=\frac{dz}{0}$$

と同じであるから，

$$y+ix=c_1, \quad z=c_2$$

となる．したがって，一般解は

$$z=F_1(y+ix)$$

となる．同じように，$(D+iD')z=0$ の一般解は

$$z=F_2(y-ix)$$

であるから，与えられた方程式の一般解は

$$z=F_1(y-ix)+F_2(y+ix)$$

であることがわかる．

例 3. $\dfrac{\partial^2 z}{\partial x^2}-4\dfrac{\partial^2 z}{\partial x \partial y}+4\dfrac{\partial^2 z}{\partial y^2}=0.$

解． 特有方程式は

$$r^2-4r+4=(r-2)^2=0$$

であるから，この方程式は放物型であり，$r=2$ は重根である．したがって，一般解は

$$z = xF_1(y+2x) + F_2(y+2x)$$

で与えられる.

Ⅱ. ついで, $n \geq 3$ の場合を考える. このときには, 方程式は

(33.7) $\qquad (D^n + a_1 D^{n-1}D' + a_2 D^{n-2}D'^2 + \cdots + a_{n-1} DD'^{n-1} + a_n D'^n)z = 0$

と書けるから, Ⅰ の場合と同じく, これの解を

$$z = F(y+rx)$$

とすると,

$$D^k z = r^k F^{(k)}(y+rx), \quad D^k D'^l z = r^k F^{(k+l)}(y+rx),$$
$$D'^l z = F^{(l)}(y+rx)$$

であるから, この関係を (33.7) に入れると,

(33.8) $\qquad r^n + a_1 r^{n-1} + a_2 r^{n-2} + \cdots + a_{n-1} r + a_n = 0$

となる. それで, これの根がたがいに異なり, それを $r_1, r_2, \cdots, r_n$ とすると,

$$F_k(y+r_k x) \qquad (k=1, 2, \cdots, n)$$

は (33.7) を満足するので,

(33.9) $\qquad\displaystyle z = \sum_{k=1}^{n} F_k(y+r_k x)$

が (33.7) の一般解であることを知る.

(33.8) が重根をもつ場合には,

$$(D-rD')^2 z = 0$$

の解は, 上で述べておいたように

$$z = xF_1(y+rx) + F_2(y+rx)$$

である. さらに, 一般に,

(33.10) $\qquad (D-rD')^m z = 0$

を考えると, これは

$$(D-rD')z = u_1, \quad (D-rD')u_1 = u_2, \quad \cdots,$$
$$(D-rD')u_{m-2} = u_{m-1}, \quad (D-rD')u_{m-1} = 0$$

と書きかえることができる. そうすると,

$$(D-rD')u_{m-1} = 0$$

を解いて

を得る．したがって，
$$(D-rD')u_{m-2}=F_1(y+rx)$$
となり，これより
$$\frac{dx}{1}=\frac{dy}{-r}=\frac{du_{m-2}}{F_1(y+rx)}$$
が出てくる．
$$\frac{dx}{1}=\frac{dy}{-r}$$
より $y+rx=c_1$ が得られるので，この関係を利用すると，
$$\frac{dx}{1}=\frac{du_{m-2}}{F_1(c_1)}$$
となるから，
$$u_{m-2}=xF_1(c_1)+c_2$$
となる．したがって，
$$u_{m-2}-xF_1(y+rx)=F_2(y+rx)$$
となり，これより
$$u_{m-2}=xF_1(y+rx)+F_2(y+rx)$$
が得られる．したがって，
$$(D-rD')u_{m-3}=xF_1(y+rx)+F_2(y+rx)$$
となる．そして，これから
$$\frac{dx}{1}=\frac{dy}{-r}=\frac{dz}{xF_1(y+rx)+F_2(y+rx)}$$
が出てくるが，これの解は，$y+rx$ と $u_{m-3}=x^2F_1(y+rx)+xF_2(y+rx)+c_3$ とを用いて
$$u_{m-3}=x^2F_1(y+rx)+xF_2(y+rx)+F_3(y+rx)$$
であることがわかる．これをつづけて
$$z=x^{m-1}F_1(y+rx)+x^{m-2}F_2(y+rx)+\cdots+xF_{m-1}(y+rx)+F_m(y+rx)$$
であることが，わかるであろう．

例 4. $(D^3-6D^2D'+11DD'^2-6D'^3)z=0.$

解. この方程式は
$$(D-D')(D-2D')(D-3D')z=0$$
と書ける.

$(D-D')z=0$ より $z=F_1(y+x)$ が出てくる. ついで, $(D-2D')z=0$ より $z=F_2(y+2x)$ が得られる. さいごに, 方程式 $(D-3D')z=0$ の解として, $z=F_3(y+3x)$ が出てくる. したがって, 与えられた方程式の一般解は
$$z=F_1(y+x)+F_2(y+2x)+F_3(y+3x)$$
で与えられる.

例 5. $(D^3-4D^2D'+4DD'^2)z=0.$

解. この場合には, 方程式は
$$D(D-2D')^2z=0$$
となるから, $D=0$ より $z=F_1(y)$ が出てくる. つぎに, $(D-2D')^2z=0$ より $z=xF_2(y+2x)+F_3(y+2x)$ が得られる. ゆえに, われわれの方程式の解は
$$z=F_1(y)+xF_2(y+2x)+F_3(y+2x)$$
である.

問 1. 次の方程式の一般解を求めよ:

(ⅰ) $2\dfrac{\partial^2 z}{\partial x^2}+5\dfrac{\partial^2 z}{\partial x \partial y}+2\dfrac{\partial^2 z}{\partial y^2}=0,$

(ⅱ) $\dfrac{\partial^2 z}{\partial x^2}-\dfrac{\partial^2 z}{\partial y^2}=0,$

(ⅲ) $25\dfrac{\partial^2 z}{\partial x^2}-40\dfrac{\partial^2 z}{\partial x \partial y}+16\dfrac{\partial^2 z}{\partial y^2}=0,$

(ⅳ) $(4D^2D'+4DD'^2+D'^3)z=0.$

問 2. 2直線 $x=z=0$; $x-y=z-1=0$ を含み, 偏微分方程式
$$\dfrac{\partial^2 z}{\partial x^2}-4\dfrac{\partial^2 z}{\partial x \partial y}+4\dfrac{\partial^2 z}{\partial y^2}=0$$
を満足する曲面を求めよ.

§34. 一般な同次線型方程式

前節で考えた方程式は

$$(D^n+a_1D^{n-1}D'+a_2D^{n-1}D'^2+\cdots+a_{n-1}DD'^{n-1}+a_nD'^n)z=0$$

であったが，ここでは，右辺が零ではなくて，函数 $f(x,y)$ である場合，すなわち，方程式

(34.1) $\quad(D^n+a_1D^{n-1}D'+a_2D^{n-2}D'^2+\cdots+a_{n-1}DD'^{n-1}+a_nD'^n)z=f(x,y)$

を考える．記法を簡単にするために，

$$E(D,D')\equiv D^n+a_1D^{n-1}D'+a_2D^{n-2}D'^2+\cdots+a_{n-1}DD'^{n-1}+a_nD'^n$$

とおくと，方程式 (34.1) は

(34.2) $\qquad\qquad E(D,D')z=f(x,y)$

と表わすことができる．

方程式 (34.2) の特別解を ζ として，$z=\zeta+u$ とおけば，

$$\frac{\partial^{k+l}z}{\partial x^k\partial y^l}=\frac{\partial^{k+l}\zeta}{\partial x^k\partial y^l}+\frac{\partial^{k+l}u}{\partial x^k\partial y^l}$$

であるから，

$$E(D,D')(\zeta+u)=E(D,D')\zeta+E(D,D')u$$

が出てくる．

$$E(D,D')\zeta=f(x,y)$$

であるから，

$$E(D,D')u=0$$

となる．したがって，方程式 (34.2) を解くには，

(ⅰ) 方程式 (34.2) の特別解を求める，

(ⅱ) 方程式 $E(D,D')=0$ の一般解を求める，

(ⅲ) 上の2個の解を加える

とよいことがわかるであろう．

ここでは，ζ が方程式 (34.2) の特別解であることを，常微分方程式の場合と同じく，

$$\zeta=\frac{1}{E(D,D')}f(x,y)$$

と表わすことにする．そして，どのように演算するかは，§14, §15 の場合と，全く同じであるので，ここでは具体的に，実例について説明するだけに，とど

§34. 一般な同次線型方程式

めておこう．

I. $f(x, y)$ が x, y の多項式の場合：

この場合には，常微分方程式の場合と全く同じようにして，微分演算子 D, D' について冪級数に展開すればよい．

例 1. $(2D^2 - 5DD' + 2D'^2)z = x^2 + y^2$.

解. これの特別解を ζ とすると，

$$\zeta = \frac{1}{2D^2 - 5DD' + 2D'^2}(x^2 + y^2)$$

$$= \frac{1}{(2D - D')(D - 2D')}(x^2 + y^2)$$

$$= \frac{1}{2D^2\left(1 - \dfrac{D'}{2D}\right)\left(1 - \dfrac{2D'}{D}\right)}(x^2 + y^2)$$

$$= \frac{1}{2D^2}\left(1 + \frac{D'}{2D} + \frac{1}{4}\frac{D'^2}{D^2} + \cdots\right)\left(1 + \frac{2D'}{D} + 4\frac{D'^2}{D^2} + \cdots\right)(x^2 + y^2)$$

$$= \frac{1}{2D^2}\left(1 + \frac{5}{2}\frac{D'}{D} + \frac{21}{4}\frac{D'^2}{D^2} + \frac{85}{8}\frac{D'^3}{D^3} + \cdots\right)(x^2 + y^2)$$

$$= \frac{1}{2}\left(\frac{1}{D^2} + \frac{5}{2}\frac{D'}{D^3} + \frac{21}{4}\frac{D'^2}{D^4} + \frac{85}{8}\frac{D'^3}{D^5} + \cdots\right)(x^2 + y^2)$$

$$= \frac{1}{2}\frac{1}{D^2}(x^2 + y^2) + \frac{5}{4}\frac{D'}{D^3}(x^2 + y^2) + \frac{21}{8}\frac{D'^2}{D^4}(x^2 + y^2)$$

$$+ \frac{85}{16}\frac{D'^3}{D^5}(x^2 + y^2) + \cdots.$$

ところが，

$$\frac{1}{D^2}(x^2 + y^2) = \frac{1}{3 \cdot 4}x^4 + \frac{1}{2}x^2 y^2,$$

$$\frac{D'}{D^3}(x^2 + y^2) = \frac{1}{D^3}(2y) = \frac{1}{3}x^3 y,$$

$$\frac{D'^2}{D^4}(x^2 + y^2) = \frac{D'^2}{D^4}y^2 = \frac{1}{D^4} \cdot 2 = \frac{1}{3 \cdot 4}x^4,$$

$$\frac{D'^3}{D^5}(x^2 + y^2) = \frac{D'^3}{D^5}y^2 = 0$$

であるから，

$$\zeta = \frac{1}{2 \cdot 3 \cdot 4} x^4 + \frac{1}{2^2} x^2 y^2 + \frac{5}{4} \cdot \frac{1}{3} x^3 y + \frac{21}{8} \cdot \frac{1}{3 \cdot 4} x^4$$

$$= \frac{25}{96} x^4 + \frac{5}{12} x^3 y + \frac{1}{4} x^2 y^2$$

が出てくる．

II．$f(x, y)$ が一般な函数の場合．

まず，

(34.3) $$\zeta = \frac{1}{D - mD'} f(x, y)$$

を考える．この場合には

$$(D - mD')\zeta = f(x, y)$$

であるから，前章で取り扱ったように，

$$\frac{dx}{1} = \frac{dy}{-m} = \frac{d\zeta}{f(x, y)}$$

を解けばよい．ところが，これの一つの積分は $y + mx = c$ であるから，これを用いると

$$\frac{dx}{1} = \frac{d\zeta}{f(x, c - mx)}$$

となるので，もう一つの積分は

(34.4) $$\zeta = \int f(x, c - mx) dx$$

を計算してから，c の代りに $y + mx$ とおけばよいことは，前に述べておいた．したがって，"(34.3) を計算することは，積分 (34.4) を計算してから，c の代りに $y + mx$ をおくことである" と考えてよい．

例 2. $(D^2 + DD' - 6D'^2)z = y \cos x.$

解． $D^2 + DD' - 6D'^2 = (D + 3D')(D - 2D')$ であるから，

$$\zeta = \frac{1}{D^2 + DD' - 6D'^2} y \cos x = \frac{1}{(D + 3D')(D - 2D')} y \cos x$$

$$= \frac{1}{D + 3D'} \left[\frac{1}{D - 2D'} y \cos x \right]$$

となる．上で述べたことによって

$$\frac{1}{D-2D'}y\cos x = \left[\int (c-2x)\cos x\,dx\right]_{c=y+2x}$$
$$= [(c-2x)\sin x - 2\cos x]_{c=y+2x}$$
$$= y\sin x - 2\cos x.$$

したがって，

$$\zeta = \frac{1}{D+3D'}[y\sin x - 2\cos x]$$
$$= \left[\int \{(c+3x)\sin x - 2\cos x\}\,dx\right]_{c=y-3x}$$
$$= \left[\int (c+3x)\sin x\,dx\right]_{c=y-3x} - 2\int \cos x\,dx$$
$$= [-(c+3x)\cos x]_{c=y-3x} + \sin x$$
$$= -y\cos x + \sin x$$

が出てくる．

例 3. $(2D^2 - DD' - 3D'^2)z = 5e^{x-y}.$

解． これの特別解を ζ とすると，

$$\zeta = \frac{1}{2D^2 - DD' - 3D'^2}5e^{x-y}$$
$$= 5\frac{1}{2D^2 - DD' - 3D'^2}e^{-y}\cdot e^x$$
$$= 5e^{-y}\frac{1}{2D^2 + D - 3}e^x \qquad (公式(14.4))$$
$$= 5e^{-y}\frac{1}{(2D+3)(D-1)}e^x$$
$$= 5e^{-y}\frac{1}{D-1}\left[\frac{1}{2D+3}e^x\right]$$
$$= e^{-y}\frac{1}{D-1}e^x \qquad (公式(14.4)).$$

ところが，

$$\xi = \frac{1}{D-1}e^x$$

とおくと，
$$(D-1)\xi = e^x$$
となるので，これは第2章§4で述べておいた線型方程式である．したがって，$\xi = xe^x$ である．これから
$$\xi = xe^{x-y}$$
であることがわかる．

問．次の方程式の一般解を求めよ：

(i) $\dfrac{\partial^2 z}{\partial x^2} - 2\dfrac{\partial^2 z}{\partial x \partial y} + \dfrac{\partial^2 z}{\partial y^2} = xy$,

(ii) $\dfrac{\partial^3 z}{\partial x^3} - 4\dfrac{\partial^3 z}{\partial x^2 \partial y} + 4\dfrac{\partial^3 z}{\partial x \partial y^2} = 4\sin(2x+y)$,

(iii) $4\dfrac{\partial^2 z}{\partial x^2} - 4\dfrac{\partial^2 z}{\partial x \partial y} + \dfrac{\partial^2 z}{\partial y^2} = 16\log|x+2y|$,

(iv) $\dfrac{\partial^2 z}{\partial x^2} - \dfrac{\partial^2 z}{\partial y^2} = \tan^3 x \tan y - \tan x \tan^3 y$,

(v) $\log\left|\dfrac{\partial^2 z}{\partial x \partial y}\right| = x+y$.

§35. 非同次線型方程式

一般の場合はむずかしいので，ここでは，第2階方程式の場合に限っておく．第2階線型偏微分方程式の最も一般な形は

(35.1) $\quad a\dfrac{\partial^2 z}{\partial x^2} + 2h\dfrac{\partial^2 z}{\partial x \partial y} + b\dfrac{\partial^2 z}{\partial y^2} + 2g\dfrac{\partial z}{\partial x} + 2f\dfrac{\partial z}{\partial y} + cz = Q(x,y)$

である．この a, b, c, h, g, f は x と y との函数であるが，前節で述べておいたように，この方程式の一般解は，(35.1) の特別解と，この方程式の右辺を零とおいた

(35.2) $\quad a\dfrac{\partial^2 z}{\partial x^2} + 2h\dfrac{\partial^2 z}{\partial x \partial y} + b\dfrac{\partial^2 z}{\partial y^2} + 2g\dfrac{\partial z}{\partial x} + 2f\dfrac{\partial z}{\partial y} + cz = 0$

の一般解との和で与えられる．

話を，さらに簡単にするために，a, b, c, f, g, h は定数であると考える．そして，

1. D, D' に関する多項式

(35.3) $$aD^2+2hDD'+bD'^2+2gD+2fD'+c$$
が因数に分解することができて
$$a(D-mD'-k)(D-nD'-l)$$
となるとすると，(35.2) は
(35.4) $$(D-mD'-k)(D-nD'-l)z=0$$
と書ける．これは
$$(D-mD'-k)[(D-nD'-l)z]=0$$
または
$$(D-nD'-l)[(D-mD'-k)z]=0$$
と表わすことができる．したがって，前にも述べたように，$(D-nD'-l)z=0$ なら (35.4) が成り立つし，$(D-mD'-k)z=0$ でも (35.4) が成り立つことを知るであろう．

$(D-mD'-k)z=0$ の解は
$$\frac{dx}{1}=\frac{dy}{-m}=\frac{dz}{kz}$$
の解であるから，
$$y+mx=c_1$$
である．また
$$\frac{dx}{1}=\frac{dz}{kz}$$
を解いて
$$ze^{-kx}=c_2$$
を得る．したがって，一般解は
$$ze^{-kx}=F(y+mx)$$
すなわち
$$z=e^{kx}F(y+mx)$$
である．同じようにして，$(D-nD'-l)z=0$ の一般解は
$$z=e^{lx}G(y+nx)$$
である．したがって，(35.4) の一般解は

$$z = e^{kx}F(y+mx) + e^{lx}G(y+nx)$$

で与えられる．

例 1. $\dfrac{\partial^2 z}{\partial x^2} + 3\dfrac{\partial^2 z}{\partial x \partial y} + 2\dfrac{\partial^2 z}{\partial y^2} - 4\dfrac{\partial z}{\partial x} - 5\dfrac{\partial z}{\partial y} + 3z = 0.$

解． 微分演算子 D, D' を用いて示すと，

$$(D^2 + 3DD' + 2D'^2 - 4D - 5D' + 3)z = 0$$

となる．これを因数に分解すれば，

$$(D+D'-1)(D+2D'-3)z = 0$$

となるので，

$$(D+2D'-3)z = 0 \text{ より } z = e^{3x}F(y-2x),$$
$$(D+D'-1)z = 0 \text{ より } z = e^x G(y-x)$$

が出てきて，一般解は

$$z = e^{3x}F(y-2x) + e^x G(y-x)$$

となる．

II. (35.3) が因数に分解することができないときは，上で述べた方法は役に立たない．それで，これの解が

$$z = Ae^{\alpha x + \beta y}, \qquad A, \alpha, \beta \text{ は定数}$$

であると推察すると，

$$Dz = A\alpha e^{\alpha x + \beta y}, \quad D'z = A\beta e^{\alpha x + \beta y}, \quad D^2 z = A\alpha^2 e^{\alpha x + \beta y},$$
$$DD'z = A\alpha\beta e^{\alpha x + \beta y}, \quad D'^2 z = A\beta^2 e^{\alpha x + \beta y}$$

であるから，方程式 (35.2) は

(35.5) $\qquad a\alpha^2 + 2h\alpha\beta + b\beta^2 + 2g\alpha + 2f\beta + c = 0$

となる．これは，$b \neq 0$ のときは

$$b\beta^2 + 2(h\alpha + f)\beta + a\alpha^2 + 2g\alpha + c = 0$$

と，β についての2次方程式となる．これを β について解くと，

$$\beta = \varphi_1(\alpha), \quad \beta = \varphi_2(\alpha)$$

と表わすことができる．そうすると，

$$Ae^{\alpha x + \varphi_1(\alpha)y}, \quad Be^{\alpha x + \varphi_2(\alpha)y}$$

は，A, B, α が何であろうとも，(35.2) を満足するから，(35.2) の特別解で

§35. 非同次線型方程式

ある．したがって，これらの1次式をどのようにつくっても，それは (35.2) の解である．この場合にも，$h^2-ab>0$ のときには，(35.2) は双曲型であるといい，$h^2-ab<0$ のときは**楕円型**，$h^2-ab=0$ のときには，**放物型**であるという．

例 2.
$$\frac{\partial^2 z}{\partial x^2}-\frac{\partial^2 z}{\partial y^2}-\frac{\partial z}{\partial x}+\frac{\partial z}{\partial y}=0.$$

解． この場合には，決定方程式は
$$\alpha^2-\beta^2-\alpha+\beta=(\alpha-\beta)(\alpha+\beta-1)=0$$
となる．したがって，
$$\beta=\alpha, \quad \beta=-\alpha+1$$
となる．したがって，
$$z=\sum_\alpha A(\alpha)e^{\alpha(x+y)}+\sum_\alpha B(\alpha)e^{y+\alpha(x-y)}$$
は解である．これの第1項は $x+y$ の任意函数を表わすわけであり，第2項は $x-y$ の任意函数に e^y を掛けたものに等しいことを示しているから，与えられた方程式の一般解は
$$z=F(x+y)+e^y G(x-y)$$
であることが予想される．そして，これが与えられた微分方程式を満足することは，直接に確めることができる．

例 3.
$$\frac{\partial^2 z}{\partial x^2}+\frac{\partial^2 z}{\partial y^2}+k^2 z=0.$$

解． 上で述べたように
$$\alpha^2+\beta^2+k^2=0$$
であるから，
$$\beta=\pm i\sqrt{\alpha^2+k^2}$$
である．したがって，
$$A(\alpha)e^{\alpha x+i\sqrt{\alpha^2+k^2}y}+B(\alpha)e^{\alpha x-i\sqrt{\alpha^2+k^2}y}$$
は解である．これは
$$e^{\alpha x}[A(\alpha)e^{i\sqrt{\alpha^2+k^2}y}+B(\alpha)e^{-i\sqrt{\alpha^2+k^2}y}]$$

$$= e^{\alpha x}[\{A(\alpha)+B(\alpha)\}\cos(\sqrt{\alpha^2+k^2}y)$$
$$+i\{A(\alpha)-B(\alpha)\}\sin(\sqrt{\alpha^2+k^2}y)]$$

である. ここで,
$$A(\alpha)+B(\alpha)=C(\alpha), \quad i\{A(\alpha)-B(\alpha)\}=D(\alpha)$$
とおくと,
$$e^{i\alpha x}[C(\alpha)\cos(\sqrt{\alpha^2+k^2}y)+D(\alpha)\sin(\sqrt{\alpha^2+k^2}y)]$$
となり, これがわれわれの方程式の解であるが, この α はあらゆる実数値をとるのであるから, 解は
$$z=\int_{-\infty}^{+\infty}[C(\alpha)\cos(\sqrt{\alpha^2+k^2}y)+D(\alpha)\sin(\sqrt{\alpha^2+k^2}y)]e^{\alpha x}d\alpha$$
で与えられる.

問. つぎの方程式を解け:

(ⅰ) $\dfrac{\partial^2 z}{\partial x^2}-\dfrac{\partial^2 z}{\partial y^2}=z+e^{x+y}$,

(ⅱ) $\dfrac{\partial^2 z}{\partial x^2}=\dfrac{\partial z}{\partial y}$,

(ⅲ) $\dfrac{\partial^2 z}{\partial x \partial y}+\dfrac{\partial z}{\partial x}-\dfrac{\partial z}{\partial y}-z=xy$,

(ⅳ) $\dfrac{\partial^2 z}{\partial x^2}-2\dfrac{\partial^2 z}{\partial x \partial y}+\dfrac{\partial z}{\partial x}=1$,

(ⅴ) $\dfrac{\partial^2 z}{\partial x^2}-\dfrac{\partial^2 z}{\partial x \partial y}-2\dfrac{\partial z}{\partial x}=\sin(3x+4y)$,

(ⅵ) $\dfrac{\partial^2 z}{\partial x^2}+2\dfrac{\partial^2 z}{\partial x \partial y}+\dfrac{\partial^2 z}{\partial y^2}+2\dfrac{\partial z}{\partial x}+2\dfrac{\partial z}{\partial y}+z=0$.

§36. モンジュの解法

$$\frac{\partial^2 z}{\partial x^2}=r, \quad \frac{\partial^2 z}{\partial x \partial y}=s, \quad \frac{\partial^2 z}{\partial y^2}=t$$

とおき, R, S, T, V をそれぞれ, p, q, x, y, z の関数であると考えて, 偏微分方程式

(36.1) $$Rr+Ss+Tt=V$$

を考察する.

$$dp=\frac{\partial p}{\partial x}dx+\frac{\partial p}{\partial y}dy=rdx+sdy,$$

§36. モンジュの解法

$$dq = \frac{\partial q}{\partial x}dx + \frac{\partial q}{\partial y}dy = sdx + tdy$$

であるから，

$$r = \frac{dp - sdy}{dx}, \quad t = \frac{dq - sdx}{dy}$$

が出てくる．したがって，

$$R\left(\frac{dp - sdy}{dx}\right) + Ss + T\left(\frac{dq - sdx}{dy}\right) - V = 0$$

が得られる．これを整頓すると，

$$Rdpdy + Tdqdx - Vdydx - s(Rdy^2 - Sdydx + Tdx^2) = 0$$

となる．ここで p, q, x, y, z の任意函数を

(36.2) $\qquad Rdpdy + Tdqdx - Vdydx = 0,$

(36.3) $\qquad Rdy^2 - Sdydx + Tdx^2 = 0$

が成り立つように定める．この (36.2) と (36.3) とで定められた函数を**中間積分**というが，これを用いて方程式を解く方法を，**モンジュの方法**という．

例． $\quad 2x^2 r - 5xys + 2y^2 t + 2(px + qy) = 0.$

解． 上で述べたように，

$$2x^2\left(\frac{dp - sdy}{dx}\right) - 5xys + 2y^2\left(\frac{dq - sdx}{dy}\right) + 2(px + qy) = 0$$

であるから，これを整頓すると，2式

(36.4) $\qquad 2x^2 dpdy + 2y^2 dqdx + 2(px + qy)dxdy = 0,$

(36.5) $\qquad 2x^2 dy^2 + 5xydydx + 2y^2 dx^2 = 0$

が得られる．

(36.5) より

$$(2xdy + ydx)(xdy + 2ydx) = 0$$

が得られるから，

$$2xdy + ydx = 0, \quad \text{または} \quad xdy + 2ydx = 0$$

が出てくる．したがって，

$$xy^2 = c_1, \quad \text{または} \quad x^2 y = c_2$$

を得る.

$xy^2 = c_1$ の場合には,$2xdy = -ydx$ であるから,(36.4) は
$$xdp - 2ydq + pdx - 2qdy = 0$$
となる.これは
$$d(xp - 2yq) = 0$$
と書けるので,
$$px - 2qy = C_3$$
が得られる.したがって,中間積分は

(36.6) $\qquad px - 2qy = \varphi_1(xy^2)$

となる.この φ_1 は任意函数である.

x^2y の場合には,$2ydx = -xdy$ であるから,(36.4) は
$$2xdp - ydq + 2pdx - qdy = 0$$
となり,
$$d(2xp - yq) = 0$$
が出てきて,上と同じようにして
$$2px - qy = c_4$$
が得られる.したがって,

(36.7) $\qquad 2px - qy = \varphi_2(x^2y)$

が中間積分である.

$(36.6) - (36.7) \times 2$:
$$3px = 2\varphi_2(x^2y) - \varphi_1(xy^2),$$
$(36.6) \times 2 - (36.7)$:
$$3qy = \varphi_2(x^2y) - 2\varphi_1(xy^2).$$
したがって,
$$dz = pdx + qdy$$
$$= \frac{1}{3x}[2\varphi_2(x^2y) - \varphi_1(xy^2)]dx + \frac{1}{3y}[\varphi_2(x^2y) - 2\varphi_1(xy^2)]dy$$
$$= \frac{1}{3}\varphi_2(x^2y)\left[2\frac{dx}{x} + \frac{dy}{y}\right] - \frac{1}{3}\varphi_1(xy^2)\left[\frac{dx}{x} + 2\frac{dy}{y}\right]$$

$$= \frac{1}{3}\varphi_2(x^2y)d\log(x^2y) - \frac{1}{3}\varphi_1(xy^2)d\log(xy^2)$$

となるので,

$$z = \frac{1}{3}\int \varphi_2(x^2y)d\log(x^2y) - \frac{1}{3}\int \varphi_1(xy^2)d\log(xy^2)$$

を得る．これより，解として

$$z = \Phi_1(x^2y) + \Phi_2(xy^2)$$

が出てくる．

問. 次の偏微分方程式を解け：
(i) $y^2r - 2ys + t = p + 6y$,　　(ii) $r - t\cos^2 x + p\tan x = 0$,
(iii) $(q+1)s - (p+1)t = 0$,　　(iv) $q^2r - 2pqs + p^2t = 0$,
(v) $(t-r)xy + (s-2)(x^2-y^2) = py - qx$.

§37. 物理学に現われた偏微分方程式

物理学の問題を偏微分方程式を解くことに転換して以来，物理学は長足の進歩をとげたが，それに関連して，微分方程式の研究も，著しく発展した．ここでは，それらの問題のうち，歴史的に著名なものを示すことにしようと思う．

I. 絃の振動の研究に現われる偏微分方程式は

(37.1) $$\frac{\partial^2 y}{\partial x^2} = \frac{1}{c^2}\frac{\partial^2 y}{\partial t^2} \qquad (c \text{ は定数})$$

である．これは双曲型の微分方程式であって，$\frac{\partial}{\partial x} \equiv D$, $\frac{\partial}{\partial t} \equiv D'$ とおくと

$$\left(D^2 - \frac{1}{c^2}D'^2\right)y = 0$$

である．これは

$$\left(D + \frac{1}{c}D'\right)\left(D - \frac{1}{c}D'\right)y = 0$$

と書けるので，これより

$$\left(D - \frac{1}{c}D'\right)y = 0 \quad \text{または} \quad \left(D + \frac{1}{c}D'\right)y = 0$$

が出てくる．はじめの方程式から

$$y = f(x+ct),$$

また，あとの方程式より

$$y = g(x-ct)$$

が出てくるから，一般解は

(37.2) $$y = f(x+ct) + g(x-ct)$$

となる．これは，ダランベールとオイレルとが 1747 年に取り扱ったものである．

ここで，絃の長さを l とし，$x=0, x=l$ で固定されているものとすると，t の値に無関係に，

(37.3) $\quad x=0$ なら $y=0, \quad x=l$ なら $y=0$

が成り立つ．$x=0$ とすると

$$f(ct) + g(-ct) = 0$$

であるから，

$$g(-ct) = -f(ct)$$

となる．したがって，

$$g(x-ct) = -f(ct-x)$$

となるので，これを (37.2) に代入すると

$$y = f(x+ct) - f(ct-x)$$

となる．ここで $x=l$ とすると

$$f(l+ct) - f(ct-l) = 0$$

であるから，

$$f(ct-l) = f(l+ct)$$

となる．したがって，$ct-l=z$ とおくと，$ct=z+l$ となるので，

$$f(z) = f(z+2l)$$

となり，解は $2l$ を周期とする周期函数であることがわかる．

このように，微分方程式を (37.3) のような条件の下で解くことを，微分方程式の**境界値問題**といい，この (37.3) のような条件を**境界条件**という．ここでは取り扱うことはできないが，"どのような条件の下で解は単独であるか"

§37. 物理学に現われた偏微分方程式

が問題である．これについては，まだ，一般的な理論が出ていないので，松本敏三博士は，今日までに現われている重要な境界値問題を，分類的に集めて，境界条件と解の単独性との関係を研究する資料を提供している．

Ⅱ．流体の流れの研究において，ポテンシャル函数 $\varPhi(x, y)$ は，微分方程式

(37.4) $$(M^2-1)\frac{\partial^2 \varPhi}{\partial x^2} - \frac{\partial^2 \varPhi}{\partial y^2} = 0$$

を満足することが知られている．この M は流れのマッハ数といわれていて，$M<1$ のときは，流速は音速よりもおそく，$M>1$ のときは音速よりも速い．$M=0$ のときには，(37.4) は

(37.5) $$\frac{\partial^2 \varPhi}{\partial x^2} + \frac{\partial^2 \varPhi}{\partial y^2} = 0$$

となる．これを**ラプラスの方程式**といい，これを満足する函数を**調和函数**という．

極座標 (r, θ) を用いると，直交座標 (x, y) との関係は

$$x = r\cos\theta, \qquad y = r\sin\theta$$

で与えられる．これを用いて (37.5) を変換すると

(37.6) $$\frac{\partial^2 \varPhi}{\partial r^2} + \frac{1}{r}\frac{\partial \varPhi}{\partial r} + \frac{1}{r^2}\frac{\partial^2 \varPhi}{\partial \theta^2} = 0$$

となる．この方程式を，半径 a の円 K の内部で (37.6) を満足し，この円周上で与えられた値 $f(\theta)$ をとるという条件の下で解いてみようと思う．この場合に，$f(\theta)$ は区間 $0 \leqq \theta \leqq 2\pi$ で連続であるとしておく．

この方程式の特別解が

$$\varPhi(r, \theta) = R(r) \cdot \Theta(\theta)$$

であるとすれば，方程式は

$$R''(r)\Theta(\theta) + \frac{1}{r}R'(r)\Theta(\theta) + \frac{1}{r^2}R(r)\Theta''(\theta) = 0$$

となる．これを書きかえると，

$$\frac{1}{R}(r^2 R'' + r R') = -\frac{\Theta''}{\Theta} = k^2$$

となる．そうすると，二つの方程式

(37.7) $\qquad r^2R''+rR'-k^2R=0,$

(37.8) $\qquad \Theta''+k^2\Theta=0$

を得る．(37.7) を解くと，

$$R=A_k r^k+B_k r^{-k} \qquad (k \neq 0),$$
$$R=A_0+B_0 \log r \qquad (k=0)$$

となる．また，(37.8) を解くと，

$$\Theta=C_k \cos k\theta+D_k \sin k\theta \qquad (k \neq 0),$$
$$\Theta=C_0+D_0\theta \qquad (k=0)$$

となる．したがって，$k\ (\neq 0)$ の任意の実数値に対する和を $\sum_k$ で示すと，

$$\varphi=(A_0+B_0\log r)(C_0+D_0\theta)+\sum_k(A_k r^k+B_k r^{-k})(C_k\cos k\theta+D_k\sin k\theta)$$

も形式的な解である．しかし，これでは K の内部で1価ではない．これが1価であるためには，まず，$D_0=0$ でなければならない．また，各項の三角函数が共通の周期 2π をもつためには，k は正の整数でなければならない．すなわち，

$$k=n \qquad (n=1,2,\cdots).$$

したがって，

$$\varphi=(A_0+B_0\log r)C_0+\sum_{n=1}^{\infty}(A_n r^n+B_n r^{-n})(C_n\cos n\theta+D_n\sin n\theta)$$

となる．円 K の内部で φ の値が有限であることから，原点でも φ の値は有限である．したがって，$\log r$ の存在は困る．ゆえに，$B_0=0$ でなければならない．また，r^{-n} の存在も困る．ゆえに，$B_n=0\ (n=1,2,\cdots)$ でなければならない．これより

$$\varphi=A_0C_0+\sum_{n=1}^{\infty}A_nC_n r^n\cos n\theta+\sum_{n=1}^{\infty}A_nD_n r^n\sin n\theta$$

となる．それで，簡単のために

$$A_nC_n=a_n \qquad (n=0,1,2,\cdots),$$
$$A_nD_n=b_n \qquad (n=1,2,\cdots)$$

とおくと，解は

§37. 物理学に現われた偏微分方程式

(37.9) $\quad \varphi(r,\theta)=a_0+\sum_{n=1}^{\infty}a_nr^n\cos n\theta+\sum_{n=1}^{\infty}b_nr^n\sin n\theta$

となる．境界条件によって，$r=a$ のときに $\varphi=f(\theta)$ となるのであるから

$$f(\theta)=a_0+\sum_{n=1}^{\infty}a_na^n\cos n\theta+\sum_{n=1}^{\infty}b_na^n\sin n\theta$$

となる．したがって，フーリエ級数の理論によって

(37.10) $\quad a_0=\dfrac{1}{2\pi}\int_0^{2\pi}f(\theta)d\theta,$

(37.11) $\quad a_na^n=\dfrac{1}{\pi}\int_0^{2\pi}f(\theta)\cos n\theta d\theta,$

(37.12) $\quad b_na^n=\dfrac{1}{\pi}\int_0^{2\pi}f(\theta)\sin n\theta d\theta$

が得られる．[*] この関係を (37.9) へ入れると，

$$\begin{aligned}\varphi(r,\theta)&=\frac{1}{2\pi}\int_0^{2\pi}f(\theta)d\theta+\sum_{n=1}^{\infty}\left(\frac{r}{a}\right)^n\int_0^{2\pi}f(\psi)\cos n\psi d\psi\cdot\cos n\theta\\&\quad+\sum_{n=1}^{\infty}\left(\frac{r}{a}\right)^n\int_0^{2\pi}f(\psi)\sin n\psi d\psi\cdot\sin n\theta\\&=\frac{1}{\pi}\int_0^{2\pi}f(\psi)\left\{\frac{1}{2}+\sum_{n=1}^{\infty}\left(\frac{r}{a}\right)^n[\cos n\theta\cos n\psi+\sin n\theta\sin n\psi]\right\}d\psi\\&=\frac{1}{\pi}\int_0^{2\pi}f(\psi)\left\{\frac{1}{2}+\sum_{n=1}^{\infty}\left(\frac{r}{a}\right)^n\cos n(\psi-\theta)\right\}d\psi\end{aligned}$$

となる．ところが，

$$e^{in(\psi-\theta)}=\cos n(\psi-\theta)+i\sin n(\psi-\theta)$$

であるから，

$$\cos n(\psi-\theta)=\mathrm{Re}(e^{in(\psi-\theta)})$$

である．そうすると，

$$\sum_{n=1}^{\infty}\left(\frac{r}{a}\right)^n\cos n(\psi-\theta)=\mathrm{Re}\left\{\sum_{n=1}^{\infty}\left(\frac{r}{a}\right)^n e^{in(\psi-\theta)}\right\}$$

と書ける．ところが，ド・モアブルの定理によって

$$e^{ikz}=(e^{iz})^k$$

---

[*] これについては本講座第7巻積分学を見られたい．

であるから，

$$\sum_{n=1}^{\infty}\left(\frac{r}{a}\right)^n \cos n(\psi-\theta) = \mathrm{Re}\left\{\sum_{n=1}^{\infty}\left(\frac{r}{a}e^{i(\psi-\theta)}\right)^n\right\}$$

$$= \mathrm{Re}\left[\frac{\dfrac{r}{a}e^{i(\psi-\theta)}}{1-\dfrac{r}{a}e^{i(\psi-\theta)}}\right]$$

$$= \mathrm{Re}\left[\frac{\dfrac{r}{a}e^{i(\psi-\theta)}\left(1-\dfrac{r}{a}e^{-i(\psi-\theta)}\right)}{\left(1-\dfrac{r}{a}e^{i(\psi-\theta)}\right)\left(1-\dfrac{r}{a}e^{-i(\psi-\theta)}\right)}\right]$$

$$= \frac{\dfrac{r}{a}\cos(\psi-\theta)-\left(\dfrac{r}{a}\right)^2}{1-2\dfrac{r}{a}\cos(\psi-\theta)+\left(\dfrac{r}{a}\right)^2};$$

したがって，

$$\frac{1}{2}+\sum_{n=1}^{\infty}\left(\frac{r}{a}\right)^n \cos n(\psi-\theta) = \frac{1}{2}\cdot\frac{1-\left(\dfrac{r}{a}\right)^2}{1-2\dfrac{r}{a}\cos(\psi-\theta)+\left(\dfrac{r}{a}\right)^2}$$

となる．

$f(\theta)$ は $\varphi(r,\theta)$ が $r=a$ のときにとる値であるから $f(\theta)=\varphi(a,\theta)$ と書くことにしよう．そうすると，$r<a$ を満足するすべての r に対して $\varphi(r,\theta)$ の値は，つぎのように表わすことができるのである：

$$(37.13) \qquad \varphi(r,\theta) = \frac{1}{2\pi}\int_0^{2\pi}\varphi(a,\psi)\frac{a^2-r^2}{a^2-2ar\cos(\psi-\theta)+r^2}d\psi.$$

この式は，ポアソンが最初に樹立した(1818)ので，**ポアソンの公式**と呼ばれている．

ここで，"半径 a の内部で調和であって，周上で与えられた値 $f(\theta)$ をとる函数" がつくられたのである．このように，ある領域の内部で調和であって，境界上で与えられた値をとる函数を求めることを要求する問題を**ディリクレの問題**という．この問題については，ここでは立ち入ることはできないが，この問題の解決をめぐって，数学解析学は著しい飛躍をして，新らしい積分論を背

§37. 物理学に現われた偏微分方程式

景として，一応は解決されたことになっている．しかし，問題はさらに一般化されて，新らしい方向へ進んでいる．

もう一つ，型のちがう境界値問題を紹介しておこう．

Ⅲ．非圧縮性完全流体が，z 軸の負の方向に一様に流れているときに，そこへ半径 a の球をおいたら，この流体はどのような運動をするかを調べるためには，この流体の速度ポテンシャル V を考えたらよい．この速度ポテンシャル V は**ラプラスの微分方程式**

$$\frac{\partial^2 V}{\partial x^2}+\frac{\partial^2 V}{\partial y^2}+\frac{\partial^2 V}{\partial z^2}=0$$

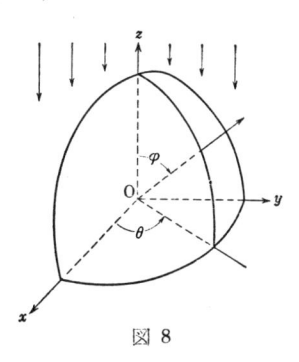

図 8

を満足することは，流体力学で示されているが，球の中心を座標の原点にとって，球面座標 (r, θ, φ) を考えると，ラプラスの方程式は

$$\frac{1}{r^2}\frac{\partial}{\partial r}\left(r^2\frac{\partial V}{\partial r}\right)+\frac{1}{r^2\sin\varphi}\frac{\partial}{\partial \varphi}\left(\sin\varphi\frac{\partial V}{\partial \varphi}\right)+\frac{1}{r^2\sin^2\theta}\frac{\partial^2 V}{\partial \theta^2}=0$$

となる．ところが，今の場合には，流れは θ には関係がないから，$\frac{\partial V}{\partial \theta}=0$ でなければならない．ゆえに，この方程式は

(37.14) $$\frac{\partial}{\partial r}\left(r^2\frac{\partial V}{\partial r}\right)+\frac{1}{\sin\varphi}\frac{\partial}{\partial \varphi}\left(\sin\varphi\frac{\partial V}{\partial \varphi}\right)=0$$

となるので，この微分方程式の解を考えたらよい．

この場合に，境界条件として，

$r=a$ のときに $\frac{\partial V}{\partial r}=0$,

$r\to+\infty$ のときに $\frac{\partial V}{\partial r}=-V_0\cos\varphi$

を与えて解くことにしよう．

この方程式の解が

(37.15) $$V(r,\varphi)=R(r)\cdot\Phi(\varphi)$$

であるとしよう．そうすると，(37.14) は

$$r^2 R''(r)\varPhi(\varphi) + 2rR'(r)\varPhi(\varphi) + R(r)\frac{1}{\sin\varphi}\frac{d}{d\varphi}\{\sin\varphi\,\varPhi'(\varphi)\} = 0$$

となる．この両辺を $R(r)\varPhi(\varphi)$ で割ると

$$2r\frac{R'(r)}{R(r)} + r^2\frac{R''(r)}{R(r)} + \frac{1}{\varPhi(\varphi)}\frac{1}{\sin\varphi}\frac{d}{d\varphi}\{\sin\varphi\,\varPhi'(\varphi)\} = 0$$

となるので，

$$2r\frac{R'(r)}{R(r)} + r^2\frac{R''(r)}{R(r)} = -\frac{1}{\varPhi(\varphi)}\frac{1}{\sin\varphi}\frac{d}{d\varphi}\{\sin\varphi\,\varPhi'(\varphi)\} = k^2$$

とおくと，

(37.16) $\qquad\qquad r^2 R''(r) + 2rR'(r) - k^2 R(r) = 0$

および

(37.17) $\qquad\qquad \dfrac{1}{\sin\varphi}\dfrac{d}{d\varphi}\{\sin\varphi\,\varPhi'(\varphi)\} + k^2 \varPhi(\varphi) = 0$

が出てくる．

(37.17) を書きかえると，

$$\varPhi''(\varphi) + \cot\varphi\,\varPhi'(\varphi) + k^2 \varPhi(\varphi) = 0$$

となる．ここで，$k^2 = n(n+1)$ とおくと，$\varPhi(\varphi)$ は第2階常微分方程式

$$\frac{d^2\varPhi}{d\varphi^2} + \cot\varphi\frac{d\varPhi}{d\varphi} + n(n+1)\varPhi = 0$$

の解であるが，微分方程式 (26.5) において，$x = \cos\varphi$ とおくと

$$\frac{d^2 y}{d\varphi^2} + \cot\varphi\frac{dy}{d\varphi} + p(p+1)y = 0$$

となるので，(37.17) はルジャンドルの方程式である．したがって，方程式 (37.17) の一般解は，(26.9) によって

(37.18) $\qquad\qquad \varPhi(\varphi) = A_n P_n(\cos\varphi) + B_n Q_n(\cos\varphi)$

となる．

微分方程式 (37.16) は第4章 §16 で取り扱ったものであって，これの一般解は

(37.19) $\qquad\qquad R(r) = C_n r^n + D_n r^{-n-1}$

で与えられることは，すぐに，わかるであろう．

これらのことから，微分方程式 (37.14) の解のうちで，形が (37.15) のものの最も一般なものは

(37.20) $\quad V(r,\varphi) = \sum_n (C_n r^n + D_n r^{-n-1})\{A_n P_n(\cos\varphi) + B_n Q_n(\cos\varphi)\}$

で与えられることがわかる．これより

$$\frac{\partial V}{\partial r} = \sum_n [nC_n r^{n-1} - (n+1)D_n r^{-n-2}][A_n P_n(\cos\varphi) + B_n Q_n(\cos\varphi)]$$

が出てくる．境界条件で示されているように，$r=a$ のときに $\frac{\partial V}{\partial r}=0$ となるのであるから，

$$nC_n a^{n-1} - (n+1)D_n a^{-n-2} = 0$$

でなければならない．したがって，

(37.21) $\quad D_n = \frac{n}{n+1} a^{2n+1} C_n$

が出てくる．また，対称軸 $\varphi=0$ または $\varphi=\pi$ に沿っての速度 $\frac{\partial V}{\partial r}$ が有限であるためには，無限級数でできている項 $Q_n(\cos\varphi)$ が存在することは困る．したがって，

(37.22) $\quad\quad\quad\quad B_n = 0 \quad\quad\quad\quad (n=0,1,\cdots)$

でなければならない．また，

$$r \to +\infty \quad \text{とすると} \quad \frac{\partial V}{\partial r} \to -V_0 \cos\varphi \quad \text{（有限値）}$$

となるのであるから，

(37.23) $\quad\quad\quad\quad C_n = 0 \quad\quad\quad\quad (n=2,3,\cdots)$

でなければならぬ．したがって，

$$V(r,\varphi) = (C_0 + D_0 r^{-1}) A_0 P_0(\cos\varphi) + (C_1 r + D_1 r^{-2}) A_1 P_1(\cos\varphi)$$

となる．(37.21) によって

$$D_0 = 0, \quad D_1 = \frac{1}{2} a^3 C_1;$$

$$V(r,\varphi) = A_0 C_0 P_0(\cos\varphi) + A_1 C_1 \left(r + \frac{a^3}{2r^2}\right) P_1(\cos\varphi)$$

となる．ここで，$A_0 c_0 = c_0, A_1 C_1 = c_1$ とおけば

$$V(r, \varphi) = c_0 P_0(\cos\varphi) + c_1\left(r + \frac{a^3}{2r^2}\right)P_1(\cos\varphi)$$

となる．これより

$$\frac{\partial V}{\partial r} = c_1\left(1 - \frac{a^3}{r^3}\right)P_1(\cos\varphi)$$

が出てくる．第7章 §26 のⅡで述べたことによって，

$$P_0(\cos\varphi) = 1, \quad P_1(\cos\varphi) = \cos\varphi$$

であるから，

$$V(r, \varphi) = c_0 + c_1\left(r + \frac{a^3}{r^2}\right)\cos\varphi,$$

$$\frac{\partial V}{\partial r} = c_1\left(1 - \frac{a^3}{r^3}\right)\cos\varphi$$

となる．$r \to +\infty$ のときに $\dfrac{\partial V}{\partial r} \to -V_0\cos\varphi$ であるから，

$$c_1 = -V_0$$

となる．したがって，

$$V(r, \varphi) = -V_0\left(r + \frac{a^3}{2r^2}\right)\cos\varphi + c_0$$

となる．

これで，"球面の内部で調和であって，球面の各点における法線方向の微分係数 $\dfrac{\partial V}{\partial r}$ が与えられた値をもつような函数"が見つけられたわけである．このように，閉曲面(または閉曲線)で囲まれた領域で調和な函数 u を，閉曲面(または閉曲線)の各点における法線方向の微分係数 $\dfrac{\partial u}{\partial n}$ の境界値を与えておいて定める問題を**ノイマンの問題**というが，これも数学解析学における重要なものであって，等角写像論とも，密接な関係がある問題である．

問 1． T は θ に関係がないと考えて導き出して，ラプラスの方程式

$$\frac{\partial}{\partial r}\left(r^2\frac{\partial T}{\partial r}\right) + \frac{1}{\sin\varphi}\frac{\partial}{\partial\varphi}\left(\sin\varphi\frac{\partial T}{\partial\varphi}\right) = 0$$

を解け．この場合に，球面 $r = a$ における境界値は $f(\varphi)$ であるとする．

問 2． ラプラスの方程式

$$\frac{\partial^2 T}{\partial x^2}+\frac{\partial^2 T}{\partial y^2}+\frac{\partial^2 T}{\partial z^2}=0$$

を，境界条件

$$T(0, y, z)=T(l_1, y, z)=T(x, 0, z)=T(x, l_2, z)=T(x, y, 0)=0,$$
$$T(x, y, H)=f(x, y)$$

の下で解け．

問 3. z 軸を軸とする半径 a の柱面内で

$$\frac{\partial^2 T}{\partial r^2}+\frac{1}{r}\frac{\partial T}{\partial r}+\frac{1}{r^2}\frac{\partial^2 T}{\partial \theta^2}=0$$

を満足する $T(r, \theta)$ を，境界条件 $T(a, \theta)=\dfrac{1}{2}T_0(1+\cos\theta)$ の下で求めよ．

問 題 9

1. 次の第 2 階偏微分方程式を解け：

(i) $(D^2-6DD'+9D'^2)z=3x+y,$

(ii) $(D^2-DD'-2D'^2)z=(2x^2+xy-y^2)\sin xy-\cos xy,$

(iii) $\dfrac{\partial^2 y}{\partial x^2}-4\dfrac{\partial^2 y}{\partial t^2}=\dfrac{4x}{t^2}-\dfrac{t}{x^2},$

(iv) $DD'(D-2D'-3)z=y+2x,$

(v) $(D-3D'-2)^2z=2e^{2x}\tan(y+3x),$

(vi) $y^2t+2yq=1,$

(vii) $rx^2-3sxy+2ty^2+px+2qy=x+2y.$

2. 微分方程式 $r-2s+t=6$ を満足し，双曲的放物面とそれの平面 $y=x$ による切口としてできる曲線に沿って接する曲面を求めよ．

3. x, y, u, v は実数で，$u+iv=f(x+iy)$ が成り立つとする．$V=u, V=v$ がともにラプラスの方程式

$$\frac{\partial^2 V}{\partial x^2}+\frac{\partial^2 V}{\partial y^2}=0$$

の解であると，2 組の曲線 $u=$定数，$v=$定数 は，互いに直交することを示せ．

4. $\dfrac{\partial^2 u}{\partial t^2}=c^2\dfrac{\partial^2 u}{\partial x^2}$ の解で，形が $u=f(x)\sin mt$ のものを，次の条件の下で解け：

(i) $x=0, t=0$ に対して $\dfrac{\partial u}{\partial t}=a,$

(ii) $x=0, -\infty<t<+\infty$ に対して $\dfrac{\partial u}{\partial x}=0.$

5. $$\frac{\partial^2 T}{\partial r^2}+\frac{1}{r}\frac{\partial T}{\partial r}+\frac{1}{r^2}\frac{\partial^2 T}{\partial \theta^2}=0$$

の解のうちで，形が $T(r, \theta) = f(r)g(\theta)$ のものを $\left(\dfrac{\partial T}{\partial r}\right)_{r=a} = A\cos\theta + B\cos^3\theta$ となるように定めよ．

6. ラプラスの方程式 $\dfrac{\partial^2 V}{\partial x^2} + \dfrac{\partial^2 V}{\partial y^2} = 0$ をつぎの条件の下で解け：

(i) $y=0$ のときは $V = \sin x$,

(ii) $x=0$ または π のときは $V=0$,

(iii) 領域 $y>0, \pi>x>0$ では V は有限．

7. ラプラスの方程式 $\dfrac{\partial^2 V}{\partial x^2} + \dfrac{\partial^2 V}{\partial y^2} = 0$ をつぎの条件の下で解け：

(i) $y=-h$ のとき $\dfrac{\partial V}{\partial y}=0$,

(ii) $y=0$ のときには, $V(x, y) = \cos(mx - nt)$.

8. 微分方程式
$$\frac{\partial}{\partial r}\left(r^2 \frac{\partial T}{\partial r}\right) + \frac{1}{\sin\varphi} \frac{\partial}{\partial \varphi}\left(\sin\varphi \frac{\partial T}{\partial \varphi}\right) = 0$$
の解のうちで，形が $T(r, \varphi) = f(r)\cos\varphi$ であるものを，つぎの境界条件の下で解け：

$r=a$ のときに $\dfrac{\partial T}{\partial r} = -T_0 \cos\varphi$,

$r=\infty$ のときに $\dfrac{\partial T}{\partial r} = 0$.

問題の答

第1章

§1. 1. （i）$y'''-6y''+11y'-6y=0$, （ii）$y''+m^2y=0$. **2.** $y'''=0$. **3.** $(x^2+y^2)y''-2(xy'-y)(1+y'^2)=0$. **4.** 45°. **5.** （i）$y=ce^{-x}+2-2x+x^2$, （ii）$y=\left(x-\dfrac{3}{4}x^4+\cdots\right)+a_0\left(1-x^3+\dfrac{1}{2}x^6+\cdots\right)$, （iii）$y=a_0\left(1+\dfrac{x^3}{2\cdot 3}+\dfrac{x^6}{2\cdot 3\cdot 5\cdot 6}+\dfrac{x^9}{2\cdot 3\cdot 5\cdot 6\cdot 8\cdot 9}+\cdots\right)+a_1\left(x+\dfrac{x^4}{3\cdot 4}+\dfrac{x^7}{3\cdot 4\cdot 6\cdot 7}+\cdots\right)$.

問題 1. 1. （i）$y=C_1+C_2x-x^2+x^4$, （ii）$y=x^4-x^2+x+1$, （iii）$y=x^4-x^2-35x+37$. **2.** $y''+m^2y=0$. **3.** $(x-1)y''-xy'+y=0$. **4.** （i）$y=a_0\left(1+\dfrac{x^2}{2}+\dfrac{x^4}{2\cdot 4}+\cdots+\dfrac{x^{2n}}{2\cdot 4\cdots(2n)}+\cdots\right)+a_1\left(\dfrac{x}{1}+\dfrac{x^3}{1\cdot 3}+\dfrac{x^5}{1\cdot 3\cdot 5}+\cdots+\dfrac{x^{2n+1}}{1\cdot 3\cdot 5\cdots(2n+1)}+\cdots\right)$, （ii）$y=a_0\left(1+\dfrac{x^4}{12}-\dfrac{x^5}{60}-\dfrac{x^6}{120}+\cdots\right)+a_1\left(x-\dfrac{x^2}{2}+\dfrac{x^4}{12}+\dfrac{x^5}{30}-\cdots\right)$, （iii）$y=a_0\left(1-\dfrac{x^4}{12}+\cdots\right)+a_1\left(x-\dfrac{x^5}{20}+\cdots\right)$, （iv）$y=a_0(1+2^2x+3^2x^2+\cdots+(n+1)^2x^n+\cdots)$. この場合には, この方法では, 任意定数を 2 個持つものを見つけることはできない. その理由は第 7 章 §25 に詳しく出ている. **5.** $x_0+3y_0\neq 0$ であればよい.

第2章

§2. 1. （i）$e^y=C(\sin x+\cos x)$, （ii）$y=Cxe^{-x}$, （iii）$\cos y\sin x=C$, （iv）$(1+y^2)(1+x)=Cx$, （v）$x^2y^2=C(x^2-1)(x+1)^2$, （vi）$y=1+C(y+1)\cos^2 x$. **2.** $y=(1+\log|x+1|)^{-1}$.

§3. 1. （i）$y+\sqrt{x^2+y^2}=Cx^2$, （ii）$(3x+6y-1)^4=(2x-2y+C)^3$. **2.** （i）$(15y-5x+3)(5y+15x-11)=C$, （ii）$3x-4y-17=C\exp\left[-\dfrac{1}{5}(x-y)\right]$.

§4. 1. （i）$y=x^{-2}(\sin x-x\cos x+C)$, （ii）$y=\{\log(\sin^2 x)+C\}\sin x$, （iii）$xy+x(x+1)=Ce^x(1+x)$, （iv）$3y\sin x=\sin^3 x+C$, （v）$y(x\log x^2+Cx)=1$, （vi）$y=c^2x^{-1}-2Cx^{-1/2}+1$, （vii）$xy=(3\sin x+C)^{1/3}$. **2.** $y=-x^{-1}+2x^{-3}$.

§5. 1. （i）$x^2+y^2+12x+72\log|y-6|=C$, （ii）$x^3y+xy^3=C$. **2.** （i）$x+y\log|xy|=Cy$, （ii）$x(x-y^2)^2=C$, （iii）$e^{xy}(x^{-1}+2y^{-1})=C$.

§6. 1. （i）$2x^2+y^2=c^2$, （ii）$x^2+y^2=cy$, （iii）$y^2=x+c$. **2.** $(xy'-y)\cdot(x+yy')=(a^2-b^2)y'$. **3.** $\log(2x^2\pm xy+y^2)-(6/\sqrt{7})\arctan(2y\pm x)/x\sqrt{7}=C$.

§7. 1. （i）$(x^2-2y+C)(y^2-x-C)=0$, （ii）$x=(p+p^{-1})/2$, $y=p^2/4-\log|p|^{1/2}+C$. **2.** （i）$x=\sin p+C$, $y=p\sin p+\cos p$, （ii）$2\sqrt{x^2+4y^2}+|x|\log|x|=C|x|$.

§8. 2. $f(x,y)\equiv y^{1/3}$ はすべての (x,y) に対して連続であるが, 解は単独ではな

い．そして，x 軸の各点に二つの解 $y=0$，$y=\pm(2x/3+C)^{3/2}$ がある．
(注意) $f_y(x,y)$ は $y=0$ に対して存在しない．

問題 2. 1. (i) $y^2-(x+1)^2=C$, (ii) $(y^2-x^2)^2=Cxy$, (iii) $2x^2+2xy+3y^2+2x+4y=C$, (iv) $(x+y)\sec y=C$. **2.** (i) $(y-xe^x-Ce^x)(y-e^x/2-Ce^{-x})=0$, 特異解は存在しない．(ii) $x=Cp^{-3}$, $y=(3/4)Cp^{-2}-p^6/4C$, 特異解はない．(iii) $x\pm\sqrt{x^2-y^2}\pm y \arcsin(y/x)-y\log|x|=C$, 特異解はない．**3.** $y=C\exp(-x/ky)$, (k は比例定数). **4.** $y=\cos x+C\cos^2 x$. **5.** $x^3y^{-2}+2x^5y^{-3}=C$. **6.** (i) $y=-ka(b^2+k^2)^{-1}\cos(bx+c)+ab(b^2+k^2)^{-1}\sin(bx+c)+Ce^{kx}$, (ii) $y=1+x^2+\exp(-x-x^3/3)\cdot\left[\int\exp(x+x^3/3)dx+C\right]^{-1}$, (iii) $y=x^2+(Ce^{x/2}+1)/(Ce^{x/2}-1)$, (iv) $y=C(y-1)\cdot\cos^2 x-1$, (v) $2y^2(C+\sec x)=1$, (vi) $y=(1+Ce^{x^2})^2$. **8.** 2 個の解があって，$y=0$, $4y=x^2$ である．

第 3 章

§ 9. 1. (i) $y=\log|x-1\pm\sqrt{(x-1)^2+C_1}|+C_2$, (ii) $y=C_1x\log|x|+C_2x+C_3+x^3$, (iii) $y=C_1e^{2x}+C_2x^2+C_3x+C_4-e^x$, (iv) $3y=x^3-3\log|C_1-x|+C_2$, (v) $y=C_1\log|1+C_1e^{-x}|+C_2$, (vi) $x=\int[(2/3)p^3+p^2+C_1]^{-1/2}dp$, $y=\int p[(2/3)p^3+p^2+C_1]^{-1/2}dp$.

§ 10. (i) $x=y-(C_1/2)y^2+C_2$, (ii) $y=(C_1e^{2x}+C_2e^{-2x})^3$, (iii) $(x-C_1)^2+(y-C_2)^2=k^2$, (iv) $x=\pm 2\int(C_2+4C_1y^2-y^4)^{-1/2}dy+C_3$, (v) $y(2a+y)=(C_1x+C_2)x+C_3$.

§ 11. (i) $y=x(C_1\log|x|+C_2)^2$, (ii) $y=x^2(C_1+C_2\log|x|)^2$, (iii) $y=C_1\log|y+C_1|+x+C_2$.

問題 3. 1. (i) $C_1y+\log|C_1x-1|+C_2=0$, (ii) $y-\log|y|=C_1x+C_2$, (iii) $y=\dfrac{2}{(n+1)!}x^{n+1}+\dfrac{2C_1}{n!}x^n+\dfrac{C_1^2}{(n-1)!}x^{n-1}+C_2x^{n-2}+\cdots+C_{n-1}x+C_n$, (iv) $\log|y|=(C_1/2)\cdot(\log|x|)^2+C_2$, (v) $(x+C_2)^2+y^2=C_1^2$, (vi) $yC_1^{-1/2}+C_3=(x+C_2)2^{-1}\sqrt{(x+C_2)^2+C_1^{-2}}+C_1^{-2}2^{-1}\log|x+C_2+\sqrt{(x+C_2)^2+C_1^{-2}}|$. **2.** $y=(1-x^2)[C_1\log|x|+x+C_2]$.

3. $\int dy/\sqrt{C_1^2y^{2n}-1}=\pm x+C_2$, $n=-1$ のときは円，$n=1$ のときは懸垂線．

第 4 章

§ 12. 2. 特別解を η で示すと，$\eta=2$. **3.** $\eta=(3\sin x+\cos x)/10$. **4.** $\eta=e^{4x}/6$.

§ 13. 1. (i) $y=C_1e^{-x}+C_2e^{-2x}+(3\sin 2x-\cos 2x)/20$, (ii) $y=C_1e^x+C_2e^{2x}+C_3e^{0x}+14x+5$, (iii) $y=C_1e^{-x}+C_2\cos 2x+C_3\sin 2x-(x/20)(\cos 2x+2\sin 2x)$, (iv)

問 題 の 答   231

$y=C_1e^x+C_2e^{-x}+C_3e^{3x}+(20+6x+9x^2)/27$. 2. (i) $y=C_1e^{-x}+C_2xe^{-x}-x^4e^{-x}/12$,
(ii) $y=(C_1+C_2x+C_3x^2)e^{-x}+e^{-x}\cos x$, (iii) $y=C_1+C_2e^{-x}+C_3e^{-2x}+C_4e^{-3x}$
$-2e^x(4\sin 2x+\cos 2x)$, (iv) $y=C_1+C_2e^x+C_3e^{-x}+(1/4)(x^4-12x^2)-(1/2)x\cos x$.

§ 14. (i) $y=(C_1x+C_2+x^2/2)e^x$, (ii) $y=C_1\cos x+C_2\sin x+C_3\cos 2x+C_4\sin 2x$
$+(1/40)\sin 3x$, (iii) $y=C_1e^x+C_2e^{2x}+e^{2x}\int e^{-2x}\log|x|dx-e^x\int e^{-x}\log|x|dx$, (iv) y
$=(C_1+C_2x+C_3x^2+C_4x^3+C_5x^4)e^{-x}+x^6e^{-x}/6!$, (v) $y=C_1e^{-x}+C_2e^{-2x}+1/x$.

§ 15. 2. (i) $y=C_1+C_2e^{-x}+C_3e^{2x}+8x^3+7x^2-5x$, (ii) $y=(C_1\cos x+C_2\sin x)$
$\cdot e^{-x}+e^{-x}\int_0^x e^u\sin(x-u)(1+u^2)^{-1}du$, (iii) $y=C_1e^{-x}+C_2e^{-2x}+C_3e^{-3x}-(\cos 3x$
$+8\sin 3x)/195$, (iv) $y=(C_1+C_2x-x^3)\cos x+(C_3+C_4x+3x^2)\sin x$, (v) $y=C_1\cos 2x$
$+C_2\sin 2x-\sin 3x-(1/5)\cos 3x-(1/4)\cos 2x$.

§ 16. (i) $y=C_1x+C_2x^2+2x^3$, (ii) $y=C_1x+C_2x\log|x|+C_3x(\log|x|)^2$
$+C_4x(\log|x|)^3+60$, (iii) $y=(1+2x)^2[(\log|1+2x|)^2+C_1\log|1+2x|+C_2]$, (iv) y
$=C_1\cos(\log|1+x|-C_1)+2\log|1+x|\sin(\log|1+x|)$.

問題 4. 1. (i) $y=C_1e^x+C_2e^{2x}+C_3e^{3x}+e^{4x}/6$, (ii) $y=e^{-2x}(C_1\cos x+C_2\sin x)$
$+e^x/10+x-3/5$, (iii) $y=e^{-x/2}(C_1\cos\sqrt{3}\,x/2+C_2\sin\sqrt{3}\,x/2)+(1/6)\sin 2x+36/13$, (iv)
$y=(C_1+C_2x+C_3x^2+C_4x^3)e^{2x}+(3!/7!)x^7e^{2x}$, (v) $y=C_1\sin 2x+C_2\cos 2x-(1/4)x$
$\cdot\cos 2x$, (vi) $y=C_1\cos x+C_2\sin x+C_3x^{n-3}+C_4x^{n-4}+\cdots+C_{n-1}x+C_n-3^{-n+2}\cos\{3x+(n$
$-2)\pi/2\}$. 2. (i) $y=C_1\log|x|+C_2+3(\log|x|)^3$, (ii) $y=C_1\log|x+1|+C_2+(x+1)^2$
$+6(x+1)+(3/2)(\log|x+1|)^3$, (iii) $y=C_1\cos x+C_2\sin x$, (iv) $y=C_1\sin\{x^{n+1}/(n+1)\}$
$+C_2\cos\{x^{n+1}/(n+1)\}$, (v) $y=C_1x^2+C_2x^3-x^2\sin x$. 3. $y=C_1e^x+C_2/x+(3/2)x$
$+(1/3)x^2$. 5. $y=e^{ax}[(C_1/2)x^2+C_2x+C_3]$. 7. (i) $y=e^x(C_1+C_2\log|x|)$. (ii) y
$=C_1x+C_2e^x$. (iii) $y=C_1\cos\sqrt{x}+C_2\sin\sqrt{x}$, (iv) $y=C_1x\cos ax+C_2x\sin ax$.

第 5 章

§ 18. (i) $y_1=3C_1e^{3x}+2C_2e^{10x}+(31/7)e^{3x}$, $y_2=-2C_1e^{3x}+C_2e^{10x}-(9/7)e^{3x}$, (ii)
$y_1=e^x(C_1\cos x+C_2\sin x)+\sin x-\cos x$, $y_2=e^x[C_1(2\cos x-\sin x)+C_2(2\sin x+\cos x)]$
$+2\sin x-\cos x$, (iii) $y_1=C_1e^{2x}-2C_2e^{-x}-2C_3e^{-3x}-2xe^{-x}$, $y_2=-C_1e^{2x}-3C_2e^{-x}$
$-3xe^{-x}$, $y_3=2C_2e^{-x}+C_3e^{-3x}+2xe^{-x}$.

§ 19. 1. $x=e^t(C_1\cos t+C_2\sin t)+\sin t-\cos t$, $y=e^t[C_1(2\cos t-\sin t)+C_2(2\sin t$
$+\cos t)]+2\sin t-\cos t$, 2. (i) $y_1=C_1+C_2e^{-2x}+e^x$, $y_2=C_1-C_2e^{-2x}+e^x$, (ii) y_1
$=C_1e^x+C_2e^{-x}+2C_3e^{2x}+C_4e^{2x}(2x-1)$, $y_2=C_1e^x+C_2e^{-x}-3C_3e^{2x}+C_4e^{2x}(-3x+2)$, y_3
$=-C_1e^x-C_2e^{-x}$. 3. $x=C_2\sin(Het/m)-C_3\cos(Het/m)$, $y=C_1+C_2\cos(Het/m)$
$+C_3\sin(Het/m)+Vt/H$.

問題 5. 1. (i) $y_1=C_1e^{-x}$, $y_2=C_2e^{-x}$, (ii) $y_1=-8\,\mathrm{Re}\,C_1e^{ix}-8x\,\mathrm{Re}\,C_2e^{ix}$, y_2
$=-4\,\mathrm{Re}\,(2+i)C_1e^{ix}-2\,\mathrm{Re}\,C_2e^{ix}[(4+2i)x+2-2i]$, $y_3=4\,\mathrm{Re}\,C_1e^{ix}+4(1+x)\,\mathrm{Re}\,C_2e^{ix}$, y_4

$= 2\,\mathrm{Re}\,(7+i)e^{ix} + 2\,\mathrm{Re}\,C_2 e^{ix}[(7+i)x+1]$, (iii) $x = C_1 e^{2t} + C_2 e^{-t}\cos(\sqrt{3}\,t - C_3)$, $y = C_1 e^{2t} + C_2 e^{-t}\cos(\sqrt{3}\,t - C_3 + 2\pi/3)$, $z = C_1 e^{2t} + C_2 e^{-t}\cos(\sqrt{3}\,t - C_3 + 4\pi/3)$, (iv) $u = C_1 e^{2x}$, $v = C_1 x e^{2x} + C_2 e^{2x}$, $y = [(C_1/2)x^2 + C_2 x + C_3]e^{2x}$. (v) $u = C_1 e^{5x} + C_2 e^{3x}$, $v = 6C_1 e^{5x} - 7C_2 e^{3x}$, (vi) $y_1 = C_1 e^x + C_2 e^{-x} + 2C_3 e^{2x} + C_4 e^{2x}(2x-1) - (529\cos 3x - 150\sin 3x)/1690$, $y_2 = C_1 e^x + C_2 e^{-x} - 3C_3 e^{2x} + C_4 e^{2x}(2-3x) + (241\cos 3x - 30\sin 3x)/1690$, $y_3 = -C_1 e^x - C_2 e^{-x} + (1/10)\cos 3t$. **2.** (i) $y_1 = 2C_1 e^{10x} + 3C_2 e^{3x} + e^{3x}$, $y_2 = C_1 e^{10x} - 2C_2 e^{3x} + e^{3x}$, (ii) $y_1 = C_1 e^{-2x} + C_2 e^{2x} + (\sin 2x - (1/2)\cos 2x)/4$, $y_2 = -3C_1 e^{-2x} + C_2 e^{2x} - (3/8)\cos 2x$, (iii) $y_1 = C_1 e^x + 2C_2 e^{-4x} + (61/15)e^{2x} + 5$, $y_2 = -C_1 e^x + 3C_2 e^{-4x} - (7/5)e^{2x} - 5$, (iv) $y_1 = C_1 \cos(x - C_2) + 4C_2 \cos(2x - C_3) + \cos 7x$, $y_2 = C_1 \cos(x - C_2) + C_2 \cos(2x - C_3) - 2\cos 7x$. (v) $x = C_1 \cos t + C_2 \sin t + C_3 \cos 3t + C_4 \sin 3t$, $y = (-7/8)C_1 \cos t - (7/8)C_2 \sin t - (63/8)C_3 \cos 3t - (87/8)C_4 \sin 3t$. **4.** $y_1 = C_1 e^{-ax}$, $y_2 = aC_1/(b-a)\cdot(e^{-ax} - e^{-bx})$, $y_3 = C - C_1(e^{-ax} - e^{-bx})/(b-a)$. **5.** (i) $y_1 = 5C_1 e^{3x} + 4C_2 e^{2x}$, $y_2 = -4C_1 e^{3x} - 3C_2 e^{2x}$, (ii) $y_1 = 2C_1 + C_2 e^{3x} + e^{-x}[C_3(17\cos x + 5\sin x) + C_4(17\sin x - 5\cos x)]$, $y_2 = -C_1 - C_2 e^{3x} + e^{-x}[C_3(-9\cos x - 3\sin x) + C_4(-9\sin x + 3\cos x)]$, $y_3 = e^{-x}[C_3(\cos x + \sin x) + C_4(\sin x - \cos x)]$. **6.** $x = C_1 e^{2t} + C_2 e^{-t}$, $y = 4C_1 e^{2t} - 3C_2 e^{-t}$. **7.** $x = C_1 \cos(t - C_3) + C_2 \cos(3t - C_4)$, $y = 2C_1 \cos(t - C_3) - 5C_2 \cos(3t - C_4)$.

第6章

§ 20. **1.** (i) $n!/t^{n+1}$, (ii) $2t/(t^2+1)^2$, (iii) $(2-6t^2)(t^2+1)^3$, (iv) $t/(t^2-1)$, (v) $b/[(t-a)^2+b^2]$. **2.** $(1-e^{-t})/t$.

§ 22. (i) $y = 2e^{-x} - (1/4)e^{-2x} - (3/4) + x/2$, (ii) $y_1 = (16e^{10x} - 9e^{3x})/7$, $y_2 = (8e^{10x} + 6e^{3x})/7$, (iii) $y_1 = y_{10}(16e^{2x} - 15e^{3x}) + 20y_{20}(e^{2x} - e^{3x})$, $y_2 = 12y_{10}(e^{3x} - e^{2x}) + y_{20}(16e^{3x} - 15e^{2x})$, (iv) $x = (1/2)(e^t + 2\sin t + \cos t - t\cos t)$, $y = (1/2)(-e^t - \sin t + \cos t + t\sin t)$.

問題 6. **1.** (i) $1/(t+1)(t^2+1)$, (ii) $4(t-1)/(t^2-2t+5)^2$, (iii) $2/(t+3)^3$, (iv) $2abt/[t^4 + 2(a^2+b^2)t^2 + (b^2-a^2)^2]$. **6.** $y = (2/5)(e^{-x}-1)\cos x + (1/5)(e^{-x}+1)\sin x$. **8.** $y_1 = -e^{-x}(\cos x + \sin x)$, $y_2 = e^{-x}(1+\sin x)$. **9.** $x = -4 + 4e^t(1-t)$, $y = -4te^t$, $z = e^t(5-6t) - 4$. **10.** $y_1 = -6 + e^{-x}(6\cos x + 11\sin x)$, $y_2 = 3 - e^{-x}(3\cos x + 6\sin x)$, $y_3 = e^{-x}\sin x$.

第7章

§ 23. **1.** (i) $y = \dfrac{1}{2}x^2 + \dfrac{1}{4}x^5 + \cdots$, (ii) $y = x - (3/5)x^{5/3} + (3/35)x^{7/3} - (2/525)x^{9/3} + \cdots$. **2.** (i) $y = 1 - x^3/6 + x^4/24 - x^5/120 + x^6/144 - \cdots$, (ii) $y = x^3(1/3! - x^2/5! + 21x^4/7! - 41x^6/9! + \cdots)$. **3.** (i) $y_1 = 1 + x^2/2 + \cdots$, $y_2 = x + x^3/2 + \cdots$, (ii) $y_1 = 1 + x + 3x^2/2 + x^3/6 + \cdots$, $y_2 = 2 - x + 2x^2 - x^3/2 + \cdots$.

§ 24. (i) $1 + \sum\limits_{k=1}^{\infty}(-1)^k x^{3k}/1\cdot 4\cdots(3k-2)$, $x^2\left(1 + \sum\limits_{k=1}^{\infty}(-1)^k x^{3k}/3^k k!\right)$, (ii) x^{-1}

$\cdot\left(1+\sum_{k=1}^{\infty}(-1)^k x^{2k}/2^k\cdot k!\right)$, $x \neq 0$, すべての x に対して, $x^2\left(1+\sum_{k=1}^{\infty}(-1)^k x^{2k}/5\cdot 7\cdots\right.$
$\left.\cdot(2k+3)\right)$, (iii) $1+\sum_{k=1}^{\infty}(-1)^k x^{3k}/3^k k!1\cdot 4\cdots(3k-2)$, $x^2\left(1+\sum_{k=1}^{\infty}x^{3k}/3^k k!5\cdot 8\cdots(3k+2)\right)$.

§ 25. 1. 2 個の解を $y_1(x)$, $y_2(x)$ とすると, （i）$y_1(x)=\sum_{k=0}^{\infty}(-1)^k x^{2k+1}/2^{2k}(k!)^2$,
$y_2(x)=y_1(x)\log|x|-\sum_{k=1}^{\infty}(-1)^k(1+1/2+\cdots+1/k)x^{2k+1}/2^{2k}(k!)^2$, （ii）$y_1(x)=x^2$, $y_2(x)$
$=x^2\log|x|+\sum_{k=1}^{\infty}(-1)^k x^{k+2}/k(k!)$, (iii)$y_1(x)=\sum_{k=0}^{\infty}(-1)^k x^k/k!=e^{-x}$, $y_2(x)=x^2+2\sum_{k=1}^{\infty}(-1)^k$
$\cdot x^{k+2}/(k+2)!=2(e^{-x}-1+x)$, （iv）$y_1(x)=1/x+\sum_{k=1}^{\infty}(-1)^{k+1}[2\cdot5\cdots(3k-4)/3^k k!]x^{3k-1}$,
$y_2(x)=x^5+2\sum_{k=1}^{\infty}(-1)^k[5\cdot8\cdots(3k+2)/3^k(k+2)!]x^{3k+5}$. **2.** $\alpha^2+\beta^2\neq0$ なら, ただ 1 個 の解しかなく, 形は $C_0 x^r+C_1 x^{r+1}+\cdots$, $C_0\neq 0$, $\alpha^2+\beta^2=0$ なら, 2 個の任意定数を含 む解があって, $y=C_0 x^{-1/2}(1+\beta x+\cdots)+C_1 x^{3/2}(1-(\beta/3)x+\cdots)$.

§ 26. 1. $y_1(x)=a_0 u_1(x)$, $y_2(x)=Cu_1(x)\log|x|+\sum_{k=0}^{\infty}b_k x^k$, ここで, $u_1(x)=\sum_{k=1}^{\infty}(-1)^k$
$\cdot x^{k+1}/k!(k+1)!$, （ii）$y_1(x)=1-3x+3x^2/1\cdot 3+3x^3/3\cdot 5+3x^4/5\cdot 7+3x^5/7\cdot 9+\cdots$, $y_2(x)$
$=x^{1/2}(1-x)$, (iii) $y_1(x)=x^{-2}(-x^4/2^2\cdot 4+x^6/2^3\cdot 4\cdot 6-x^8/2^3\cdot 4^2\cdot 6\cdot 8+\cdots)$, $y_2(x)=y_1(x)$
$\cdot\log|x|+x^{-2}(1+x^2/2^2+x^4/2^2\cdot 4^2-11x^6/2^2\cdot 4^2\cdot 6^2+\cdots)$, （iv）$y_1(x)=1+\sum_{k=1}^{\infty}(-1)^k x^{3k}/3^k k!$
$\cdot 1\cdot 4\cdots(3k-2)$, $y_2(x)=x^2\left[1+\sum_{k=1}^{\infty}(-1)^k x^{3k}/3^k\cdot k!5\cdot 8\cdots(3k+2)\right]$. **2.** $y=C_1 J_1(x)$
$-(C_2/4)Y_1(x)$, この場合に $J_1(x)=x/2-x^3/2^3\cdot 2!+x^5/2^5\cdot 2!3!-x^7/2^7\cdot 3!4!+\cdots$, $Y_1(x)$
$=(2/\pi)[(\log|x/2|+C)J_1(x)-1/x-x/4+\{1+(1+1/2)\}x^3/2^4\cdot 2!-\{(1+1/2)+(1+1/2+1/3)\}x^5/2^6\cdot 2!3!+\cdots]$.

§ 27. 1. （i）$y=a_0(1+x^2/2+\cdots)+b_0(x^3+\cdots)$, $z=a_0(x+x^2/2+x^3/6+\cdots)+b_0$, （ii）
$y=a_0(1+x+3x^2/2+4x^3/3+\cdots)+b_0(x+x^2+x^3+\cdots)$, $z=a_0(x+x^2+5x^3/6+\cdots)+b_0(1+x+x^2+2x^3/3+\cdots)$. **2.** （i）$y=a_0+a_4 x^4$, $z=-2a_0+2a_4 x^4$, （ii）$y=x^{-1}z'-x^{-2}e^x z$,
$z=a_0(1+x/2+x^2/4+\cdots)+a_3 x^3(1+5x/4+37x^2/40+\cdots)$. **3.** （i）$y=x+x^2/2+3x^3/2$
$+9x^4/8+\cdots$, $z=2x+3x^2/4+x^3/6+3x^4/8+\cdots$, （ii）$y=2x+x^2+x^4/3+x^5/5+\cdots$, $z=x$
$+4x^3/3+x^4+x^5/5+\cdots$, （iii）$y=1+6(x-1)+11(x-1)^2+\dfrac{41}{3}(x-1)^3+\cdots$, $z=2$
$+4(x-1)+\dfrac{7}{2}(x-1)^2+\dfrac{11}{3}(x-1)^3+\cdots$.

問題 7. 1. （i）$y=C_1(1+x^3/2\cdot 3+x^6/2\cdot 3\cdot 5\cdot 6+\cdots)+C_2(x-x^4/3\cdot 4$
$+x^7/3\cdot 4\cdot 6\cdot 7-\cdots)$, (ii) $y=C_1(1+x^2/2!-x^4/4!+(1\cdot 3/6!)x^6-(1\cdot 3\cdot 5/8!)x^8+\cdots)+C_2 x$,
(iii) $y=C_1(1+x^4/2!+x^8/4!+\cdots)+C_2(x^2+x^6/3!+x^{10}/5!+\cdots)$. **2.** （i）$y_1(x)=1$
$+\sum_{k=1}^{\infty}(-1)^k x^{3k}/3^k k!1\cdot 4\cdots(3k-2)$, $y_2(x)=x^2\left(1+\sum_{k=1}^{\infty}(-1)^k x^{3k}/3^k k!5\cdot 8\cdots(3k+2)\right)$,

(ii) $y_1(x)=1+2x/3$, $y_2(x)=x^{1/3}\left[1+\sum_{k=1}^{\infty}(-1)^k\{(-8)(-5)\cdots(3k-11)/3^kk!\}x^{3k}\right]$,

(iii) $y_1(x)=x^{1/2}\left[1+\sum_{k=1}^{\infty}(-1)^kx^{2k}/2^{2k}k!(2^{-1}+1)\cdots(2^{-1}+k)\right]$, $y_2(x)=x^{-1/2}\Big[1$
$+\sum_{k=1}^{\infty}(-1)^kx^{2k}/2^{2k}k!(1-2^{-1})\cdots(n-2^{-1})\Big]$, (iv) $y_1(x)=x+(6/5)x^2+(9/20)x^3$, $y_2(x)$
$=x^{1/3}\left[1+\sum_{k=1}^{\infty}(-1)^k\{(-8)(-5)\cdots(3k-11)/3^kk!\}x^k\right]$, (v) $y=(C_1+C_2x^3)/(1-x)$.

3. $y_1(x)=x^{-1/3}[1+(3/3!)x+(9/6!)x^2+(27/9!)x^3+\cdots]$, $y_2(x)=1/1!+3x/4!+9x^2/7!$
$+27x^3/10!+\cdots$, $y_3(x)=x^{1/3}[1/2!+3x/5!+9x^2/8!+27x^3/11!+\cdots]$. **5.** $y_1(x)=1$
$-(2!)^{-1}x^{-2}+(4!)^{-1}x^{-4}-(6!)^{-1}x^{-6}+\cdots+(-1)^n[(2n)!]^{-1}x^{-2n}+\cdots$, $y_2(x)=1$
$-(3!)^{-1}x^{-3}+(5!)^{-1}x^{-5}-(7!)^{-1}x^{-7}+\cdots+(-1)^n[(2n+1)!]^{-1}x^{-2n-1}+\cdots$. **6.** $y_1(x)=1$
$+\sum_{k=1}^{\infty}\left(n(n-1)\cdots(n-k+1)(n+1)\cdots(n+k)/2^k(k!)^2\right)(x-1)^k$. $y_2(x)=y_1(x)\log|x-1|$
$+\sum_{k=1}^{\infty}[n(n-1)\cdots(n-k+1)(n+1)\cdots(n+k)/2^k(k!)^2]\Big(-\sum_{j=1}^{k}(n-j+1)^{-1}+\sum_{j=1}^{k}(n+j)^{-1}$
$-2\sum_{j=1}^{k}j^{-1}\Big)(x-1)^k$. **7.** (i) $y=C_1(1+x^2-x^3/3+\cdots)+C_2(x+x^3/6+\cdots)$, $z=C_1(2x$
$-x^2+x^3+\cdots)+C_2(1-x+x^2/2-x^3/6+\cdots)$, (ii) $y=C_1J_0(x)+C_2Y_0(x)$, $z=C_1xJ_1(x)$
$+C_2xY_1(x)$, (iii) $y=a_0+a_4x^4$, $z=-2a_0+2a_4x^4$, (iv) $x=C_1t+C_2t^{-1}$, $y=-C_1t+C_2t^{-1}$.
8. $y=2+5(x-1)+(9/2)(x-1)^2+5(x-1)^3+\cdots$, $z=4+9(x-1)+15(x-1)^2+(58/3)(x$
$-1)^3+\cdots$.

第8章

§ 28. **1.** (i) $f(x/z, y/z)=0$, (ii) $f(x^2-y^2-z^2, 2xy-z^2)=0$, (iii) $f(5x+y,$
$x-\log|z+\cos(y+5x)|)=0$, (iv) $f(x^3y^3z,(x^3+y^3)/x^2y^2)=0$. **2.** $f((y+z)e^{-x}, y^2-z^2)$
$=0$.

§ 29. **1.** (i) $y=Cx\log|z|$, (ii) $(y+z)/x+(x+z)/y=C$, (iii) $y^2-yz-zx$
$=Cz^2$. **2.** $z=ce^{2x}$. **3.** $f(y)=c_1y$, $x^{c_1}=c_2y^z$.

§ 30. (i) $f(x+y, x-2\sqrt{z})=0$, (ii) $f[y+x, \log\{z^2+(y+x)^2\}-2x]=0$, (iii)
$f(z+x_1, x_1+x_2, x_1+x_3)=0$, (iv) $f(z, x_1^2x_2^{-1}, x_1^3x_3^{-1}, x_1^4x_4^{-1})=0$, (v) $f(z-3x_1, z$
$-3x_2, z+\sqrt{z-x_1-x_2-x_3})=0$.

§ 31. (i) $z=c_1x+c_2e^y(y+c_1)^{-c_1}$, (ii) $z=c_1x+3c_1^2y+c_2$, (iii) $z=c_1x+c_2y+c_1^2$
$+c_2^2$, (iv) $z=c_1\log|x_1|+c_2\log|x_2|\pm x_3\sqrt{c_1+c_2}+c_3$, (v) $z=-(c_1+c_2)x_1+(2c_1-c_2)x_2$
$+(-c_1+2c_2)x_3-(1/2)(x_1+x_2+x_3-2c_1^2+2c_1c_2-2c_2^2)^{3/2}+c_3$, (vi) $(1+c_1c_2)\log|z|$
$=(c_1+c_2)(x_1+c_1x_2+c_2x_3+c_3)$, (vii) $z^2=c_1\log|x_1|-c_1c_2\log|x_2|+c_2\log|x_3|+c_3$.

§ 32. (i) $z=c_1x+c_2y+c_1^2+c_2^2$, 特異解: $3z=xy-x^2-y^2$, (ii) $z=c_1x+c_2y$
$-c_1^2c_2$, 特異解: $z^2=x^2y$, (iii) $c_1z=(x+c_1y+c_2)^2$, 特異解: $z=0$, (iv) $z^2(1+c_1^3)$
$=8(x+c_1y+c_2)^3$, 特異解: $z=0$, (v) $z(1+c_1^2+c_2^2)=(x_1+c_1x_2+c_2x_3+c_3)^2$, 特異解:

$z=x_1{}^2$.

問題 8. 1. (i) $y=\sin x+cz/(1+z^2)$, (ii) $x^2-xy+y^2=cz$, (iii) $x^2+y^2+z^2=c(x+y+z)$, (iv) $x_1x_2=ce^{r_3}\sin x_4$, (v) $x_1{}^4+x_2{}^4+x_3{}^4+x_4{}^4-4x_1x_2x_3x_4=c$. **2.** (i) $f(x^2-y^2, x^2-z_2)=0$, (ii) $f[y-3x, e^{-5x}\{5z+\sin(y-3x)\}]=0$, (iii) $f(2z+x_1{}^2, x_1{}^2-x_2{}^2, x_1{}^2-x_3{}^2)=0$, (iv) $(1+c_1c_2)\log|z|=(c_1+c_2)(x_1+c_1x_2+c_2x_3+c_3)$, (v) $z=c_1x+3c_1{}^2y+c_2$, (vi) $4c_1z=4c_1{}^2\log|x_3|+2c_1c_2(x_1-x_2)-(x_1+x_2)^2+4c_1c_3$, (vii) $c_1\log|x_1|+c_2x_2+(c_1+c_2)x_3=\pm\sqrt{c_1(c_1+2c_2)z^3+1}$. **3.** (i) $z+2+\log|xy|=0$, (ii) $8z^3+27x^2y^2=0$, (iii) $z^2=1$, (iv) $z=0$, (v) $z=0$. **6.** 一般解: $x^2+y^2+z^2=f\{x^2+y^2+(x+y)^2\}$, 特別解: (i) $x^2+y^2+z^2=c^2$, (ii) $z^2=xy+c$. **7.** (i) $(y^4+x^2-1)e^{x^2}=C$, (ii) $x^2y^2(y^2-x^2)=C$, (iii) $\sin y+x^2=Ce^{-x}$, (iv) $x^3y^2(x^2y^2+xy+1)=C$.

第 9 章

§ 33. 1. (i) $z=F_1(y-2x)+F_2(2y-x)$, (ii) $z=F_1(y+x)+F_2(y-x)$, (iii) $z=F_1(5y+4x)+xF_2(5y+4x)$, (iv) $z=F_1(y-x/2)+xF_2(y-x/2)+\phi(x)$. **2.** $z(2x+y)=3x$.

§ 34. (i) $z=F_1(x+y)+xF_2(x+y)+(1/6)x^3y+(1/12)x^4$, (ii) $z=F_1(y+2x)+xF_2(y+2x)+\varphi(y)-x^2\cos(y+2x)$, (iii) $z=F_1(x+2y)+xF_2(x+2y)+2x^2\log|x+2y|$, (iv) $z=F_1(y+x)+F_2(y-x)+(1/2)\tan x\tan y$, (v) $z=f(x)+F(y)+e^{x+y}$.

§ 35. (i) $z=-e^{x+y}+\sum_k Ae^{r\sec\alpha+z\tan\alpha}+F_1(y+x)+F_2(y-x)$, (ii) $z=\sum_k Ae^{k(x+ky)}$. (iii) $z=1+x-y-xy+e^xf(y)+e^{-y}F(x)$, (iv) $z=x+f(y)+e^{-x}F(y+x)$, (v) $z=f(y)+e^{2x}F(y+x)+(1/15)\sin(3x+4y)+(2/15)\cos(3x+4y)+\sum_k Ae^{hx+ky}$, $h^2-hk-2h=0$, (vi) $z=e^{-x}\{F_1(y-x)+xF_2(y-x)\}$.

§ 36. (i) $z=F_1(2x+y^2)-yF_2(2x+y^2)+y^3$, (ii) $z=F_1(y+\sin x)+F_2(y-\sin x)$, (iii) $z=F_1(x)+F_2(x+y+z)$, (iv) $y+xf(z)=F(z)$, (v) $z=f(x^2+y^2)+F(y/x)+xy$.

§ 37. 1. $T(r,\varphi)=\sum_{k=0}^{\infty}c_k(r/a)^kP_k(\cos\varphi), 0<\varphi<\pi$. **2.** $T(x,y,z)=\sum_{k=1}^{\infty}\sum_{l=1}^{\infty}a_{kl}\sin\frac{k\pi x}{L_1}\cdot\sin\frac{l\pi y}{L_2}\sin hc_{kl}$, $c_{kl}=\pi(k^2L_1{}^{-2}+l^2L_2{}^{-2})^{-1/2}$. **3.** $T(r,\theta)=(1/2)T_0\left(1+\frac{r}{a}\cos\theta\right)$.

問題 9. 1. (i) $z=F_1(y+2x)+F_2(2y+x)+(3/2)x^3+(1/2)x^2y$, (ii) $z=F_1(y+2x)+F_2(y-2x)+\sin xy$, (iii) $y=F_1(t+2x)+F_2(t-2x)+x\log|t|+t\log|x|$, (iv) $z=f(x)+F(y)+e^{3x}\phi(y+2x)-xy(y+2x)/6$, (v) $z=e^{2x}\{F_1(y+3x)+xF_2(y+3x)+x^2\tan(y+3x)\}$, (vi) $z=\log|y|-y^{-1}f(x)+F(x)$, (vii) $z=f(xy)+F(x^2y)+x+y$. **2.** $z=x^2-xy+y^2$. **4.** $u=\dfrac{a}{m}\cos\dfrac{mx}{c}\sin mt$. **5.** $T(r,\theta)=a_0+(A+3B/4)r\cos\theta+(1/12)B(r/a)^3\cos 3\theta$. **6.** $V=e^{-y}\sin x$. **7.** $V=C\cos hm(y+h)\cos(mx-nt)$. **8.** $T=(1/2)T_0a^3r^{-2}\cos\varphi$.

人名索引

アンペール Ampère, André Marie (1775—1836)　1
オイレル Euler, Leonard (1707—1783)　1, 50
オカムラ 岡村博 (1905—1948)　1

クラーメル Cramer, Gabriel (1704—1752)　42, 43, 181
クリスタル Chrystal, George (1851—1911)　1
クレーロー Clairaut, Alexis Claude (1713—1765)　1, 24
ケプレル Kepler, Johannes (1571—1630)　106
ケーリ Cayley, Arthur (1821—1895)　1
コーシー Cauchy, Augustin-Louis (1789—1857)　1, 5, 26
コワレフスカヤ Kovalevskaja, Sonja (1850—1891)　2

シャルピ Charpit, Paul (?—1784)　1, 185, 187, 197
シュワルツ Schwartz, Laurent (1915—)　2

ダランベール D'Alembert, Jean le Rond (1717—1783)　1
ダルブー Darboux, Gaston (1842—1917)　1
テイラー Taylor, Brook (1685—1731)　65, 123, 164
ディリクレ Dirichlet, Lejeune (1805—1859)　222
ド・モアブル de Moivre, Abraham (1667—1754)　221

ナグモ 南雲道夫 (1905—)　1
ニュートン Newton, Isaac (1642—1727)　1, 106
ノイマン Neumann Carl (1832—1925)　226

パッフ Pfaff, Johann Friedrich (1765—1825)　173
ピカール Picard, Émile (1856—1941)　1, 31
フクハラ 福原満州雄 (1905—)　1
フーリエ Fourier, Joseph Marie (1768—1830)　221
フロベニウス Frobenius, Georg (1849—1917)　129
ベッセル Bessel, Friedrich Wilhelm (1784—1846)　148
ベルヌイ，ジャン Bernoulli, Jean (1667—1748)　1
　　——，ダニエル ——, Daniel (1700—1782)　1
　　——，ヤコブ ——, Jacob (1645—1705)　1, 13

マッハ Mach, Ernst (1838—1916) 219
マツモト 松本敏三 (1890—) 2
ミゾハタ 溝畑 茂 (1924—) 2
モンジュ Monge, Gaspard (1746—1818), 1, 214

ヤコビ Jacobi, Carl Gustav Jacob (1804—1851) 1, 187, 191
ヤマグチ 山口昌哉 (1925—) 2
ヨシエ 吉江琢児 (1874—1947) 1
ヨシザワ 吉沢太郎 (1918—) 1

ライプニッツ Leibniz, Gottfried Wilhelm (1646—1716) 1
ラグランジュ Lagrange, Joseph Louis (1736—1813) 1, 43, 44, 185, 187, 197
ラプラス Laplace, Pierre Simon (1749—1827) 1, 109, 112, 114, 115, 117, 219, 223
リー Lie, Sophus (1842—1899) 2
リッカチ Riccati, Jacopo Francesco (1676—1754) 1, 13
リプシッツ Lipschitz, Rudolf (1832—1903) 1, 30, 74
ルジャンドル Legendre, Adrien Marie (1752—1833) 1, 150, 152, 153, 170, 224
ロンスキ Wronski, Hoëne (1778—1853) 43, 71

ワイエルシュトラス Weierstrass, Karl Wilhelm (1815—1897) 28

事項索引

1次独立 linear independence 40, 80

解 solution 3
　——の基本系 fundamental set of— 81
　一般—— general—— 3, 171, 196
　完全—— complete—— 3, 186
　基本—— fundamental—— 81
　特異—— singular—— 3, 194
　特殊—— particular—— 3
　特別—— →特殊解
ガンマ関数 gamma function 148
解析的 analytic 119
境界条件 boundary condition 218

境界値問題 boundary value problem 218
区分的に連続 piecewise smooth 109
クロネッカーの記号 Kronecker delta 82
決定方程式 indicial equation 130, 134

初期条件 initial condition 5
定数変化法 method of variation of
　constants 43
正常点 ordinary point 128, 163
積分因子 integrating factor 17
線型常微分方程式 linear ordinary
　differential equation 3, 11-15
　定数係数の—— —with constant coef-

ficients 39, 47-54
第 n 階——— —of order n 39
同次——— homogeneous——— 39
同次連立——— homogeneous system of
——— 79
連立——— system of——— 73, 79, 85, 99
存在定理 existence theorem 26-30

たたみこみ convolution 112
逐次近似法 successive approximation 31
中間積分 intermediate integral 215
超幾何函数 hypergeometric function
159, 161
超幾何級数 hypergeometric series 161
調和函数 harmonic function 219
直截線 orthogonal trajectories 19-21
ディリクレの問題 222
特異点 singular point 7, 22, 128
　確定——— regular singular point 128
　不確定——— irregular singular point
128
特有根 characteristic root 86
特有方程式 characteristic equation 48,
86, 200

ノイマンの問題 226

微分演算 differential operator 39
　n 次の——— 39
　線型——— linear——— 39
微分方程式 differential equation 2-6
　完全微分型——— exact——— 15-19
　クレーロー型——— Clairaut——— 24
　高階——— —of higher order 34-38
　高次——— —of higher degree 21-26
　常——— ordinary——— 2

線型——— linear——— 3, 11-15
全——— total——— 173
第 n 階——— —of order n 2
同次——- homogeneous——— 9-11, 36-38
パッフの——— Pfaff's——— 173, 174
偏——— partial——— 4
変数分離型——— ———with separable
variables 7-9
ベルヌイの——— Bernoulli's——— 13
リッカチの——— Riccati's——— 13
ルジャンドルの——— Legendre's———150
連立——— simultaneous——— 162
フーリエ級数 Fourier series 221
偏微分方程式 partial differential
equation 181
　準線型——— quasi-linear——— 181
　線型——— linear——— 181
　ラプラスの——— Laplace's——— 219, 223
ベッセル函数 Bessel function 148
　第 1 種の——— —of the first kind 148

マッハ数 Mach number 219
モンジュの解法 214—217

ヤコビの方法 187

ラグランジュ・シャルピの方法 185
ラプラス変換 Laplace transform 108,
110
　逆——— inverse——— 112
リプシッツの条件 Lipschitz condition 30
　局所——— local——— 74
ルジャンドル函数 Legendre function 153
ルジャンドル多項式 Legendre
polynomial 152
ロンスキの行列式 Wronskian
determinant 43

著者略歴

小 堀　　憲

1904 年　福井県に生れる
1929 年　京都帝国大学理学部卒業
1949 年　京都大学教授
　　　　　理学博士

朝倉数学講座 5

微分方程式

定価はカバーに表示

1961 年 3 月 5 日　初版第 1 刷
2004 年 3 月 30 日　復刊第 1 刷

著　者	小　堀　　　憲	
発行者	朝　倉　邦　造	
発行所	株式会社 朝倉書店	

東京都新宿区新小川町 6-29
郵便番号　１６２-８７０７
電　話　０３（３２６０）０１４１
FAX　０３（３２６０）０１８０
http://www.asakura.co.jp

〈検印省略〉

©1961〈無断複写・転載を禁ず〉　　新日本印刷・渡辺製本

ISBN 4-254-11675-6　C 3341　　Printed in Japan

前東工大 志賀浩二著 数学30講シリーズ1 **微分・積分 30 講** 11476-1 C3341　A5判 208頁 本体3200円	〔内容〕数直線／関数とグラフ／有理関数と簡単な無理関数の微分／三角関数／指数関数／対数関数／合成関数の微分と逆関数の微分／定積分／円の面積と球の体積／極限について／平均値の定理／テイラー展開／ウォリスの公式／他
前東工大 志賀浩二著 数学30講シリーズ2 **線 形 代 数 30 講** 11477-X C3341　A5判 216頁 本体3200円	〔内容〕ツル・カメ算と連立方程式／方程式，関数，写像／2次元の数ベクトル空間／線形写像と行列／ベクトル空間／基底と次元／正則行列と基底変換／正則行列と基本行列／行列式の性質／基底変換から固有値問題へ／固有値と固有ベクトル／他
前東工大 志賀浩二著 数学30講シリーズ3 **集 合 へ の 30 講** 11478-8 C3341　A5判 196頁 本体3200円	〔内容〕身近なところにある集合／集合に関する基本概念／可算集合／実数の集合／写像／濃度／連続体の濃度をもつ集合／順序集合／整列集合／順序数／比較可能定理，整列可能定理／選択公理のヴァリエーション／連続体仮設／カントル／他
前東工大 志賀浩二著 数学30講シリーズ4 **位 相 へ の 30 講** 11479-6 C3341　A5判 228頁 本体3200円	〔内容〕遠さ，近さと数直線／集積点／連続性／距離空間／点列の収束，開集合，閉集合／近傍と閉包／連続写像／同相写像／連結空間／ベールの性質／完備化／位相空間／コンパクト空間／分離公理／ウリゾーン定理／位相空間から距離空間／他
前東工大 志賀浩二著 数学30講シリーズ5 **解 析 入 門 30 講** 11480-X C3341　A5判 260頁 本体3200円	〔内容〕数直線の生い立ち／実数の連続性／関数の極限値／微分と導関数／テイラー展開／ベキ級数／不定積分から微分方程式へ／線形微分方程式／面積／定積分／指数関数再考／2変数関数の微分可能性／逆写像定理／2変数関数の積分／他
前東工大 志賀浩二著 数学30講シリーズ6 **複 素 数 30 講** 11481-8 C3341　A5判 232頁 本体3200円	〔内容〕負数と虚数の誕生まで／向きを変えることと回転／複素数の定義／複素数と図形／リーマン球面／複素関数の微分／正則関数と等角性／ベキ級数と正則関数／複素積分と正則性／コーシーの積分定理／一致の定理／孤立特異点／留数／他
前東工大 志賀浩二著 数学30講シリーズ7 **ベクトル解析 30 講** 11482-6 C3341　A5判 244頁 本体3200円	〔内容〕ベクトルとは／ベクトル空間／双対ベクトル空間／双線形関数／テンソル代数／外積代数の構造／計量をもつベクトル空間／基底の変換／グリーンの公式と微分形式／外微分の不変性／ガウスの定理／ストークスの定理／リーマン計量／他
前東工大 志賀浩二著 数学30講シリーズ8 **群 論 へ の 30 講** 11483-4 C3341　A5判 244頁 本体3200円	〔内容〕シンメトリーと群／群の定義／群に関する基本的な概念／対称群と交代群／正多面体群／部分群による類別／巡回群／整数と群／群と変換／軌道／正規部分群／アーベル群／自由群／有限的に表示される群／位相群／不変測度／群環／他
前東工大 志賀浩二著 数学30講シリーズ9 **ルベーグ積分 30 講** 11484-2 C3341　A5判 256頁 本体3200円	〔内容〕広がっていく極限／数直線上の長さ／ふつうの面積概念／ルベーグ測度／可測集合／カラテオドリの構想／測度空間／リーマン積分／ルベーグ積分へ向けて／可測関数の積分／可積分関数の作る空間／ヴィタリの被覆定理／フビニ定理／他
前東工大 志賀浩二著 数学30講シリーズ10 **固 有 値 問 題 30 講** 11485-0 C3341　A5判 260頁 本体3200円	〔内容〕平面上の線形写像／隠れているベクトルを求めて／線形写像と行列／固有空間／正規直交基底／エルミート作用素／積分方程式／フレードホルムの理論／ヒルベルト空間／閉部分空間／完全連続な作用素／スペクトル／非有界作用素／他

上記価格（税別）は 2004 年 2 月現在